LabVIEW 2022 中文版
虚拟仪器从入门到精通

宋哲 胡仁喜 编著

机 械 工 业 出 版 社

本书通过理论与实例相结合的方式循序渐进、深入浅出地介绍了 LabVIEW 的使用方法和使用技巧。

全书共 12 章，包括绪论，图形化编程语言 LabVIEW，前面板与程序框图，创建、编辑和调试 VI，程序结构，变量、数组、簇与波形数据，波形显示，文件 I/O，信号分析与处理，数据采集，网络与通信，VI 性能的提高等知识。每章都配有相应的实例，目的在于让读者能够结合实例更加快捷地掌握 LabVIEW 的使用方法。

本书主要面向 LabVIEW 的初、中级用户，可作为大、中专院校相关专业师生的教学和参考用书，也可供有关工程技术人员和软件工程师参考。

图书在版编目（CIP）数据

LabVIEW 2022中文版虚拟仪器从入门到精通 ／ 宋哲, 胡仁喜编著. 一北京：机械工业出版社，2023.1

ISBN 978-7-111-72289-2

Ⅰ．①L… Ⅱ．①宋… ②胡… Ⅲ．①软件工具－程序设计

Ⅳ．①TP311.561

中国版本图书馆 CIP 数据核字(2022)第 252932 号

机械工业出版社（北京市百万庄大街 22 号　邮政编码 100037）

策划编辑：曲彩云　　　　　责任编辑：王　珑

责任校对：刘秀华　　　　　责任印制：任维东

北京中兴印刷有限公司印刷

2023 年 2 月第 1 版第 1 次印刷

184mm×260mm · 26 印张 · 643 千字

标准书号：ISBN 978-7-111-72289-2

定价：99.00 元

电话服务　　　　　　　　网络服务

客服电话：010-88361066　　机　工　官　网：www.cmpbook.com

　　　　　010-88379833　　机　工　官　博：weibo.com/cmp1952

　　　　　010-68326294　　金　书　网：www.golden-book.com

封底无防伪标均为盗版　机工教育服务网：www.cmpedu.com

前　言

随着计算机技术的迅猛发展，虚拟仪器技术在数据采集、自动测试和仪器控制领域得到了广泛应用，促进和推动测试系统和仪器控制的设计方法与实现技术发生了深刻的变化。"软件即是仪器"已成为测试与测量技术发展的重要标志。虚拟仪器技术就是利用高性能的模块化硬件，结合高效灵活的软件来完成各种测试、测量和自动化应用。软件是虚拟仪器技术中最重要的部分。美国国家仪器公司(National Instruments，NI)是虚拟仪器技术的主要倡导者和贡献者，其创新软件产品 LabVIEW(Laboratory Virtual Instrument Engineering Workbench)自 1986 年问世以来，已经成为虚拟仪器软件开发平台事实上的工业标准，在众多领域得到了广泛应用。

LabVIEW 是图形化开发环境语言，又称 G 语言，结合了图形化编程方式的高性能与灵活性，以及专为测试测量与自动化控制应用设计的高性能模块及其配置功能，能为数据采集、仪器控制、测量分析与数据显示等各种应用提供必要的开发工具。

LabVIEW 2022 中文版是 NI 新发布的中文版本。它的发布大大缩短了软件易用性和强大功能之间的差距，为工程师提供了效率与性能俱佳的出色开发平台。它适用于各种测量和自动化领域，并且，无论工程师是否有丰富的开发经验，都能顺利应用。

本书通过理论与实例相结合的方式循序渐进、深入浅出地介绍了 LabVIEW 的使用方法和使用技巧。

全书共 12 章，包括 LabVIEW 2022 中文版的基本操作界面介绍，创建和编辑 VI 的方法，程序控制结构框图，变量与数据，信号及其分析，数据采集，VI 的优化方法，LabVIEW 在通信以及网络中的应用等知识。每章都配有相应的实例，目的在于让读者能够结合实例更加快捷地掌握 LabVIEW 的使用方法。

本书主要面向 LabVIEW 的初、中级用户，可作为大、中专院校相关专业师生的教学和参考用书，也可供有关工程技术人员和软件工程师参考。

为了配合学校师生利用本书进行教学，随书配赠了电子资料包，其中包含了全书实例操作过程 AVI 文件和实例源文件。读者可以登录百度网盘地址：https://pan.baidu.com/s/1mmzbrICOplgdUglHbfigHw 下载，密码：e5b5（读者如果没有百度网盘，需要先注册一个才能下载）。

本书主要由新疆恒正司法鉴定中心的宋哲工程师和河北交通职业技术学院的胡仁喜博士编写。

由于时间仓促，加上编者水平有限，书中不足之处在所难免，欢迎读者加入学习交流QQ 群（654532572）或者联系 714491436@qq.com 批评指正，编者将不胜感激。

编　者

目　录

第 **1** 章

绪论

在学习 LabVIEW 之前，应该对虚拟仪器系统有一个基本的认识。

本章首先介绍了虚拟仪器系统的基本概念、组成与特点，然后介绍了虚拟仪器技术的发展现状与展望，最后对虚拟仪器系统的软件环境进行了介绍。

学 习 要 点

◎ 虚拟仪器的概念

◎ 虚拟仪器的特点

◎ 虚拟仪器的发展方向

◎ 虚拟仪器软件的开发环境

1.1 虚拟仪器系统概述

随着计算机技术、大规模集成电路技术和通信技术的飞速发展，仪器技术领域发生了巨大的变化。从最初的模拟仪器到现在的数字化仪器、嵌入式系统仪器和智能仪器，新的测试理论、测试方法不断应用于实践，新的测试领域随着学科门类的交叉发展而不断涌现，仪器结构也随着设计思想的更新而不断发展。仪器技术领域的各种创新积累使现代测量仪器的性能发生了质的飞跃，导致仪器的概念和形式发生了突破性的变化，出现了一种全新的仪器概念——虚拟仪器。

虚拟仪器把计算机技术、电子技术、传感器技术、信号处理技术、软件技术结合起来，除继承了传统仪器的已有功能外，还增加了许多传统仪器所不能及的先进功能。虚拟仪器的最大特点是其具有较大的灵活性，用户在使用过程中可以根据需要添加或删除仪器功能，以满足各种需求和各种环境，并且能充分利用计算机丰富的软硬件资源，突破了传统仪器在数据处理、表达、传送以及存储方面的限制。

1.1.1 虚拟仪器的概念

虚拟仪器（Virtual Instrument，VI）是指通过应用程序将计算机与功能化模块结合起来，用户可以通过友好的图形界面来操作这台计算机，就像在操作自己定义、自己设计的仪器一样，从而完成对被测信号的采集、分析、处理、显示、存储和打印。

虚拟仪器的实质是利用计算机显示器的显示功能来模拟传统仪器的控制面板，以多种形式表达输出检测结果；利用计算机强大的软件功能实现信号的运算、分析和处理；利用 I/O 接口设备完成信号的采集与调理，从而完成各种测试功能的计算机测试系统。使用者用鼠标或键盘操作虚拟面板，就如同使用一台专用测量仪器一样。因此，虚拟仪器的出现，使测量仪器与计算机的界限模糊了。

虚拟仪器的"虚拟"两字主要包含以下两方面的含义：

1）虚拟仪器面板上的各种"图标"与传统仪器面板上的各种"器件"所完成的功能是相同的：由各种开关、按钮、显示器等图标实现仪器电源的"通""断"，实现被测信号的"输入通道""放大倍数"等参数的设置，以及实现测量结果的"数值显示""波形显示"等。

传统仪器面板上的器件都是实物，而且是由手动和触摸进行操作的；虚拟仪器前面板是外形与实物相像的"图标"，每个图标的"通""断""放大"等动作都可通过用户操作计算机鼠标或键盘来完成。因此，设计虚拟仪器前面板就是在前面板设计窗口中摆放所需的图标，然后对图标的属性进行设置。

2）虚拟仪器的测量功能是通过对图形化软件流程图的编程来实现的。虚拟仪器是在以个人计算机（PC）为核心组成的硬件平台支持下，通过软件编程来实现仪器功能的。因为可以通过不同测试功能软件模块的组合来实现多种测试功能，所以在硬件平台确定后，就有"软件就是仪器"的说法。这也体现了测试技术与计算机深层次的结合。

1.1.2 虚拟仪器的特点

虚拟仪器的突出优点是不仅可以利用 PC 组建成为灵活的虚拟仪器,更重要的是它可以通过各种不同的接口总组建不同规模的自动测试系统。它可以通过与不同的接口总线的通信,将虚拟仪器、带总线接口的各种电子仪器或各种插件单元调配并组建成为中小型甚至大型的自动测试系统。与传统仪器相比,虚拟仪器有以下特点。

1)传统仪器的面板只有一个,其上布置着种类繁多的显示单元与操作元件,易于导致许多识别与操作错误。而虚拟仪器可通过在几个分面板上的操作来实现比较复杂的功能,这样在每个分面板上就实现了功能操作的单纯化与面板布置的简捷化,从而提高操作的正确性与便捷性。同时,虚拟仪器面板上的显示单元和操作元件的种类与形式不受"标准件"和"加工工艺"的限制,它们由编程来实现,设计者可以根据用户的认知要求和操作要求,设计仪器面板。

2)在通用硬件平台确定后,由软件取代传统仪器中的硬件来完成仪器的各种功能。

3)仪器的功能是用户根据需要由软件来定义的,而不是事先由厂家定义好的。

4)仪器性能的改进和功能扩展只需更新相关软件设计,而不需购买新的仪器。

5)研制周期较传统仪器大为缩短。

6)虚拟仪器开放、灵活,可与计算机同步发展,与网络及其他周边设备互联。

决定虚拟仪器具有传统仪器不可能具备的特点的根本原因在于"虚拟仪器的关键是软件"。表 1-1 列出了虚拟仪器与传统仪器的比较。

表 1-1 虚拟仪器与传统仪器的比较

虚拟仪器	传统仪器
软件使得开发维护费用降低	开发维护开销高
技术更新周期短	技术更新周期长
关键是软件	关键是硬件
价格低、可复用、可重配置性强	价格昂贵
用户定义仪器功能	厂商定义仪器功能
开放、灵活,可与计算机技术保持同步发展	封闭、固定
与网络及其他周边设备方便互联的面向应用的仪器系统	功能单一、互联有限的独立设备

1.1.3 虚拟仪器的分类

虚拟仪器的分类方法可以有很多种,但随着计算机技术的发展和采用总线方式的不同,虚拟仪器可以分为 5 种类型。

1. PC-DAQ 插卡式虚拟仪器

这种方式用数据采集卡配以计算机平台和虚拟仪器软件,便可构成各种数据采集和虚拟仪器系统。它充分利用了计算机的总线、机箱、电源以及软件的便利,其关键在于 A/D 转换技术。这种方式受 PC 机箱、总线限制,存在电源功率不足,机箱内噪声电平较高、无屏蔽,插槽数目不多、尺寸较小等缺点。随着基于 PC 的工业控制计算机技术的发展，PC-DAQ 方式存在的缺点正在被克服。

因个人计算机数量非常庞大，插卡式仪器价格最便宜，因此其用途广泛，特别适合工业测控现场、各种实验室和教学部门使用。

2．并行口式虚拟仪器

最新发展的一系列可连接到计算机并行口的测试装置，其硬件集成在一个采集盒里或探头上，软件装在计算机上，可以完成各种 VI 功能。它最大的好处是可以与笔记本计算机相连，方便野外作业，又可与台式 PC 相连，实现台式和便携式两用，非常方便。由于其价格低廉、用途广泛，特别适合研发部门和各种教学实验室应用。

3．GPIB 总线方式虚拟仪器

GPIB 技术是 EEE488 标准的 VI 早期的发展阶段。它的出现使电子测量实现了由独立的单台手工操作向大规模自动测试系统的发展。典型的 GPIB 系统由一台 PC、一块 GPIB 接口卡和若干台 GPIB 仪器通过 GPIB 电缆连接而成。在标准情况下，一块 GPIB 接口卡可带多达 14 台的仪器，电缆长度可达 20m。GPIB 技术可以用计算机实现对仪器的操作和控制，从而代替传统的人工操作方式。它可以很方便地把多台仪器组合起来，形成大的自动测试系统。GPIB 测试系统的结构和命令简单，造价较低，适于精确度要求高，但对计算机速率和总线控制实时性要求不高的传输场合应用。

4．VXI 总线方式虚拟仪器

VXI 总线是高速计算机总线 VME 在 VI 领域的扩展，它具有稳定的电源、强有力的冷却能力和严格的 RFI/EMI 屏蔽。它由于标准开放、结构紧凑、数据吞吐能力强、定时和同步精确、模块可重复利用，还有众多仪器厂家支持的优点，很快得到了广泛的应用。

经过多年的发展，VXI 系统的组建和使用已越来越方便，有其他仪器无法比拟的优势，适用于组建大、中规模自动测量系统以及对速度、精度要求高的场合，但 VXI 总线要求有机箱、插槽管理器及嵌入式控制器，造价比较高。

5．PXI 总线方式虚拟仪器

PXI 这种新型模块化仪器系统是在 PCI 总线内核技术上增加了成熟的技术规范和要求形成的，包括多板同步触发总线技术，增加了用于相邻模块的高速通信的局部总线。并具有高度的可扩展性等优点，适用于大型高精度集成系统。

由此可见，无论哪种虚拟仪器系统，都是将硬件设备搭载到台式 PC、工作站或笔记本计算机等各种计算机平台上，加上应用软件而构成的。虚拟仪器实现了基于计算机的全数字化的采集测试分析，而且虚拟仪器的发展完全跟计算机的发展同步，显示出虚拟仪器的灵活性。

1.1.4 虚拟仪器的组成

从功能上来说，虚拟仪器是通过应用程序将计算机与功能化硬件结合起来，完成对被测信号的采集、分析、处理、显示、存储、打印等功能的，因此，与传统仪器一样，虚拟仪器同样划分为数据采集、数据分析处理及结果表达三大功能模块。图 1-1 所示为其内部功能框图。虚拟仪器以透明的方式把计算机资源和仪器硬件的测试能力结合起来，实现了仪器的功能。

由图 1-1 可以看出，采集处理模块主要完成数据的调理采集；数据分析模块对数据进行各种分析处理；结果表达模块则将采集到的数据和分析后的结果表达出来。

图 1-1　虚拟仪器内部功能框图

虚拟仪器由通用仪器硬件平台（简称硬件平台）和应用软件两大部分构成。其结构框图如图 1-2 所示。

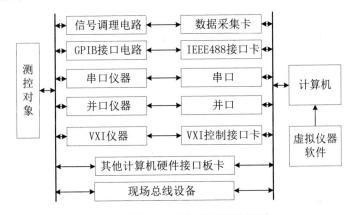

图 1-2　虚拟仪器结构框图

1．硬件平台

虚拟仪器的硬件平台由计算机和 I/O 接口设备组成。

1）计算机是硬件平台的核心，一般为一台 PC 或者工作站。

2）I/O 接口设备主要完成被测输入信号的放大、调理、模数转换、数据采集。可根据实际情况采用不同的 I/O 接口硬件设备，如数据采集卡(DAQ)、GPIB 总线仪器、VXI 总线仪器和串口仪器等。虚拟仪器的构成方式有 5 种类型，如图 1-3 所示。无论哪种虚拟仪器系统，都是通过应用软件将仪器硬件与通用计算机相结合的。

2．软件平台

虚拟仪器软件将可选硬件（如 DAQ、GPIB，RS232，VXI，PXI）和可以重复使用源码库函数的软件结合起来，实现了模块间的

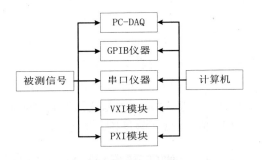

图 1-3　虚拟仪器构成方式

通信、定时与触发，源码库函数为用户构造自己的虚拟仪器系统提供了基本的软件模块，

当用户的测试要求发生变化时，可以方便地由用户自己来增减软件模块或重新配置现有系统以满足其测试要求。

虚拟仪器软件包括应用程序和 I/O 接口设备驱动程序。

（1）应用程序。

1）实现虚拟仪器前面板功能的软件程序，即测试管理层，是用户与仪器之间交流信息的纽带。虚拟仪器在工作时利用软面板去控制系统。与传统仪器前面板相比，虚拟仪器的最大特点是软面板由用户自己定义，而且用户可以根据自己的需要组成灵活多样的虚拟仪器控制面板。

2）定义测试功能的流程图软件程序，利用计算机强大的计算能力和虚拟仪器开发软件功能强大的函数库，极大提高了虚拟仪器的数据分析处理能力，如 HP-VEE 可提供 200 种以上的数学运算和分析功能，包括了从基本的数学运算到微积分、数字信号处理和回归分析。LabVIEW 的内置分析能力能对采集到的信号进行平滑、数字滤波、频域转换等分析处理。

（2）I/O 接口设备驱动程序。用来完成特定外部硬件设备的扩展、驱动及通信。

1.1.5 虚拟仪器的发展方向

随着计算机、通信、微电子技术的日益完善，以及以互联网为代表的计算机网络时代的到来和信息化要求的不断提高，传统的通信方式已突破了时空限制和地域限制，大范围的通信变得越来越容易，对测控系统的组建也产生了越来越大的影响。一个大的复杂测试系统的输入、输出、结果分析往往分布在不同的地理位置，仅用一台计算机并不能胜任测试任务，而需要由分布在不同地理位置的若干台计算机来共同完成整个测试任务。集成测试越来越不能满足复杂测试任务的需要，因此"网络化仪器"的出现成为必然。

网络技术应用到虚拟仪器领域中是虚拟仪器发展的大趋势。在国内，网络化虚拟仪器的概念目前还没有一个比较明确的提法，也没有一个被测量界广泛接受的定义，其一般特征是将虚拟仪器、外部设备、被测点以及数据库等资源纳入网络，实现资源共享，共同完成测试任务，也适合异地或远程控制、数据采集、故障监测、报警等。使用网络化虚拟仪器，可在任何地点、任意时刻获取测量数据，就像互联网一样，我们几乎可以去访问世界上任何一个对外开放的网站。

和以 PC 为核心的虚拟仪器相比，网络化将对虚拟仪器的发展将是一次革命。网络化虚拟仪器将把单台虚拟仪器可实现的三大功能(数据采集、数据分析及图形化显示)分开处理，分别使用独立的基本硬件模块实现传统仪器的三大功能，通过网线连接，实现信息资源的共享。"网络就是仪器"概念的确立，使人们明确了今后仪器仪表的研发战略，促进并加速了现代测量技术手段的发展与更新。

1.2 虚拟仪器软件开发环境

应用软件开发环境是设计虚拟仪器所必需的软件工具。应用软件开发环境的选择因开发人员的喜好不同而不同，但最终都必须提供给用户一个界面友好、功能强大的应用程序。

软件在虚拟仪器中处于重要的地位，它肩负着对数据进行分析处理的任务，如数字滤波、频谱变换等。在很大程度上，虚拟仪器能否成功地运行就取决于软件。因此，NI公司提出了"软件就是仪器"的口号。

通常在编制虚拟仪器软件时有两种方法。一种是传统的编程方法，采用高级语言，如 VC++、VB、Delphi 等；另一种是采用流行的图形化编程方法，如采用 N1 公司的 LabVIEW，LabWindows/CVI 软件，HP 公司的 VEE 等软件进行编程。使用图形化软件编程的优势是软件开发周期短，编程容易，适用于不具有专业编程水平的工程技术人员。

虚拟仪器系统的软件主要包括仪器驱动程序、应用程序和软面板程序。仪器驱动程序主要用来初始化虚拟仪器，设定特定的参数和工作方式，使虚拟仪器保持正常的工作状态。应用程序主要对采集来的数据信号进行分析处理，用户可以通过编制应用程序来定义虚拟仪器的功能。软面板程序用来提供用户与虚拟仪器的接口，它可以在计算机屏幕上生成一个和传统仪器面板相似的图形界面，用于显示测量和处理的结果，另外，用户也可以通过控制软面板上的开关和按钮模拟传统仪器的操作，通过键盘和鼠标实现对虚拟仪器系统的控制。

📖1.2.1　LabVIEW 的使用

LabVIEW 作为目前国际上唯一的编译型图形化编程语言，把复杂、烦琐、费时的语言编程简化成用菜单或图标提示的方法选择功能(图形)，使用线条把各种功能连接起来的简单图形编程方式。LabVIEW 中编写的框图程序很接近程序流程图，因此只要把程序流程图画好了，程序也就差不多编好了。

LabVIEW 中的程序查错不需要先编译，若存在语法错误，LabVIEW 会马上告诉用户，只要用鼠标轻轻点两三下，用户就可以快速查到错误的类型、原因以及错误的准确位置，这个特性在程序较大的情况下特别方便。

LabVIEW 中的程序调试方法同样令人称道。程序测试的数据探针工具最具典型性，用户可以在程序调试运行的时候，在程序的任意位置插入任意多的数据探针，检查任意一个中间结果。增加或取消一个数据探针，只需要轻轻点两下鼠标就行了。

同传统的编程语言相比，采用 LabVIEW 图形编程方式可以节省大约 60%的程序开发时间，并且其运行速度几乎不受影响。

除了具备其他语言所提供的常规函数功能外，LabVIEW 中还集成了大量的生成图形界面的模板、丰富实用的数值分析、数字信号处理功能，以及多种硬件设备驱动功能(包括 RS232、GPIB、VXI、数据采集板卡、网络等)。另外，免费提供的几十家仪器厂商的数百种源码仪器级驱动程序，可为用户开发仪器控制系统节省大量的编程时间。

📖1.2.2　LabWindows/CVI 的使用

LabWindows/CVI 是基于 ANSIC 的交互式 C 语言集成开发平台。NI 公司近日发布了全新的 NI LabWindows/CVI 2020，该软件可基于验证过的 ANSI C 测试测量软件平台提供更高的开发效率，并简化 FPGA 通信的复杂度。此外，NI 公司还发布了 LabWindows/CVI 2017 Real-Time 模块和 LabWindows/CVI 2020 实时模块，可扩展开发环境至 Linux 和实时操作系统中。NI LabWindows/CVI 2020 具有以下主要特点：

➤ 通过精密的断点，增强调试功能。

➤ 用户界面事件记录仪。

➤ 支持 OpenMP 并行编程。

➤ 源代码浏览和格式工具。

➤ 可靠的数据流和存储 API。

➤ 基于用户观点交流反馈的特性。

1.2.3 其他

对于喜欢用 Visual Basic 编程的用户，可以选用 NI 公司的一种软件工具 Component Works。它可以直接加载在 VB 环境中，配合 VB 成为强大的虚拟仪器开发平台。

对于拥有 Windows 编程基础而且熟悉 VB，VC++的用户，也可以采用传统编程方式编写自己的虚拟仪器应用程序。现在越来越多的人采用 VB，VC++混合编程：用 VB 快速开发出美观的界面(软面板)以及外围的处理程序，再用 VC++编写底层的各种操作，如数据采集及处理、仪器驱动程序、内存操作、I/O 端口操作等。还可以在 VC++中嵌入汇编语言以进行更底层的操作，以提高程序执行速度，满足高速、实时性的要求。

第 **2** 章

图形化编程语言 LabVIEW

本章主要介绍了 LabVIEW 2022 的新功能和新特性、安装和启动 LabVIEW 2022 简体中文版的方法，并对 LabVIEW 2022 简体中文版的编程环境进行了较为详细的介绍，最后讲解了如何使用 LabVIEW 的帮助系统。

学 习 要 点

- ◎ LabVIEW 编程环境
- ◎ LabVIEW 2022 的帮助系统

2.1 LabVIEW 简介

本节主要介绍了图形化编程语言 LabVIEW，并对 LabVIEW 2022 中文版的新功能和新特性进行了介绍。

2.1.1 LabVIEW 概述

LabVIEW 是实验室虚拟仪器集成环境(Laboratory Virtual Instrument Engineering Workbench) 的简称，是 NI 公司的创新软件产品，也是目前应用广泛、发展快、功能强的图形化软件开发集成环境，又称为 G 语言。和 Visual Basic、Visual C++、Delphi、Perl 等基于文本型程序代码的编程语言不同，LabVIEW 采用图形模式的结构框图构建程序代码，因而，在使用这种语言编程时基本上不写程序代码，取而代之的是用图标、连线构成的流程图。它尽可能地利用了开发人员、科学家、工程师所熟悉的术语、图标和概念，因此，LabVIEW 是一个面向最终用户的工具。它可以增强用户构建自己的科学和工程系统的能力，提供了实现仪器编程和数据采集系统的便捷途径。使用它进行原理研究、设计、测试并实现仪器系统时，可以大大提高工作效率。

LabVIEW 是一个工业标准的图形化开发环境，它结合了图形化编程方式的高性能与灵活性以及专为测试、测量与自动化控制应用设计的高端性能与配置功能，能为数据采集、仪器控制、测量分析与数据显示等各种应用提供必要的开发工具，因此，LabVIEW 通过降低应用系统开发时间与项目筹建成本帮助科学家与工程师们提高工作效率。

LabVIEW 被广泛应用于各种行业中，包括汽车、半导体、航空航天、交通运输、高效实验室、电信、生物医药与电子等。无论在哪个行业，工程师与科学家们都可以使用 LabVIEW 创建功能强大的测试、测量与自动化控制系统，在产品开发中进行快速原型创建与仿真工作。在产品的生产过程中，工程师们也可以利用 LabVIEW 进行生产测试，监控各个产品的生产过程。总之，LabVIEW 可用于各行各业的产品开发阶段。

LabVIEW 的功能非常强大，它是可扩展函数库和子程序库的通用程序设计系统，不仅可以用于一般的 Windows 桌面应用程序设计，而且还提供了用于 GPIB 设备控制、VXI 总线控制、串行口设备控制，以及数据分析、显示和存储等应用程序模块，其强大的专用函数库使得它非常适合编写用于测试、测量以及工业控制的应用程序。LabVIEW 可方便地调用 Windows 动态链接库和用户自定义的动态链接库中的函数，还提供了 CIN(Code Interface Node) 节点使得用户可以使用由 C 或 C++语言，如 ANSI C 等编译的程序模块，使得 LabVIEW 成为一个开放的开发平台。LabVIEW 还直接支持动态数据交换（DDE）、结构化查询语言（SQL）、TCP 和 UDP 网络协议等。此外，LabVIEW 还提供了专门用于程序开发的工具箱，使得用户可以很方便地设置断点、动态的执行程序来非常直观形象地观察数据的传输过程，而且可以方便地进行调试。

当我们困惑基于文本模式的编程语言，陷入函数、数组、指针、表达式乃至对象、封装、继承等枯燥的概念和代码中时，我们迫切需要一种代码直观、层次清晰、简单易用却不失功能强大的语言。G 语言就是这样一种语言，而 LabVIEW 则是 G 语言的杰出代表。LabVIEW 基于 G 语言的基本特征——用图标和框图产生块状程序，这对于熟悉仪器结构和硬件电路的硬件工程师、现场工程技术人员及测试技术人员来说，编程就像是设计电路图一样，因此，硬件工程师、现场技术人员及测试技术人员学习 LabVIEW 可以驾轻就熟，在很短的时间内就能够学会并应用 LabVIEW。

从运行机制上看，LabVIEW——这种语言的运行机制就宏观上讲已经不再是传统的冯·诺伊曼计算机体系结构的执行方式了。传统的计算机语言（如 C 语言）中的顺序执行结构在 LabVIEW 中被并行机制所代替。从本质上讲，它是一种带有图形控制流结构的数据流模式（Data Flow Mode），这种方式确保了程序中的函数节点（Function Node）只有在获得它的全部数据后才能够被执行。也就是说，在这种数据流程序的概念中，程序的执行是数据驱动的，它不受操作系统、计算机等因素的影响。

LabVIEW 的程序是数据流驱动的。数据流程序设计规定，一个目标只有当它的所有输入都有效时才能执行；而目标的输出，只有当它的功能完全时才是有效的。这样，LabVIEW 中被连接的方框图之间的数据流控制着程序的执行次序，而不像文本程序受到行顺序执行的约束。因而，可以通过相互连接功能方框图、快速简捷地开发应用程序，甚至还可以有多个数据通道同步运行。

📖 2.1.2　LabVIEW 2022 中文版的新功能

LabVIEW 2022 中文版优化了性能，改进了生成优化机器代码的后台编译器，启动速度比 2020 版更快。

与原来的版本相比，新版本的 LabVIEW 有以下一些主要的新功能和更改。

1. Python 支持

LabVIEW 2022 Q3 支持通过 Python 对象引用句柄使用 Python 节点。该引用句柄可用于传递 Python 对象，作为 Python 节点输入参数或返回类型。

2. 选项默认值的改动

在 LabVIEW 2022 Q3 中，从新文件中分离已编译代码选项的默认值为启用。

3. 调用 MATLAB 函数

可在调用 MATLAB 函数上设置断点，然后使用步入调试打开 MATLAB(R)编辑器执行脚本。如安装了多个版本 MATLAB，可右击函数并在快捷菜单中选择在 MATLAB 中打开，指定 LabVIEW 调用的 MATLAB 版本。

4. Actor.lvclass 的 uninit 方法

在操作者框架中，Actor 类新增了 Uninit 方法（取消初始化）。Actor 可重写该方法，释放在执行 Pre Launch Init.vi or Actor.vi 时获取的资源。即使之前有错误发生，该方法仍然会执行。

5. 支持独立于 LabVIEW 版本的驱动程序/工具包

LabVIEW 早期版本的模块、工具包等附加内容都位于 LabVIEW 目录之下。从 LabVIEW 2022 Q3 开始，LabVIEW 将从 LVaddons 共享目录加载这些内容。在 Windows 操作系统上，LVAddons 的默认位置是 C:\Program Files\NI\LVAddons。请注意，只有一部分 NI 驱动程序和工具包会随 LabVIEW2022 Q3 版本安装到此位置。驱动程序或工具包转到 LVAddons

目录后，无需升级或重新安装即可与新版本的 LabVIEW 一起使用。

6. 新的帮助体验

在 LabVIEW 2022 Q3 中，当系统连网时，单击帮助链接，将打开新的在线 LabVIEW 帮助。如系统未连网，帮助链接将会打开 NI 离线帮助查看器。查看器随 LabVIEW 一并安装。网络连接的状态决定了 LabVIEW 使用在线帮助或离线帮助。用户可使用 NI 帮助首选项工具设置始终使用离线查看器。

2.2 LabVIEW 编程环境

2.2.1 启动窗口

在安装 LabVIEW 2022 中文版后，在开始菜单中便会自动生成启动 LabVIEW 2022 中文版的快捷方式——NI LabVIEW 2022 Q3（32 位），如图 2-1 所示。单击该快捷方式按钮启动 LabVIEW。

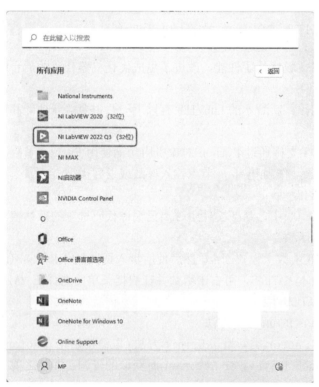

图 2-1　开始菜单中的 LabVIEW 快捷方式

LabVIEW 2022 中文版的启动界面如图 2-2 所示，启动后的程序界面如图 2-3 所示。

启动 LabVIEW 时将出现启动窗口，在这个窗口中可创建项目、打开现有文件、查找驱动程序和附加软件以及社区和支持。

此外，在启动界面利用菜单命令可以创建新 VI、选择最近打开的 LabVIEW 文件、查找范例以及打开 LabVIEW 帮助。

　　打开现有文件或创建新文件后启动窗口就会消失。关闭所有已打开的前面板和程序框图后启动窗口会再次出现。也可在前面板或程序框图中选择"查看"→"启动窗口"，从而显示启动窗口。

图 2-2　LabVIEW 2022 中文版的启动界面

　　在启动界面单击"创建项目"按钮，弹出"创建项目"对话框，如图 2-4 所示。主要分为左右两部分，分别是文件和资源。在这个界面上用户可以选择新建空白 VI、新建空的项目、简单状态机，并且可以打开已有的程序。同时可以从这个界面获得帮助支持，如可以查找 LabVIEW 2022 中文版的帮助文件、互联网上的资源以及 LabVIEW 2022 中文版的程序范例等。

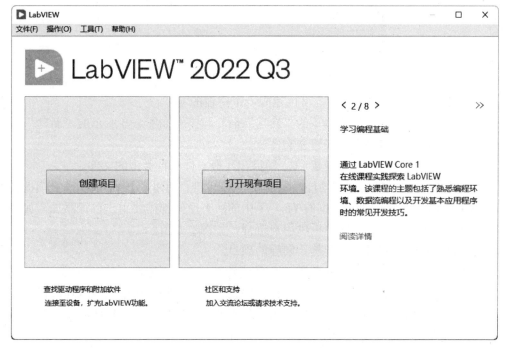

图 2-3　LabVIEW 中文版的启动后的程序界面

在 LabVIEW 2022 中文版的启动界面上有文件、操作、工具和帮助 4 个菜单,在下一节中将详细介绍 LabVIEW 2022 的菜单功能。

图 2-4 "创建项目"对话框

单击启动界面上的"新建 VI",可以建立一个空白的 VI。

执行启动界面中"文件"菜单下的"新建"命令将打开如图 2-5 所示的"新建"对话框,在这里可以选择多种方式来建立文件。

利用"新建"对话框,可以创建 VI,项目和其他文件三种类型的文件。

其中,新建 VI 是经常使用的功能,包括新建空白 VI、创建多态 VI 以及基于模板创建 VI。如果选择 VI,将创建一个空的 VI,VI 中的所有空间都需要用户自行添加。如果选择基于模板,则有很多种程序模板供用户选择,如图 2-6 所示。

新建项目包括空白项目文件和基于向导的项目。

其他文件则包括库、类、全局变量、运行时菜单、自定义控件。

用户可以根据需要选择相应的模板进行程序设计。在各种模板中,LabVIEW 已经预先设置了一些组件构成的应用程序框架,用户只需要对程序进行一定程度的修改和功能上的增减就可以在模板的基础上构建自己的应用程序。

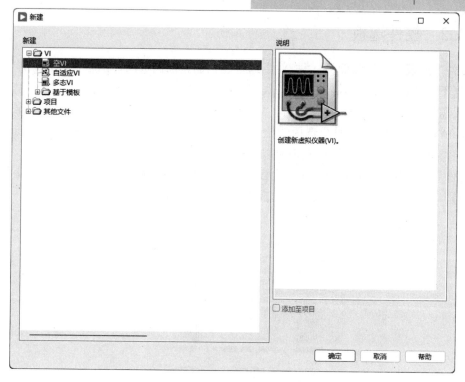

图 2-5 "新建"对话框

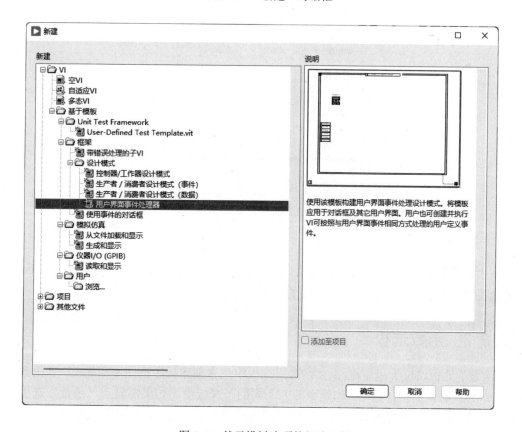

图 2-6 基于模板选项的新建文件

2.2.2　控件选板

"控件"选板仅位于前面板。"控件"选板包括创建前面板所需的输入控件和显示控件。根据不同的输入控件和显示控件的类型，将控件归入不同的子选板中。

如果需显示"控件"选板，可选择"查看"→"控件选板"或在前面板活动窗口中右击。LabVIEW 将记住"控件"选板的位置和大小，因此当 LabVIEW 重启时选板的位置和大小保持不变。在"控件"选板中可以进行内容修改。

"控件"选板中包括了用来创建前面板对象的各种控制量和显示量，是用户设计前面板的工具，LabVIEW 2022 中文版中的"控件"选板如图 2-7 所示。

图 2-7　"控件"选板

在"控件"选板中，按照所属类别，各种控制量和显示量被分门别类地安排在不同的子选板中。关于输入控件和显示控件的详细信息见 3.1 节。

2.2.3　函数选板

"函数"选板仅位于程序框图。"函数"选板中包含创建程序框图所需的 VI 和函数。按照 VI 和函数的类型，将 VI 和函数归入不同的子选板中。如果需显示"函数"选板，可选择"查看"→"函数选板"或在程序框图活动窗口中右击。LabVIEW 将记住"函数"

选板的位置和大小，因此当 LabVIEW 重启时选板的位置和大小不变。在"函数"选板中可以进行内容修改。

在"函数"选板中，按照功能分门别类地存放着一些函数、VIs 和 Express VIs。LabVIEW 2022 中文版的"函数"选板如图 2-8 所示。

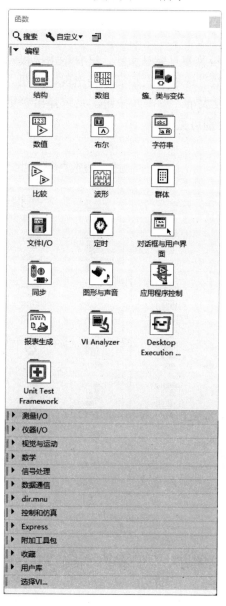

图 2-8　"函数"选板

使用"控件"和"函数"选板工具栏上的下列按钮可查看、配置选板，搜索控件、VI 和函数，如图 2-9 所示。

返回所属选板↑：用于转到选板的上级目录。单击该按钮并保持光标位置不动，将显示一个快捷菜单，其中列出了当前子选板路径中包含的各个子选板。单击快捷菜单上的子选板名称可进入子选板。只有当选板模式设为图标、图标和文本时才会显示该按钮。

搜索 🔍搜索：用于将选板转换至搜索模式，通过文本搜索来查找选板上的控件、VI 或函数。选板处于搜索模式时，可单击返回按钮退出搜索模式，显示选板。

查看 🔧自定义▼：用于当前选板的视图模式，显示或隐藏所有选板目录，在文本和树形模式下按字母顺序对各项排序。在快捷菜单中选择该选项，可打开选项对话框中的控件/函数选板页，为所有选板选择显示模式。只有当单击选板左上方的图钉标识将选板锁定时才会显示该按钮。

恢复选板大小 ⬜：将选板恢复至默认大小。只有单击选板左上方的图钉标识锁定选板，并调整"控件"或"函数"选板的大小后才会出现该按钮。

更改可见选板...：调整选板大小。单击此按钮，系统弹出"更改可见选板"对话框，如图 2-10 所示，更改选板类别可见性。

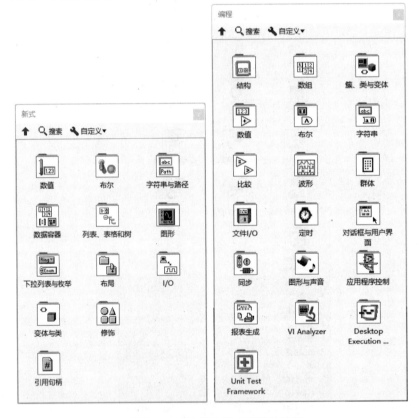

图 2-9　"控件"和"函数"选板

📖2.2.4　工具选板

在前面板和程序框图中都可看到工具选板。工具选板上的每一个工具都对应着光标的一个操作模式。光标对应于选板上所选择的工具图标。可选择合适的工具对前面板和程序框图上的对象进行操作和修改。

如果自动工具选择已打开，当光标移到前面板或程序框图的对象上时，LabVIEW 将自动从工具选板中选择相应的工具。可打开工具选板，选择查看工具选板。LabVIEW 将记住工具选板的位置和大小，因此当 LabVIEW 重启时选板的位置和大小保持不变。

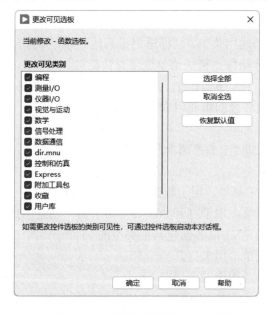

图 2-10 "更改可见选板"对话框

LabVIEW 2022 中文版的工具选板如图 2-11 所示。利用工具选板可以创建、修改 LabVIEW 中的对象，并对程序进行调试。工具选板是 LabVIEW 中对对象进行编辑的工具，按<Shift>键并右击，光标所在位置将出现工具选板。

图 2-11 工具选板

工具选板中各种不同工具的图标及其相应的功能如下：

➢ 自动选择工具 : 如已经打开自动工具选择，光标移到前面板或程序框图的对象上时，LabVIEW 将从工具选板中自动选择相应的工具。也可禁用自动工具选择，手动选择工具。

➢ 操作值工具 : 改变控件值。

➢ 定位/调整大小/选择工具 : 定位、选择或改变对象大小。

➢ 编辑文本工具 : 用于输入标签文本或者创建标签。

➢ 进行连线工具 : 用于在后面板中连接两个对象的数据端口，当用连线工具接近对象时，会显示出其数据端口以供连线之用。如果打开了帮助窗口时，那么当用连线工具至于某连线上时，会在帮助窗口显示其数据类型。

➢ 对象快捷菜单工具 : 当用该工具单击某对象时，会弹出该对象的快捷菜单。

➢ 滚动窗口工具 : 使用该工具，无须滚动条就可以自由滚动整个图形。

➢ 设置/清除断点工具 : 在调试程序过程中设置断点。

➢ 探针数据工具 : 在代码中加入探针，用于调试程序过程中监视数据的变化。

➢ 获取颜色工具 : 从当前窗口中提取颜色。

➢ 设置颜色工具 : 用来设置窗口中对象的前景色和背景色。

2.2.5　菜单栏

VI 窗口顶部的菜单为通用菜单，同样适用于其他程序，如打开、保存、复制和粘贴，以及其他 LabVIEW 的特殊操作。某些菜单选项有快捷键。

要想熟练地使用 LabVIEW 编写程序，了解其编程环境是非常必要的，在 LabVIEW 2022 中文版中，菜单是其编程环境的重要组成部分。

1."文件"菜单

LabVIEW 2022 中文版的"文件"菜单几乎囊括了对其程序（即 VI）操作的所有命令，如图 2-12 所示。

- 新建 VI：新建 VI 菜单，用于新建一个空白的 VI 程序。
- 新建…：新建菜单，用于打开如图 2-4 所示的"创建项目"对话框，新建空白 VI，根据模板创建 VI 或者创建其他类型的 VI。
- 打开…：打开菜单，用来打开一个 VI。
- 关闭：关闭菜单，用于关闭当前 VI。
- 关闭全部：关闭所有的 VI 菜单，关闭打开的所有 VI。
- 保存：保存菜单，用于保存当前编辑过的菜单。
- 另存为…：另存为菜单，用于另存为其他 VI。
- 保存全部：用于保存所有修改过的 VI，包括子 VI。
- 保存为前期版本：为了能在前期版本中打开现在所编写的程序，可以保存为前期版本的 VI。
- 创建项目：新建项目菜单。
- 打开项目…：打开项目菜单。
- 页面设置…：页面设置菜单，用于设置打印当前 VI 的一些参数。
- 打印…：打印菜单，打印当前 VI。
- VI 属性：VI 属性菜单，用来查看和设置当前 VI 的一些属性。
- 近期项目：最近曾经打开过的一些项目，用来快速打开曾经打开过的项目。
- 近期文件：最近曾经打开过的一些文件，用来快速打开曾经打开过的 VI。
- 退出：退出菜单，用于退出 LabVIEW 2022。

2."编辑"菜单

"编辑"菜单中几乎列出了所有对 VI 及其组件进行编辑的命令，如图 2-13 所示。

- 撤销：用于撤销上一步操作，回复到上一次编辑之前的状态。
- 重做：执行和撤销相反的操作，再次执行上一次"撤销"所做的修改。
- 剪切：删除所选定的文本、控件或者其他对象，并将其放到剪贴板中。
- 复制：用于将选定的文本、控件或者其他对象复制到剪贴板中。
- 粘贴：用于将剪贴板中的文本、控件或者其他对象从剪贴板中放到当前光标位置。
- 删除：用于删除当前选定的文本、控件或者其他对象，与剪切不同的是，删除不把这些对象放入剪贴板中。

图 2-12 "文件"菜单　　　　　图 2-13 "编辑"菜单

➢ 选择全部：选择全部对象。

➢ 当前值设置为默认值：将前面板设置为默认值，将当前前面板上对象的取值设置为该对象的默认值，这样当下一次打开该 VI 时，该对象将被赋予默认值。

➢ 重新初始化为默认值：将前面板上对象的取值初始化为原来的默认值。

➢ 自定义控件：用于定制前面板中的控件。

➢ 导入图片至剪贴板：用来从文件中导入图片。

➢ 设置 Tab 键顺序：设定 Tab 键切换顺序。可以设定用 Tab 键切换前面板上对象是的顺序。

➢ 删除断线：用于除去 VI 后面板中由于连线不当造成的断线。

➢ 整理前面板：用于重新整理对象和信号并调整大小，提高可读性。

➢ 从层次结构中删除断点：删除程序结构中的断点。

➢ 从所选项创建 VI 片段：用于指定保存程序图代码片断的目录。

➢ 创建子 VI：用于创建一个子 VI。

➢ 禁用前面板网格对齐：面板栅格对齐功能失效，禁用前面板上面的对齐网格，单击该菜单项，该项变为启用前面板网格对齐，再次单击该菜单项将显示面板上面的对齐网格。

➢ 编辑时显示隐藏的输入控件：

➢ 对齐所选项：将所选对象对齐。

➢ 分布所选项：将所选对象分布。

> ➢ VI 修订历史：用于记录 VI 的修订历史。
> ➢ 运行时菜单：用于设置程序运行时的菜单项。
> ➢ 调整窗格原点：将前面板的原点调整到当前窗格的左上角。
> ➢ 查找和替换：用于查找和替换菜单。
> ➢ 显示搜索结果：用于显示搜索到的结果。

3. "查看"菜单

LabVIEW 2022 中文版的"查看"菜单包括了程序中所有与显示操作有关的命令，如图 2-14 所示。

> ➢ 控件选板：显示控件选板菜单，用来显示 LabVIEW 的控件选板。
> ➢ 函数选板：显示函数选板菜单，用来显示 LabVIEW 的函数选板。
> ➢ 工具选板：显示工具选板菜单，用来显示 LabVIEW 的工具选板。
> ➢ 快速放置：显示快速放置对话框，依据名称指定选板对象，并将对象置于程序框图或前面板。
> ➢ 断点管理器：显示断点管理器窗口，该窗口用于在 VI 的层次结构中启用、禁用或清除全部断点。
> ➢ 探针监视窗口：用来打开探针监视窗口。右击连线，在弹出的快捷菜单中选择探针或使用探针工具，可显示该窗口。使用探针查看窗口管理探针。
> ➢ 错误列表：显示错误列表，用于显示 VI 程序的错误。
> ➢ 加载并保存警告列表：显示加载并保存警告对话框。通过该对话框可查看要加载或保存的项的警告详细信息。
> ➢ VI 层次结构：显示 VI 的层次结构，用于显示该 VI 与其调用的子 VI 之间的层次关系。
> ➢ LabVIEW 类层次结构：类浏览器，用于浏览程序中使用的类。
> ➢ 浏览关系：浏览 VI 类之间的关系，用来浏览程序中所使用的所有 VI 之间的相对关系。
> ➢ ActiveX 控件属性浏览器：用于浏览 ActiveX 控件的属性。
> ➢ 启动窗口：执行该命令，启动如图 2-13 所示的启动窗口。
> ➢ 导航窗口：显示导航窗口菜单，用于显示 VI 程序的导航窗口。
> ➢ 工具栏：工具栏选项。

4. "项目"菜单

LabVIEW 2022 中文版的"项目"菜单中包含了 LabVIEW 中所有与项目操作相关的命令，如图 2-15 所示。

> ➢ 创建项目：用于新建一个项目文件。
> ➢ 打开项目：用于打开一个已有的项目文件。
> ➢ 保存项目：用于保存一个项目文件。
> ➢ 关闭项目：用于关闭项目文件。
> ➢ 添加至项目：将 VI 或者其他文件添加到现有的项目文件中。
> ➢ 文件信息：当前项目的信息。
> ➢ 解决冲突：打开解决项目冲突对话框，可通过重命名冲突项，或使冲突项从正

确的路径重新调用依赖项解决冲突。

➤ 属性：显示当前项目属性。

图 2-14 "查看"菜单

图 2-15 "项目"菜单

5．操作菜单

LabVIEW 2022 中文版的操作菜单中包括了对 VI 操作的基本命令，如图 2-16 所示。

➤ 运行：用于运行 VI 程序。

➤ 停止：用来终止 VI 程序的运行。

➤ 单步步入：单步执行进入程序单元。

➤ 单步步过：单步执行完成程序单元。

➤ 单步步出：单步执行退出程序单元。

➤ 调用时挂起：当 VI 被调用时，挂起程序。

➤ 结束时打印：在 VI 运行结束后打印该 VI。

➤ 结束时记录：在 VI 运行结束后记录运行结果到记录文件。

➤ 数据记录：单击数据记录菜单可以打开它的下级菜单，设置记录文件的路径等。

➤ 切换至运行模式：切换到运行模式。当用户单击该菜单项时，LabVIEW 将切换
  为运行模式，同时该菜单项变为切换至编辑模式；再次单击该菜单项，则切换
  至编辑模式。

➤ 连接远程前面板： 与远程前面板连接。选择该菜单项将弹出如图 2-17 所示的
  "连接远程前面板"对话框，可以设置与远程的 VI 连接、通信。

➤ 调试应用程序或共享库：对应用程序或共享库进行调试。单击该选项会弹出
  "调试应用程序或共享库"对话框，如图 2-18 所示。

6．工具菜单

LabVIEW 2022 中文版的工具菜单中几乎包括了编写程序的所有工具，包括一些主要
工具和辅助工具，如图 2-19 所示。

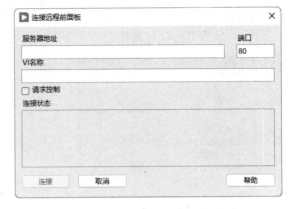

图 2-16　操作菜单　　　　　　　　图 2-17　"连接远程前面板"对话框

> Measurement & Automation Explor(M)…：打开 MAX 程序。
> 仪器：使用仪器子菜单。选择该菜单项可以打开它的下级菜单，可以选择连接 NI 的仪器驱动网络或者导入 CVI 仪器驱动程序。
> 比较：包含比较函数，比较 VI 或 LLB 文件的更改。
> 合并：包含合并函数，合并 VI 或 LLB 文件的更改。
> 性能分析：对 VI 的性能即占用资源的情况进行比较。
> 安全：对用户所编写的程序进行保护，如设置密码等。
> 用户名：利用该选项可以设置用户的姓名。
> 通过 VI 生成应用程序：弹出"通过 VI 生成应用程序"对话框，该对话框用于通过打开的 VI 生成独立的应用程序。
> 源代码控制：包含源代码控制操作，包括源代码控制的添加、删除、配置等操作。
> VI 分析器：在该子菜单中包括三个选项，分别为"分析 VI""显示结果窗口"和"创建新测试"。
> LLB 管理器：VI 库文件管理器菜单，选择此菜单项可以打开库文件管理器，并对库文件进行新建、复制、重命名、删除以及转换等操作。
> 导入：用来向当前程序导入".net"控件、"ActiveX"控件、共享库等。
> 共享变量：包含共享变量函数。单击"工具"→"共享变量"→"注册计算机"，可弹出"注册远程计算机"对话框。
> 分布式系统管理器：选择该命令，打开 NI 分布式系统管理器，用于在项目环境之外创建、编辑、监控和删除共享变量。
> 在磁盘上查找 VI：查找 VI 菜单，用来搜索磁盘上指定路径下的 VI 程序。
> NI 范例管理器：用于查找 NI 为用户提供的各种范例。
> 远程前面板连接管理器：用于管理远程 VI 程序的远程连接。
> Web 发布工具：网络发布工具菜单，选择此菜单项可以打开网络发布工具管理器窗口，设置通过网络访问用户的 VI 程序。
> 查找 LabVIEW 附加软件：显示"附加软件许可证工具"对话框，可用于通过 LabVIEW 创建的工具包。

➤ 控制和仿真：可访问 PID 和模糊逻辑 VI 工具。

➤ 高级：高级子菜单。选择此菜单项可以打开它的下级菜单，包含一些对 VI 操作的高级使用工具。

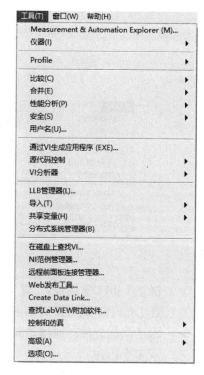

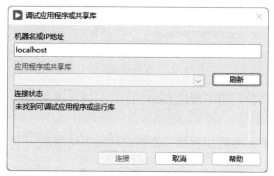

图 2-18 "调试应用程序或共享库"对话框   图 2-19 工具菜单

➤ 选项：用于设置 LabVIEW 以及 VI 的一些属性和参数。

7. 窗口菜单

利用窗口菜单可以打开 LabVIEW 2022 中文版的各种窗口，如前面板窗口、程序框图窗口以及导航窗口。LabVIEW 2022 中文版的窗口菜单如图 2-20 所示。

➤ 左右两栏显示：用来将 VI 的前面板和程序框图左右（横向）排布。

➤ 上下两栏显示：用来将 VI 的前面板和程序框图上下（纵向）排布。

另外，在窗口菜单的最下方显示了当前打开的所有 VI 的前面板和程序框图，因此，可以从窗口菜单的最下方直接进入那些 VI 的前面板或程序框图。

8. 帮助菜单

LabVIEW 2022 中文版提供了功能强大的帮助功能，集中体现在它的帮助菜单上。LabVIEW 2022 中文版的帮助菜单如图 2-21 所示。

➤ 显示即时帮助：选择是否显示即时帮助窗口以获得即时帮助。

➤ 锁定即时帮助：用于锁定即时帮助窗口。

➤ LabVIEW 帮助：获取帮助菜单，打开帮助文档，搜索帮助信息。

➤ 解释错误：提供关于 VI 错误的完整参考信息。

➤ 本 VI 帮助：直接查看 LabVIEW 帮助中关于 VI 的完整参考信息。

➤ 查找范例：用于查找 LabVIEW 中带有的所有范例。

> 查找仪器驱动：显示 NI 仪器驱动查找器，查找和安装 LabVIEW 即插即用仪器驱动。该选项在 Mac OS 上不可用。

> 网络资源：打开 NI 公司的官方网站，在网络上查找 LabVIEW 程序的帮助信息。

 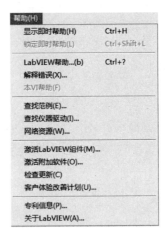

图 2-20　窗口菜单　　　　　　　　图 2-21　帮助菜单

> 激活 LabVIEW 组件：　显示 NI 激活向导，用于激活 LabVIEW 许可证。该选项仅在 LabVIEW 试用模式下出现。

> 激活附加软件：通过该向导可激活第三方附加软件。依据自动或手动激活一个或多个附件。

> 检查更新：显示 NI 公司的更新服务窗口，该窗口通过 ni.com 可查看可用的更新。

> 专利信息：显示 NI 公司的所有相关专利。

> 关于 LabVIEW：显示 LabVIEW 的相关信息。

2.2.6　工具栏

工具栏按钮用于运行、中断、终止、调试 VI、修改字体、对齐、组合、分布对象。详细介绍请参见本书第 3 章。

2.2.7　项目浏览器窗口

项目浏览器窗口用于创建和编辑 LabVIEW 项目。选择“文件”→“创建项目”，打开“创建项目”对话框，选择“项目”选项，单击“完成”按钮，即可打开“项目浏览器”窗口。也可选择“文件”→“新建”，打开“新建”对话框，如图 2-22 所示，双击“项目”选项，打开“项目浏览器”窗口，如图 2-23 所示。

默认情况下，“项目浏览器”窗口包括以下各项：

1）我的电脑：表示可作为项目终端使用的本地计算机。

2）依赖关系：用于查看某个终端下 VI 所需的项。

图 2-22　"新建"对话框

3）程序生成规范：包括对源代码发布编译配置以及 LabVIEW 工具包和模块所支持的其他编译形式的配置。如已安装 LabVIEW 专业版开发系统或应用程序生成器，可使用程序生成规范配置独立应用程序(EXE)、动态链接库(DLL)、安装程序及 Zip 文件。

在项目中添加其他终端时，LabVIEW 会在项目浏览器窗口中创建代表该终端的项。各个终端也包括依赖关系和程序生成规范，在每个终端下可添加文件。

可将 VI 从"项目浏览器"窗口中拖放到另一个已打开 VI 的程序框图中。在"项目浏览器"窗口中选择需作为子 VI 使用的 VI，并把它拖放到其他 VI 的程序框图中。

使用项目属性和方法，可通过编程配置和修改项目以及"项目浏览器"窗口，如图 2-24 所示。

图 2-23　项目管理器窗口

2.3　LabVIEW 2022 中文版的帮助系统

为了让用户更快地掌握 LabVIEW，更好地理解 LabVIEW 的编程机制，并用 LabVIEW 编写出优秀的应用程序，LabVIEW 的各个版本都提供了丰富的帮助和完善的帮助系统，同样，LabVIEW 2022 中文版也提供了即时帮助、帮助文件以及丰富的实例构成其本地帮助系统。作为其帮助系统的重要组成部分，NI 公司的网络帮助系统也发挥着重要的作用，包括一些在线电子文档和电子书。

本节将主要介绍如何获取 LabVIEW 2022 中文版的帮助，这对于初学者快速掌握 LabVIEW 是非常重要的，对于一些高级用户也有很大帮助。

2.3.1　使用即时帮助

将光标移至一个对象上，即时帮助窗口将显示该 LabVIEW 对象的基本信息。VI、函数、常数、结构、选板、属性、方式、事件、对话框和项目浏览器中的项均有即时帮助信息。即时帮助窗口还可帮助确定 VI 或函数的连线位置。

选择"帮助"→"显示即时帮助"，显示即时帮助窗口。在工具栏中选择 圖 显示即时帮助窗口，也可打开即时帮助。Windows 系统中可按<Ctrl+H>键显示该窗口。

即时帮助窗口可根据内容的多少自动调整大小。也可调整即时帮助窗口的大小使之最大化。LabVIEW 将记住即时帮助窗口的位置和大小，因此当 LabVIEW 重启时该窗口的位置和最大尺寸不变。如果调整即时帮助窗口的大小，LabVIEW 将对即时帮助窗口中的文本自动换行，缩短连线板中的连线的长度。如果窗口太小不能显示全部内容，则将输入和输出端在表格中列出。

锁定即时帮助窗口当前的内容，当光标移到其他位置时，窗口的内容将保持不变。选择"帮助"→"锁定即时帮助"可锁定或解锁即时帮助窗口的当前内容。单击即时帮助窗口上的锁定按钮 圖，也可锁定或解锁帮助窗口的内容。

Windows 快捷键<Ctrl+Shift+L>也可用于锁定或解锁帮助窗口。单击即时帮助窗口上的显示可选接线端和完整路径按钮 圖，将显示连线板的可选接线端和 VI 的完整路径。

如果即时帮助窗口中的对象在 LabVIEW 帮助中也有描述，则即时帮助窗口中会出现一个蓝色的详细帮助信息链接。也可单击即时帮助中的详细帮助信息图标。单击该链接或图标可获取更多关于对象的信息。

2.3.2　查找在线帮助

即时帮助固然方便，并且可以实时显示帮助信息，但是不够详细，有些时候不能满足编程的需要，这时就需要在线帮助进行查找。

选择"帮助"→"LabVIEW 帮助"，可以打开 LabVIEW 的帮助网页，如图 2-24 所示。在这里，可以在搜索栏中输入关键词搜索帮助信息。

图 2-24　查看 LabVIEW 的帮助文件

2.3.3　查找 LabVIEW 范例

学习和借鉴 LabVIEW 中的例程不失为一种快速、深入学习 LabVIEW 的好方法。通过菜单"帮助"→"查找范例"可以查找 LabVIEW 的范例。范例按照任务和目录结构分门别类地显示出来，方便用户按照各自的需求查找和借鉴，如图 2-25 所示。

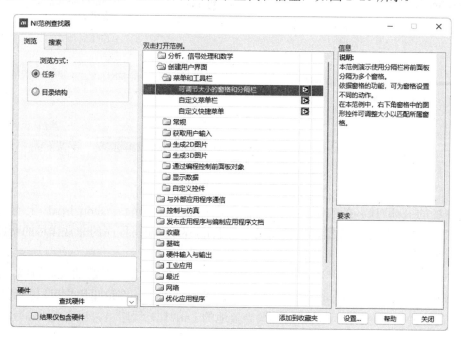

图 2-25　利用"NI 范例查找器"搜索例程

另外，也可以利用搜索功能用关键字来查找例程，甚至在 LabVIEW 2022 中文版中可以向 "NI 在线社区" 提交自己编写的程序作为范例。单击图 2-25 中的 "搜索" 选项卡，再单击提交范例按钮即可以连接到 NI 的官方网站提交范例。

2.3.4 使用网络资源

LabVIEW 2022 中文版不仅为用户提供了丰富的本地帮助资源，在网络上还可以学习更加丰富的 LabVIEW 的资源，这些资源是学习 LabVIEW 的有力助手和工具。

NI 的官方网站 http://www.ni.com/zh-cn.html 无疑成为最权威的学习 LabVIEW 的网络资源，它为 LabVIEW 提供了非常全面的帮助支持，如图 2-26 所示。

图 2-26　网络资源

在 NI 的 LabVIEW 的官方网站 http://www.ni.com/zh-cn/shop.html 上有关于 LabVIEW 2022 非常详细的介绍，也可以找到关于 LabVIEW 编写程序的非常详尽的帮助资料，如图 2-27 所示。

另外，在 NI 的网站上还有一个专门讨论 LabVIEW 相关问题的 LabVIEW 社区 http://www.ni.com/zh-cn/community.html，如图 2-28 所示。在这里用户可以找到学习 LabVIEW 的各种资源，并且可以和来自世界各地的 LabVIEW 程序员讨论有关 LabVIEW 的具体问题。

图 2-27　NI 的 LabVIEW 的官方网站

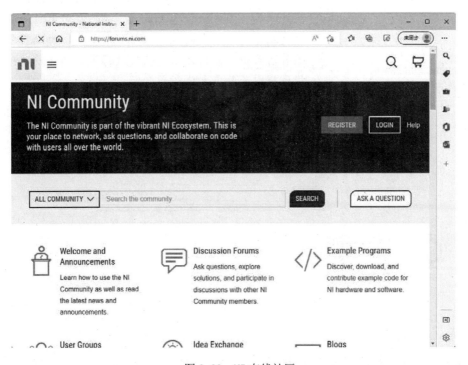

图 2-28　NI 在线社区

第 **3** 章

前面板与程序框图

本章主要介绍了 LabVIEW 的前面板、前面板控件及其使用方法和属性设置。要想做出更好的人机交互界面，对前面板的修饰非常重要，为此本章还对前面板的修饰方法和技巧进行了介绍。最后对程序框图及其要素进行了介绍。

学 习 要 点

- ◎ 前面板控件
- ◎ 设置前面板对象的属性
- ◎ 前面板的修饰

3.1 前面板控件

前面板是 VI 的用户界面，如图 3-1 所示。

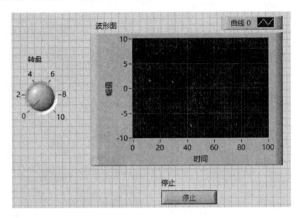

图 3-1 VI 的前面板

前面板由输入控件和显示控件组成。这些控件是 VI 的输入输出端口。输入控件是指旋钮、按钮、转盘等输入装置。显示控件是指图表、指示灯等显示装置。输入控件模拟仪器的输入装置，为 VI 的程序框图提供数据。显示控件模拟仪器的输出装置，用以显示程序框图获取或生成的数据。

3.1.1 控件样式

1. 新式、经典及银色控件

许多前面板对象具有高彩外观。为了获取对象的最佳外观，显示器最低应设置为 16 位色。位于新式选板上的控件也有相应的低彩对象。经典选板上的控件适于创建在 256 色和 16 色显示器上显示的 VI。新式、经典和银色控件选板如图 3-2 所示。

2. 系统控件

位于系统选板上的系统控件可用在用户创建的对话框中。系统控件专为在对话框中使用而特别设计，包括下拉列表和旋转控件、数值滑动杆、进度条、滚动条、列表框、表格、字符串和路径控件、选项卡控件、树形控件、按钮、复选框、单选按钮和自动匹配对象背景色的不透明标签。这些控件仅在外观上与前面板控件不同，颜色与系统设置的颜色一致，如图 3-3 所示。

系统控件的外观取决于 VI 运行的平台，因此在 VI 中创建的控件外观应与所有 LabVIEW 平台兼容。在不同的平台上运行 VI 时，系统控件将改变其颜色和外观，与该平台的标准对话框控件相匹配。

3. NXG 风格控件

NXG 风格控件包含编程常用的大部分控件，如图 3-4 所示。

"新式"选板   "经典"选板

"银色"选板

图 3-2   新式、经典和银色控件

图 3-3   系统控件

图 3-4 "NXG 风格"选板

3.1.2 数值型控件

位于数值和经典数值选板上的数值对象可用于创建滑动杆、滚动条、旋钮、转盘和数值显示框。其中，经典选板上还有颜色盒和颜色梯度，用于设置颜色值；其余选板上还有时间标识，用于设置时间和日期值。数值对象用于输入和显示数值。LabVIEW 2022中文版的数值型控件选板如图 3-5 所示。

1. 数值控件

数值控件是输入和显示数值数据的最简单方式。这些前面板对象可在水平方向上调整大小，以显示更多位数。可使用下列方法改变数值控件的值：

➢ 用操作工具或标签工具单击数字显示框，然后通过键盘输入数字。

➢ 用操作工具单击数值控件的递增或递减箭头。

➢ 使用操作工具或标签工具将光标放置于需改变的数字右边，然后在键盘上按向上或向下箭头键。

➢ 默认状态下，LabVIEW 的数字显示和存储与计算器类似。数值控件一般最多显示 6 位数字，超过 6 位自动转换为以科学记数法表示。右击数值对象并从弹出的快捷菜单中选择格式与精度，则可打开数值属性对话框的格式与精度选项卡，从中配置 LabVIEW 在切换到科学记数法之前所显示的数字位数。

2. 滑动杆控件

滑动杆控件是带有刻度的数值对象。滑动杆控件包括垂直和水平滑动杆、液罐和温度计。可使用下列方法改变滑动杆控件的值：

➢ 使用操作工具单击或拖曳滑块至新的位置。

➢ 与数值控件中的操作类似，在数字显示框中输入新数据。

滑动杆控件可以显示多个值。右击该对象，在弹出的快捷菜单中选择添加滑块，则可添加更多滑块。带有多个滑块的控件的数据类型为包含各个数值的簇。

a)"数值"选板   b)"经典数值"选板

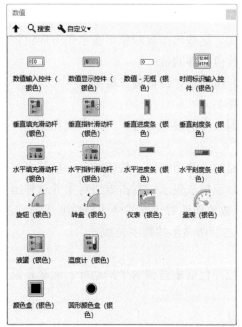

c)"银色"选板   d)"系统"选板

图 3-5 数值型控件选板

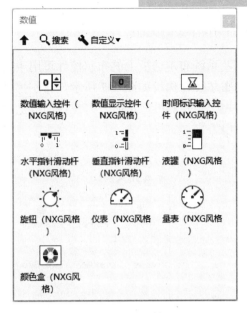

e) NXG 风格

图 3-5 数值型控件选板（续）

3．滚动条控件

与滑动杆控件相似，滚动条控件是用于滚动数据的数值对象。滚动条控件有水平和垂直滚动条两种。使用操作工具单击或拖曳滑块至一个新的位置，单击递增和递减箭头，或单击滑块和箭头之间的空间都可以改变滚动条的值。

4．旋转型控件

旋转型控件包括旋钮、转盘、量表和仪表。旋转型对象的操作与滑动杆控件相似，都是带有刻度的数值对象。可使用下列方法改变旋转型控件的值：

➢ 用操作工具单击或拖曳指针至一个新的位置。

➢ 与数值控件中的操作类似，在数字显示框中输入新数据。

旋转型控件可显示多个值。右击该对象，在弹出的快捷菜单中选择添加指针，则可添加新指针。带有多个指针的控件的数据类型为包含各个数值的簇。

5．时间标识控件

时间标识控件用于向程序框图发送或从程序框图获取时间和日期值。可使用下列方法改变时间标识控件的值：

➢ 单击"时间/日期浏览"按钮 🔢，显示"设置时间和日期"对话框，如图 3-6 所示。

图 3-6 设置时间和日期对话框

➢ 右击该控件并从弹出的快捷菜单中选择"数据操作"→"设置时间和日期"，显示"设置时间和日期"对话框。

➢ 右击该控件，从弹出的快捷菜单中选择"数据操作"→"设置为当前时间"。

📖3.1.3 布尔型控件和单选按钮

位于新式、经典、银色及系统布尔选板上的布尔控件可用于创建按钮，开关和指示灯。LabVIEW 2022 中文版的布尔控件选板如图 3-7 所示。布尔控件用于输入并显示布尔值(TRUE/FALSE)。例如，监控一个实验的温度时，可在前面板上放置一个布尔指示灯，当温度超过一定水平时即发出警告。

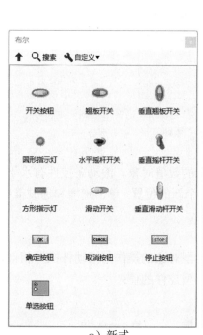

a) 新式　　　　　　　　　　　　b) 经典

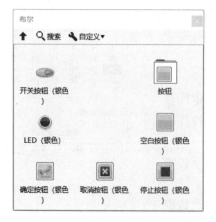

c) 银色　　　　　　　　　　　　d) 系统

图 3-7　布尔控件选板

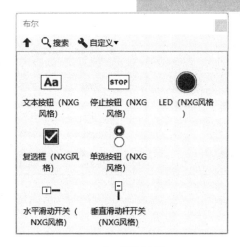

e) NXG 风格

图 3-7 布尔控件选板（续）

布尔输入控件有 6 种机械动作。自定义布尔对象可创建运行方式与现实仪器类似的前面板。快捷菜单可用来自定义布尔对象的外观以及单击这些对象时它们的运行方式。

单选按钮控件向用户提供一个列表，每次只能从中选择一项。如允许不选任何项，右击该控件，然后在弹出的快捷菜单中选择允许不选，该菜单项旁边将出现一个勾选标志。单选按钮控件为枚举型，所以可用单选按钮控件选择条件结构中的条件分支。

3.1.4 字符串与路径控件

位于新式、经典、银色和系统选板上的字符串和路径控件可用于创建文本输入框和标签、输入或返回文件或目录的地址。LabVIEW 2022 中文版的新式、经典、银色及系统字符串与路径选板如图 3-8 所示。

1. 字符串控件

操作工具或标签工具可用于输入或编辑前面板上字符串控件中的文本。默认状态下，新文本或经改动的文本在编辑操作结束之前不会被传至程序框图。运行时，单击面板的其他位置，切换到另一窗口，单击工具栏上的确定输入按钮，或按数字键区的<Enter>键，都可结束编辑状态。在主键区按<Enter>键将输入回车符。右击字符串控件为其文本选择显示类型，如以密码形式显示或十六进制数显示。

2. 组合框控件

组合框控件可用来创建一个字符串列表，在前面板上可循环浏览该列表。组合框控件类似于文本型或菜单型下拉列表控件，但是组合框控件是字符串型数据，而下拉列表控件是数值型数据。

3. 路径控件

路径控件用于输入或返回文件或目录的地址。如果允许运行时拖放(Windows 和 MacOS)，则可从 Windows 浏览器中拖曳一个路径、文件夹或文件放置在路径控件中。

路径控件与字符串控件的工作原理类似，但 LabVIEW 会根据用户使用操作平台的标准句法将路径按一定格式处理。

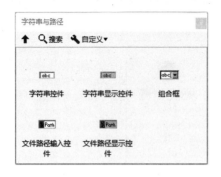

a）新式

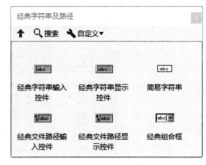

b）经典

c）银色　　　　　　　　　d）系统

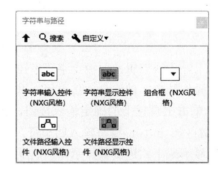

e）NXG 风格

图 3-8　字符串与路径选板

例 3-1　银色选板控件的使用方法

本实例演示了银色选板中控件的使用方法。

1）新建一个 VI。打开程序的前面板并右击，弹出浮动的"控件"选板，单击选板左上角的"浮动"按钮，将浮动选板变为固定。

2）从"控件"选板中的"银色"→"数值"子选板中选取"数值输入控件"控件，

在前面板中适当位置单击，完成控件在前面板中的放置，如图3-9所示。

3）在"数值"子选板中选取"垂直填充滑动杆"控件，在"布尔"子选板中选取"LED（银色）"和"停止按钮"控件，在"字符串与路径"子选板中选择"字符串显示控件"。放置结果如图3-10所示。

将光标放置在"布尔"控件上方并单击，当光标变为"调整大小"按钮 时向外拖动控件至适当大小。

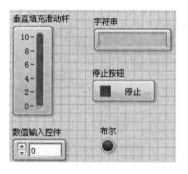

图3-9　放置数值控件　　　　图3-10　放置控件结果

4）双击前面板"字符串显示控件"控件上方的标题，输入要修改的名称"鼠标悬浮项"。在"停止按钮"控件上右击，弹出快捷菜单，如图3-11所示。

5）选择"显示项"→"标签"，取消控件标签的显示，前面板控件如图3-12所示。

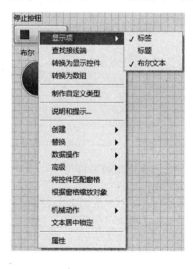

图3-11　快捷菜单

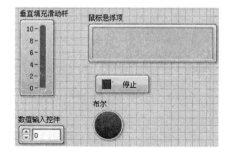

图3-12　前面板控件

3.1.5　数据容器控件

位于新式、经典、银色及系统数组、矩阵和簇选板上的数组、矩阵和簇控件可用来创建数组、矩阵和簇。数组是同一类型数据元素的集合。簇将不同类型的数据元素归为一组。矩阵是若干行列实数或复数数据的集合，用于线性代数等数学操作。LabVIEW 2022中文版的新式、经典、银色、NXG风格数据容器选板如图3-13所示。

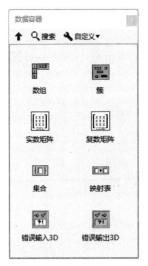

a）新式

b）经典

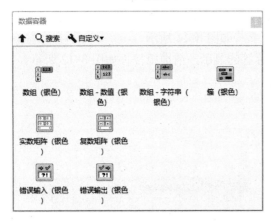

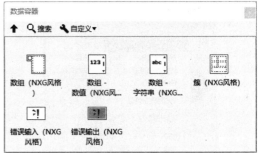

c）银色

d)NXG 风格

图 3-13　数据容器选板

📖3.1.6　列表、表格和树控件

位于新式、经典、银色及系统列表和表格选板上的列表框控件，用于向用户提供一个可供选择的项列表。LabVIEW 2022 中文版的新式、经典、银色及 NXG 风格系统列表、表格和树选板如图 3-14 所示。

1. 列表框

列表框可配置为单选或多选。多选列表可显示更多条目信息，如大小和创建日期等。

2. 树形控件

树形控件用于向用户提供一个可供选择的层次化列表。用户将输入树形控件的项组织为若干组项或若干组节点。单击节点旁边的展开符号可展开节点，显示节点中的所有项。单击节点旁的符号还可折叠节点。

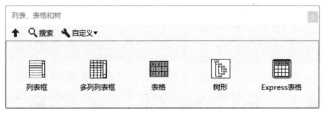

a）新式

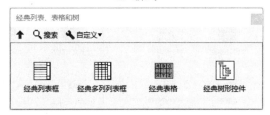

b）经典

c）银色

d）系统

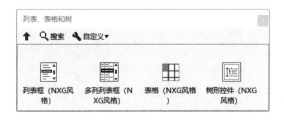

e） NXG 风格

图 3-14　列表、表格和树选板

注意：

　　只有在 LabVIEW 完整版和专业版开发系统中才可创建和编辑树形控件。所有 LabVIEW 软件包均可运行含有树形控件的 VI，但不能在基础软件包中配置树形控件。

3. 表格

表格控件可用于在前面板上创建表格。

3.1.7　图形控件

　　图形控件可用于以图形和图表的形式绘制数值数据。LabVIEW 2022 中文版的新式、经典、银色以及 NXG 风格图形控件选板如图 3-15 所示。关于图形和图表的详细介绍请参见本书后面的章节。

a）新式　　　　　　　　　　b）经典

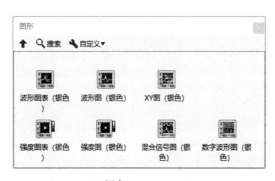

c）银色　　　　　　　　　　d）NXG 风格

图 3-15　图形控件选板

📖3.1.8　下拉列表与枚举控件

位于新式、经典、银色及 NXG 风格下拉列表与枚举选板上的下拉列表和枚举控件可用来创建可循环浏览的字符串列表。LabVIEW 2022 中文版的新式、经典、银色、系统及 NXG 风格下拉列表与枚举控件选板如图 3-16 所示。

1. 下拉列表控件

下拉列表控件是将数值与字符串或图片建立关联的数值对象。下拉列表控件以下拉菜单的形式出现，用户可在循环浏览的过程中做出选择。下拉列表控件可用于选择互斥项，如触发模式。例如，用户可在下拉列表控件中从连续、单次和外部触发中选择一种模式。

2. 枚举控件

枚举控件用于向用户提供一个可供选择的项列表。枚举控件类似于文本或菜单下拉列表控件，但是枚举控件的数据类型包括控件中所有项的数值和字符串标签的相关信息，下拉列表控件则为数值型控件。

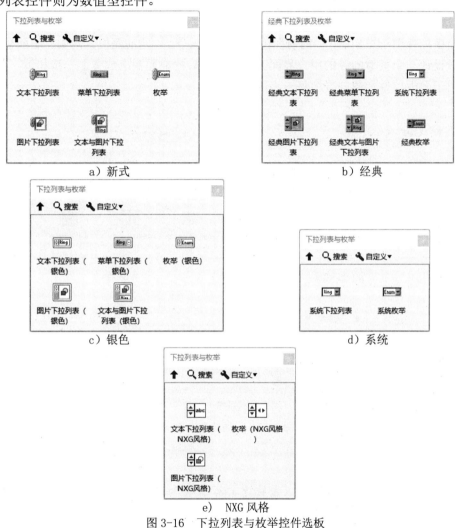

图 3-16　下拉列表与枚举控件选板

📖3.1.9　布局控件

位于新式、经典、银色和系统布局选板上的布局控件可用于组合控件，或在当前 VI 的前面板上显示另一个 VI 的前面板。布局控件(Windows)还可用于在前面板上显示.NET 和 ActiveX 对象。LabVIEW 2022 中文版的新式、经典及系统布局控件选板如图 3-17 所示。

1. 选项卡控件

选项卡控件用于将前面板的输入控件和显示控件重叠放置在一个较小的区域内。选项卡控件由选项卡和选项卡标签组成。可将前面板对象放置在选项卡控件的每一个选项卡中，并将选项卡标签作为显示不同页的选择器。可使用选项卡控件组合在操作某一阶段需用到的前面板对象。例如，某 VI 在测试开始前可能要求用户先设置几个选项，然后在测试过程中允许用户修改测试的某些方面，最后允许用户显示和存储相关数据。在程序框图上，选项卡控件默认为枚举控件。选项卡控件中的控件接线端与程序框图上的其他控件接线端在外观上是一致的。

2. 子面板控件

子面板控件用于在当前 VI 的前面板上显示另一个 VI 的前面板。例如，子面板控件可用于设计一个类似向导的用户界面。在顶层 VI 的前面板上放置上一步和下一步按钮，并用子面板控件加载向导中每一步的前面板。

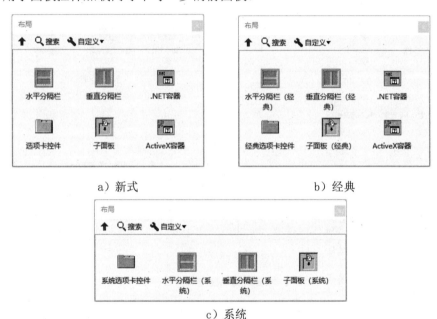

图 3-17 布局控件选板

注意：

只有 LabVIEW 完整版和专业版系统才具有创建和编辑子面板控件的功能。所有 LabVIEW 软件包均可运行含有子面板控件的 VI，但不能在基础软件包中配置子面板控件。

3.1.10 I/O 控件

位于新式、经典和银色选板上的 I/O 名称控件可将所配置的 DAQ 通道名称，VISA 资源名称和 IVI 逻辑名称传递至 I/O VI，与仪器或 DAQ 设备进行通信。I/O 名称常量位于函数选板上。常量是在程序框图上向程序框图提供固定值的接线端。LabVIEW 2022 中文版的新式、经典及银色 I/O 控件选板如图 3-18 所示。

1. 波形控件

波形控件可用于对波形中的单个数据元素进行操作。波形数据类型包括波形的数据、起始时间和时间间隔(deltat)。

关于波形数据类型的详细信息见 6.5 节波形数据。

a）新式

b）经典

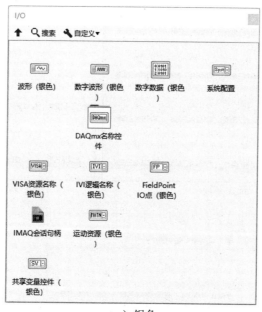

c）银色

图 3-18　I/O 控件选板

2．数字波形控件

数字波形控件可用于对数字波形中的单个数据元素进行操作。

3．数字数据控件

数字数据控件显示行列排列的数字数据。数字数据控件可用于创建数字波形或显示从数字波形中提取的数字数据。将数字波形数据输入控件连接至数字数据显示控件，可查看数字波形的采样和信号。

3.1.11 修饰控件

位于修饰选板上的修饰控件可对前面板对象进行组合或分隔。这些对象仅用于修饰，并不显示数据。在前面板上放置修饰后，使用重新排序下拉菜单可对层叠的对象重新排序，也可在程序框图上使用修饰。LabVIEW 2022 中文版的修饰选板如图 3-19 所示。

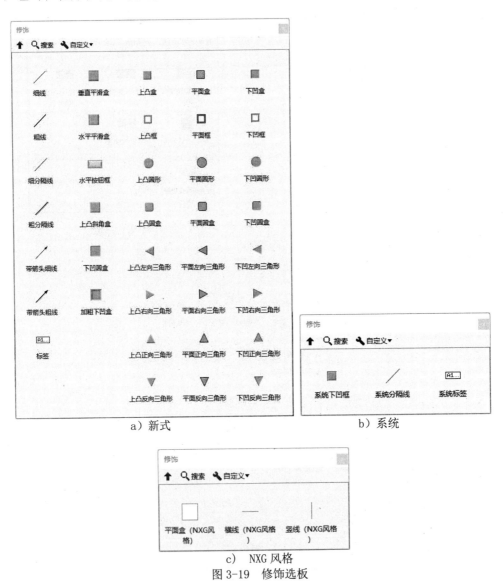

a）新式 　　b）系统

c）　NXG 风格

图 3-19　修饰选板

3.1.12 对象和应用程序的引用

位于引用句柄和经典引用句柄选板上的引用句柄控件可用于对文件、目录、设备和网络连接进行操作。控件引用句柄用于将前面板对象信息传送给子 VI。LabVIEW 2022

中文版的引用句柄选板如图 3-20 所示。

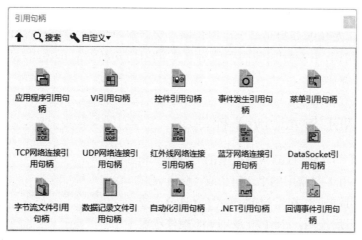

a）新式

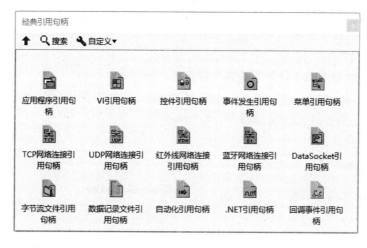

b）经典

图 3-20　引用句柄选板

　　引用句柄是对象的唯一标识符，这些对象包括文件、设备或网络连接等。打开一个文件、设备或网络连接时，LabVIEW 会生成一个指向该文件、设备或网络连接的引用句柄。对打开的文件、设备或网络连接进行的所有操作均使用引用句柄来识别每个对象。引用句柄控件用于将一个引用句柄传进或传出 VI。例如，引用句柄控件可在不关闭或不重新打开文件的情况下修改其指向的文件内容。

　　由于引用句柄是一个打开对象的临时指针，因此它仅在对象打开期间有效。如果关闭对象，LabVIEW 会将引用句柄与对象分开，引用句柄即失效。如再次打开对象，LabVIEW 将创建一个与第一个引用句柄不同的新引用句柄。LabVIEW 将为引用句柄所指的对象分配内存空间。关闭引用句柄，该对象就会从内存中释放出来。

　　由于 LabVIEW 可以记住每个引用句柄所指的信息，如读取或写入的对象的当前地址和用户访问情况，因此可以对单一对象执行并行但相互独立的操作。如果一个 VI 多次打开同一个对象，那么每次的打开操作都将返回一个不同的引用句柄。VI 结束运行时 LabVIEW 会自动关闭引用句柄，但如果用户在结束使用引用句柄时就将其关闭将可以最有效地利用内存空间和其他资源，这是一个良好的编程习惯。关闭引用句柄的顺序与打开时相反。例如，对象 A 获得了一个引用句柄，然后在对象 A 上调用方法以获得一个指向对象 B 的引用句柄，在关闭时应先关闭对象 B 的引用句柄然后再关闭对象 A 的引用句柄。

📖 3.1.13 .NET 与 ActiveX 控件

位于 ".NET" 与 "ActiveX" 选板上的 ".NET" 和 "ActiveX" 控件用于对常用的 ".NET" 或 "ActiveX" 控件进行操作。可添加更多 ".NET" 或 "ActiveX" 控件至该选板，供日后使用，.NET 与 ActiveX 控件选板如图 3-21 所示。

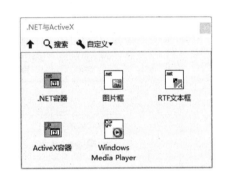

选择 "工具" → "导入" → ".NET 控件至选板"，弹出 "添加.NET 控件至选板" 对话框，如图 3-22 所示，或选择 "工具" → "导入" → "ActiveX 控件至选板"，弹出 "添加 ActiveX 控件至选板" 对话框，如图 3-23 所示。可分别转换.NET 或 ActiveX 控件集，自定义控件并将这些控件添加至.NET 与 ActiveX 选板。

图 3-21 NET 与 ActiveX 控件选板

图 3-22 "添加.NET 控件至选板" 对话框

图 3-23 "添加 ActiveX 控件至选板" 对话框

注意：

创建.NET 对象并与之通信需安装.NET Framework 1.1 Service Pack 1 或更高版本。建议只在 LabVIEW 项目中使用.NET 对象。如果装有 Microsoft .NET Framework 2.0 或更高版本，可使用应用程序生成器生成.NET 互操作程序集。

3.2　设置前面板对象的属性

3.1 节主要介绍了设计前面板用到的"控件"选板，在用 LabVIEW 进行程序设计的过程中，对前面板的设计主要是编辑前面板控件和设置前面板控件的属性。为了更好地操作前面板的控件，设置其属性是非常必要的。这节将主要介绍设置前面板控件属性的方法。

不同类型的前面板控件有着不同的属性，下面分别介绍设置数值型控件、文本型控件、布尔型控件以及图形显示控件的方法。

3.2.1　设置数值型控件的属性

LabVIEW 2022 中文版中的数值型控件（位于控件选板中的新式子选板中）有着许多共有属性，每个控件又有自己独特的属性，这里只能对控件的共有属性做较详细的介绍。

下面以数值型控件——量表为例介绍数值型控件的常用属性及其设置方法。

数值型控件的常用属性有：

➢ 标签：用于对控件的类型及名称进行注释。

➢ 标题：控件的标题，通常和标签相同。

➢ 数字显示：以数字的方式显示控件所表达的数据。

图 3-24 显示了量表控件的标签、标题、数字显示等属性。

在前面板的图标上右击，弹出如图 3-25 所示的快捷菜单，从菜单中通过选择标签、标题、数字显示等属性可以切换是否显示控件的这些属性。另外，可通过工具控件板中的文本按钮 $\boxed{A}$ 来修改标签和标题的内容。

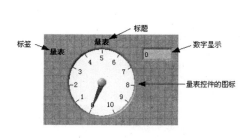

图 3-24　量表控件的基本属性　　　图 3-25　数值型控件（以量表为例）的属性快捷菜单

数值型控件的其他属性可以通过它的"旋钮类的属性"对话框进行设置。在控件的图标上右击，并从弹出的快捷菜单中选择属性，便可以打开"属性"对话框。该对话框分为 8 个选项卡，分别是"外观""数据类型""标尺""显示格式""文本标签""说明信息""数据绑定"和"快捷键"，如图 3-26 所示。

> 外观选项卡：可以设置与控件外观有关的属性。可以修改控件的标签和标题属性以及设置其是否可见；可以设置控件的启用状态，以决定控件是否可以被程序调用；在"外观"选项卡中也可以设置控件的颜色和风格。

> 数据类型选项卡：可以设置数值型控件的数据范围以及默认值。

> 标尺选项卡：可以设置数值型控件的标尺样式及刻度范围。可以选择的刻度样式类型如图 3-27 所示。

"外观"选项卡

"数据类型"选项卡

"标尺"选项卡

"显示格式"选项卡

图 3-26　数值型控件量表的属性对话框

"文本标签"选项卡

"说明信息"选项卡

"数据绑定"选项卡

"快捷键"选项卡

图 3-26　数值型控件量表的属性对话框（续）

➢ 显示格式选项卡：与"数据类型"和"标尺"选项一样，显示格式选项也是数值型控件所特有的属性。在"显示格式"选项中，可以设置控件的数据显示格式以及精度。该选项也包含两种编辑模式，分别是默认编辑模式和高级编辑模式，在高级编辑模式下，可以对控件的格式与精度做更为复杂的设置。

➢ 文本标签选项卡：用于配置带有标尺的数值对象的文本标签。

➢ 说明信息选项卡：用于描述该对象的目的并给出使用说明。

➢ 数据绑定选项卡：用于将前面板对象绑定至网络发布项目项以及网络上的 PSP 数据项。

➢ 快捷键选项卡：用于设置控件的快捷键。

图 3-27　用户可以选择的数值型控件刻度样式类型

　　LabVIEW 2022 中文版提供了丰富、形象而且功能强大的数值型控件，用于数值型数据的控制和显示。合理地设置这些控件的属性是使用它们进行前面板设计的有力保证。

📖3.2.2　设置文本型控件的属性

　　LabVIEW 中的文本型控件主要负责字符串等文本类型数据的控制和显示，这些控件位于 LabVIEW 控件选板中的字符串和路径子选板中。

　　LabVIEW 2022 中文版中的文本型控件可以分为三种类型，分别是用于输入字符串的输入与显示控件、用于选择字符串的输入与显示控件，以及用于文件路径的输入与显示控件。下面分别详细说明设置三种类型文本型控件的方法。

　　文本输入控件和文本显示控件是最具代表性的用于输入字符串的控件，在 LabVIEW的前面板中他们的图标分别是"新式"████████和████████、"经典"████████和████████、"银色"████████和████████、"NXG 风格"████████和████████。这两种控件的属性可以通过其"属性"对话框进行设置。"字符串类的属性"对话框如图 3-28 所示。

　　"字符串类的属性"对话框由"外观""说明信息"等选项卡组成。在"外观"选项卡中，与 3.1 节介绍的数值型控件的"属性"对话框不同的是，在文本控件的"属性"对话框中，用户不仅可以设置标签和标题等属性，而且可以设置文本的显示方式。

　　文本输入控件和文本输出控件中的文本可以以四种方式进行显示，分别为正常、反斜杠符号、密码和十六进制。其中，反斜杠符号显示方式表示文本框中的字符串以反斜杠符号的方式显示，如"\n"代表换行，"\r"代表 4 回车，而"\b"代表退格；"密码"表示以密码的方式显示文本，即不显示文本内容，而代之以"＊"；十六进制表示以十六进制数来显示字符串。

　　在"字符串类的属性"对话框中，如果选择"限于单行输入"，那么将限制用户按行输入字符串，而不能回车换行；如果选择"自动换行"，那么将根据文本的多少自动换行；如果选择"键入时刷新"，那么文本框的值会随用户键入的字符而实时改变，不会等到用户键入 Enter 后才改变；如果选择"显示垂直滚动条"，则当文本框中的字符串不只一行时显示垂直滚动条；如果选择"显示水平滚动条"，则当文本框中的字符串在一行显示不下时显示水平滚动条；如果选择"调整为文本大小"，则调整字符串控件在竖直方向上的大小以显示所有文本，但不改变字符串控件在水平方向上的大小。

图 3-28 "字符串类的属性"对话框

文本型控件的另一种类型是用于选择字符串的控制,主要包括文本下拉列表▭、菜单下拉列表▭ ▽和组合框▭ ▣。与输入字符串的文本控件不同,这类控件需要预先设定一些选项,用户在使用时可以从中选择一项作为控件的当前值。

这类控件的设置同样可以通过其属性对话框来完成,下面以组合框为例介绍设置这类控件属性的方法。

"组合框属性"对话框如图 3-29 所示。"组合框属性"的"外观""说明信息""数据绑定"的选项卡和数值型控件的相应选项卡相似,设置方法也类似,这里不再赘述。下面主要介绍"编辑项"选项卡。

"外观"选项卡

"编辑项"选项卡

图 3-29 "组合框属性"对话框

"说明信息"选项卡   "数据绑定"选项卡

"快捷键"选项卡

图 3-29 "组合框属性"对话框（续）

在"编辑项"选项卡中，用户可以设定该控件中能够显示的文本选项。在"项"中填入相应的文本选项，单击"插入"按钮便可以加入这一选项，同时标签的右边显示当前选项的选项值。

选择某一选项，单击"删除"按钮可以删除此选项，单击"上移"按钮可以将该选项向上移动，单击"下移"按钮可以将该选项向下移动。

例 3-2 组合框的使用方法

本实例演示了新式选板中文本型控件的使用方法，读者可自行练习经典、银色选板中文本型控件的使用方法。

1）新建一个 VI。

2）在控件"新式"选板的"字符串与路径"子选板中选择"组合框"控件，并放置在前面板上。

3）在"组合框"控件上右击，从弹出的快捷菜单中选择"属性"，弹出"组合框属性"对话框，并切换到"编辑项"选项卡。

4）在"项"一栏中填入 LabVIEW6.1、LabVIEW 7.1、LabVIEW 8.0、LabVIEW 8.2、LabVIEW 8.6、LabVIEW 2009、LabVIEW 2010、LabVIEW 2011、LabVIEW 2012、LabVIEW 2013、LabVIEW 2014、LabVIEW 2015、LabVIEW 2016、LabVIEW 2017、LabVIEW 2018、LabVIEW 2020、LabVIEW 2022，如图 3-30 所示。在输入每一项后单击"插入"按钮，加入以上 17 个选项后，单击"确定"按钮，退出属性对话框。

图 3-30 "组合框属性"对话框设置

5）切换到程序框图，在"组合框"控件的数据输出端口右击，选择"创建"→"显示控件"，建立一个组合框显示控件，用以显示组合框控件的选项值，将其标签改为"选项值"。

6）在函数选板中的"结构"子选板中选择"While 循环"，并将当前程序框图中的所有对象包括在 While 循环所构成的框图中。

7）在程序框图中，右击 While 循环条件的输入端子，并选择"创建输入控件"。

8）运行程序。当用户选择"组合框"控件中的选项时，"选项值"文本框中将限制当前选项的选项值。组合框演示程序的运行结果（前面板）如图 3-31 所示，程序框图如图 3-32 所示。

图 3-31 组合框演示程序的运行结果（前面板）

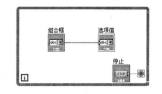

图 3-32 组合框演示程序的程序框图

用于文件路径的控制与显示控件是 LabVIEW 中一种特殊的文本型控件，它将文件的路径作为字符串在程序中进行传递和运算。LabVIEW 2022 中文版中用于文件路径控制和显示的控件包括"文件路径输入控件" 、 、 和"文件路径显示控件" 、 。它们的属性可以通过如图 3-33 所示的"路径类的属性"对话框来设置。

在用 LabVIEW 对文件操作的过程中，要经常用到"路径输入控件"和"路径显示控件"这两个控件，这将在以后的章节中详细介绍。

"外观"选项卡

"浏览选项"选项卡

"说明信息"选项卡

"数据绑定"选项卡

图 3-33 文本型控件"路径类的属性"对话框

"快捷键"选项卡

图 3-33 文本型控件"路径类的属性"对话框（续）

3.2.3 设置布尔型控件的属性

布尔型控件是 LabVIEW 中运用的相对较多的控件，它一般作为控制程序运行的开关或者作为检测程序运行状态的显示等。

布尔型控件的"属性"对话框有两个常用的选项卡，分别为"外观"和"操作"，如图 3-34 所示。在"外观"选项卡中，用户可以调整开关或按钮的颜色等外观参数。"操作"是布尔型控件所特有的选项卡，在这里用户可以设置按钮或者开关的机械动作类型，对每种动作类型有相应的说明，并可以预览开关的动作效果以及开关的状态。

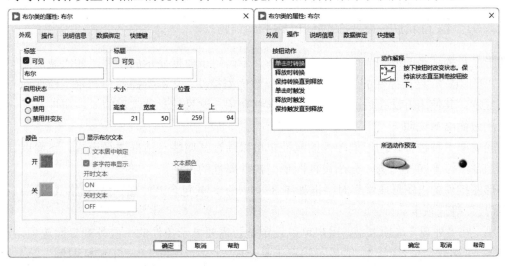

"外观"选项卡   "操作"选项卡

图 3-34 "布尔类的属性"对话框

🛈 注意：

布尔型控件可以用文字的方式在控件上显示其状态，如没有显示开关状态的按钮为 ▱，而显示了开关状态的按钮为 天。如果要显示开关的状态，只需要在布尔型控件的显示选项卡中复选"显示布尔文本"，或者右击控件，选择"显示项"→"布尔文本"。

🎖 例 3-3　开关按钮的使用

本实例演示了各选板中布尔型控件的使用方法，其前面板如图 3-35 所示。

1）新建一个 VI。

2）在控件"新式"选板的"布尔"子选板中选择"开关按钮"控件，并放置在前面板上，修改控件标签名称为"Labview 2022 新式"，同时在"系统字体"下拉列表中选择"大小"→"18"。

3）采用同样的方法，在"经典"选板的"经典布尔"子选板中选择"方形开关按钮"控件，放置在前面板中并修改标签名称为"Labview 2022 经典"。

4）在"银色"选板的"布尔"子选板中选择"开关按钮"控件，放置在前面板中并修改标签名称为"Labview 2022 银色"。

5）在"NXG 风格"选板的"布尔"子选板中选择"单选按钮（NXG 风格）"控件，放置在前面板中并修改标签名称为"Labview 2022 NXG 风格"。

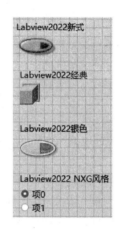

图 3-35　布尔型控件的前面板

📖 3.2.4　设置图形显示控件的属性

图形显示控件是 LabVIEW 中相对比较复杂、专门用于数据显示的控件，如"波形图表"和"波形图"。这类控件的属性相对前面板数值型控件、文本型控件和布尔型控件而言更加复杂，其使用方法在后面的章节中将详细介绍，这里只对其常用的一些属性及其设置方法做简略的说明。

如同前面三种控件，图形型控件的属性也可以通过其属性对话框进行设置。下面以图形型控件"波形图"为例，介绍设置图形型控件属性的方法。

波形图控件的"图形属性"对话框如图 3-36 所示，其包含"外观""显示格式""曲线""标尺"等选项卡。

图中，在"外观"选项卡中，用户可以设定是否需要显示控件的一些外观参数选项，如"标签""标题""启用状态""显示图形工具选板""显示图例""显示游标图例"等。"显示格式"选项卡可以在"默认编辑模式"和"高级编辑模式"之间进行切换，用于设置图形型控件所显示的数据的格式与精度。"曲线"选项卡用于设置图形型控件绘图时需要用到的一些参数，包括数据点的表示方法、曲线的线型及其颜色等。在"标尺"选项卡中，用户可以设置图形型控件有关标尺的属性，如是否显示标尺，标尺的风格、颜色以及栅格的颜色和风格等。在"游标"选项卡里，用户可以选择是否显示游标，以及显示游标的风格等。

在一般情况下，LabVIEW 2022 中文版中几乎所有控件的属性对话框中都会有"说明信息"选项卡。在该选项卡中，用户可以设置对控件的注释以及提示。当用户将鼠标指向前面板上的控件时，程序将会显示该提示。

"外观"选项卡

"显示格式"选项卡

"曲线"选项卡

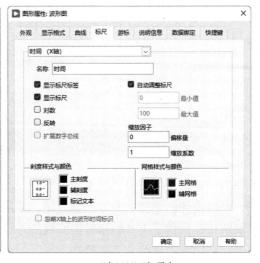

"标尺"选项卡

图 3-36　"图形属性"对话框

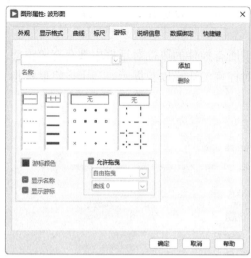

"游标"选项卡

"说明信息"选项卡

"数据绑定"选项卡

"快捷键"选项卡

图 3-36   "图形属性"对话框（续）

3.3 前面板的修饰

作为一种基于图形模式的编程语言，LabVIEW 在图形界面的设计上有着得天独厚的优势，可以设计出漂亮、大方而且方便、易用的程序界面。为了更好地进行前面板的设计，LabVIEW 提供了丰富的修饰前面板的方法以及专门用于装饰前面板的控件，这节将主要介绍修饰前面板的方法和技巧。

3.3.1 设置前面板对象的颜色以及文字风格

前景色和背景色是前面板对象的两个重要属性，合理搭配对象的前景色和背景色会使用用户的程序增色不少。下面具体介绍设置程序前面板对象前景色和背景色的方法。

首先选取工具选板中的"设置颜色工具" ，这时在前面板上将出现"设置颜色"对话框，如图 3-37 所示。从中选择适当的颜色，然后单击程序的程序框图，则程序框图面板的背景色被设定为指定的颜色。

采用同样的方法，在出现"设置颜色"对话框后，选择适当的颜色，并单击前面板的控件，则相应控件被设置为指定的颜色。

在 LabVIEW 中，可以设置前面板文本对象的字体、颜色以及其他风格特征。这些可以通过 LabVIEW 的工具栏中的字体按钮 `17pt 应用程序字体 ▼` 进行设置。单击 `17pt 应用程序字体 ▼` 按钮，将弹出用于设置字体的下拉菜单，在该菜单中，用户可以选择在字体按钮下的"大小""样式"和"颜色"。用户也可以在字体按钮的下拉菜单中选择"字体"对话框来设置字体的这些常用属性。LabVIEW 2022 中文版的"字体"对话框如图 3-38 所示。在这个对话框中几乎包括用于设置字体的所有属性。

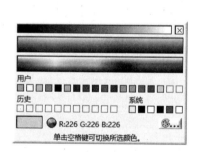

图 3-37 "设置颜色"对话框

图 3-38 LabVIEW 2022 中文版的"字体"对话框

3.3.2 设置多个对象的位置关系和大小

在 LabVIEW 程序中，设置多个对象的相对位置关系，以及对象的大小是修饰前面板过程中一件非常重要的工作。在 LabVIEW 2022 中文版中提供了专门用于调整多个对象位置关系以及设置对象大小的工具，它们位于 LabVIEW 的工具栏上。

LabVIEW 所提供的用于修改多个对象位置关系的工具如图 3-39 所示。这两种工具分别用于调整多个对象的对齐关系以及调整对象之间的距离。

 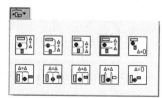

图 3-39 LabVIEW 2022 中文版中的"对齐对象"和"分布对象"工具

在LabVIEW的工具栏上还有其他一些用于设置对象属性的工具，如设置对象大小的工具和群组、锁定以及调整对象前、后位置的工具，如图3-40所示。

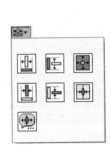

图 3-40　LabVIEW 2022 中文版中的"调整对象大小"和"重新排序"工具

利用设置对象大小工具，用户可以按照一定的规则调整对象的尺寸，也可以用按钮 [图标] 来指定控件的高度和宽度，进而设置对象的大小。群组工具可以将一系列对象设置为固定的相对位置关系，也可以锁定对象，以免在编辑过程中对象被移动。利用 LabVIEW 提供的移动对象前、后相对位置的工具可以改变对象的前后顺序，以决定是否遮挡住某些对象。例如，用"向前移动"可以将对象向前移动，用"向后移动"可以将对象向后移动，用"移至前面"可以将对象移动到最前方。

3.3.3　修饰控件的使用

LabVIEW 2022 中文版中用于修饰前面板的控件位于"控件"选板中的"修饰"子选板中。它包括一系列线、箭头、方框、圆形、三角形等形状的修饰模块，这些模块如同一些搭建程序界面的积木，合理组织、搭配这些模块可以构造出绚丽的程序界面。LabVIEW 2022 中文版的"修饰"子选板如图 3-41 所示。在 LabVIEW 2022 中文版中，"修饰"子选板中的各种控件只有其前面板的图形，而没有在程序框图中与之相对应的图标，这些控件的主要功能是进行界面的修饰，是 LabVIEW 中最为特殊的前面板控件。将这些控件进行适当的组合，可以设计出非常美观的程序界面。

例 3-4　修饰控件的使用方法

本实例演示了新式选板中修饰型控件的使用方法，其前面板和程序框图创建过程如下。

1）新建一个 VI。打开程序的前面板，从"控件"选板的"修饰"子选板中选取"上凸盒"控件，拖出一个方框，将其放置在前面板的适当位置。

2）选取"下凹盒"控件，放置在"上凸盒"控件的内部。再选取"加粗下凹盒"控件，放置在"下凹盒"的内部。最后选取"垂直平滑盒"控件，放置在"加粗下凹盒"控件的内部。

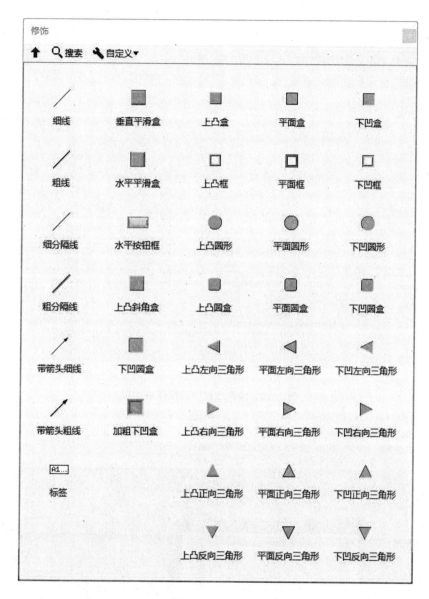

图 3-41 LabVIEW 2022 中文版的"修饰"子选板

此时程序前面板如图 3-42 所示。

3）程序的前面板已经有了一些立体的装饰效果，只是还没有配以颜色，略显单调。下面为前面板的装饰控件配置颜色。

4）选择工具选板中的"设置颜色工具" ，在需要修饰的控件上右击，在弹出的颜色设置面板中设置颜色，将前面板的背景色设置为淡蓝色。

5）用同样的方法设置前面板的前景色。将"上凸盒"和"加粗下凹盒"控件的颜色设置为蓝色，设置"下凹盒"控件的颜色为黄色。此时程序的前面板如图 3-43 所示。可以发现，经过修饰控件的修饰，程序前面板增色不少。

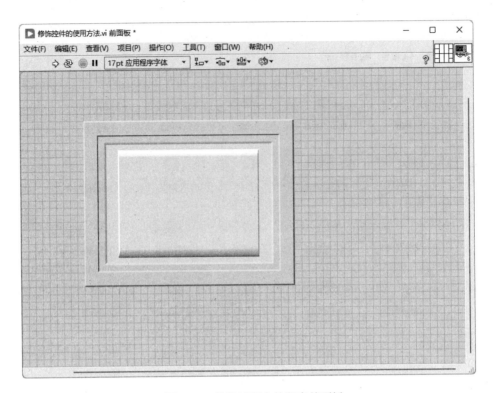

图 3-42　修饰过程中的程序前面板

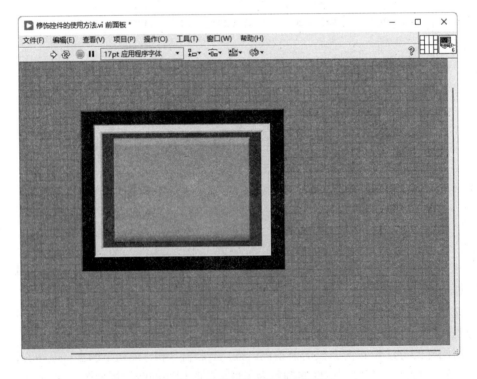

图 3-43　设置颜色后的程序前面板

6）切换到程序框图，从"函数"选板的"定时"子选板中选取"获取日期/时间（秒）"节点，并放置在程序面板的适当位置，在"获取日期/时间（秒）"节点的数据输出端口右击，从弹出的快捷菜单中选取"创建"→"显示控件"，并将创建的显示控件的标签更名为"当前时间"。从"函数"选板的"结构"子选板中选择"While 循环"，并将当前程序框图面板中的所有对象置于其中，如图 3-44 所示。

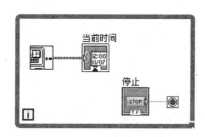

图 3-44　显示"当前时间"程序的程序框图

7）切换到前面板，将显示控件及其标签文本移动到"垂直平滑盒"控件的中央，并将程序终止按钮"停止"的背景色设置为淡蓝色。并将"当前时间"的文字字体设置为"宋体"，并把字体颜色改为红色，如图 3-45 所示。

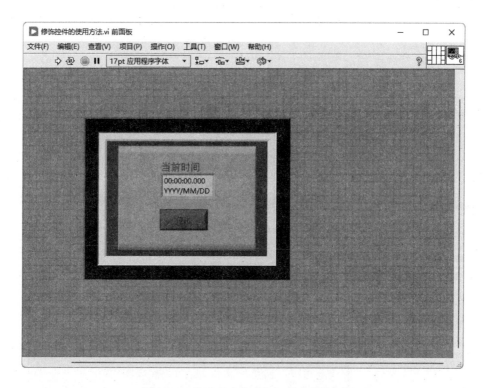

图 3-45　显示"当前时间"程序的前面板

修饰与包装是程序设计不可缺少的一项重要工作，在 LabVIEW 中也是如此，LabVIEW 2022 中文版凭借它界面设计与修饰的强大工具和优势，可以设计出美观的程序界面。

📖3.3.4　程序框图

由框图组成的图形对象共同构造出通常的源代码。框图（类似于流程图，如图 3-46 所示）与文本编程语言中的文本行相对应。

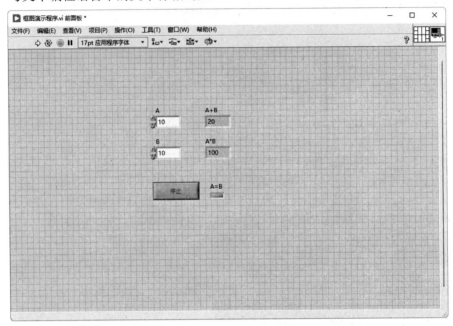

默认状态

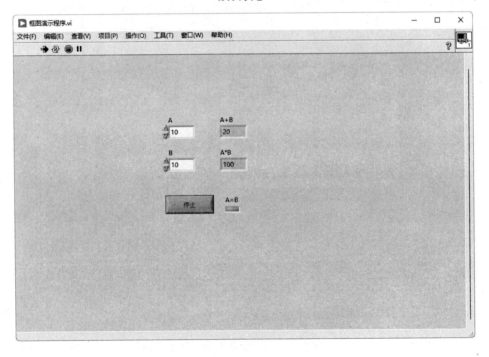

运行状态

图 3-46　框图演示程序的前面板

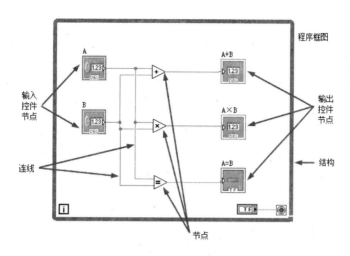

图 3-47 框图演示程序的程序框图

事实上，框图是实际可执行的代码。框图是通过将完成特定功能的对象连接在一起构建出来的。

如图 3-47 所示，程序框图由下列三种组件构建而成：

（1）节点。是程序框图上的对象，具有输入输出端，在 VI 运行时进行运算。节点相当于文本编程语言中的语句、运算符、函数和子程序。

（2）接线端。用以表示输入控件或显示控件的数据类型。在程序框图中可将前面板的输入控件或显示控件显示为图标或数据类型接线端。默认状态下，前面板对象显示为图标接线端。

（3）连线。程序框图中对象的数据传输通过连线来实现。每根连线都只有一个数据源，但可以与多个读取该数据的 VI 和函数连接。不同数据类型的连线有不同的颜色、粗细和样式。断开的连线显示为黑色的虚线，中间有个红色的×。出现断线的原因有很多，如试图连接数据类型不兼容的两个对象时就会产生断线。

节点是程序框图上的对象，带有输入输出端，在 VI 运行时进行运算。节点类似于文本编程语言中的语句、运算符、函数和子程序。LabVIEW 有以下类型的节点：

➤ 函数：内置的执行元素，相当于操作符、函数或语句。

➤ 子 VI：用于另一个 VI 程序框图上的 VI，相当于子程序。

➤ Express VI：协助常规测量任务的子 VI。Express VI 是在配置对话框中配置的。

➤ 结构：执行控制元素，如 For 循环、While 循环、条件结构、平铺式和层叠式顺序结构、定时结构和事件结构。

➤ 公式节点和表达式节点：公式节点是可以直接向程序框图输入方程的结构，其大小可以调节。表达式节点是用于计算含有单变量表达式或方程的结构。

➤ 属性节点和调用节点：属性节点是用于设置或寻找类的属性的结构。调用节点是设置对象执行方式的结构。

➤ 通过引用节点调用：用于调用动态加载的 VI 的结构。

➢ 调用库函数节点：调用大多数标准库或 DLL 的结构。

➢ 代码接口节点(CIN)：调用以文本编程语言所编写的代码的结构。

3.4 综合演练——数值控件的使用

下面将通过实例加深读者对不同选板中控件使用方法的理解使用。

（1）新建一个 VI。打开程序的前面板，并从"控件"选板的"新式"→"数值"子选板中选取控件，并放置在前面板的适当位置，同时进行合理布局。程序前面板如图 3-48 所示。

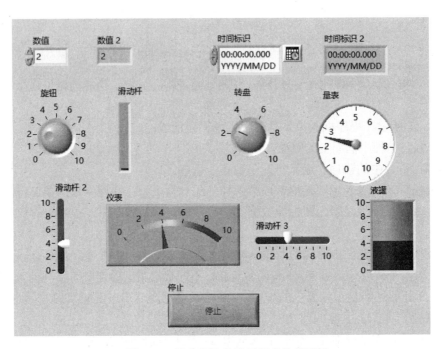

图 3-48 数值型控件演示程序的前面板

（2）在前面板任意双击控件，切换到程序框图中，从"函数"选板的"编程"→"结构"子选板中选取"While 循环"，拖动出适当大小的方框，将创建的数值控件拖动到"While 循环"中。

（3）将光标放置在程序框图中的控件接线端，光标指针变为接线符号，在接线端单击，向外拖动连线，再在目标控件处单击，完成连线。

（4）采用同样的方法连接其余控件。

（5）单击"整理程序框图"按钮 ，系统自动整理程序框图，结果如图 3-49 所示。

（6）在程序中用左边的数值型输入控件，单击"运行"按钮 ，右边的数值型输出控件进行数据的显示。单击"停止"按钮 将终止程序的运行。

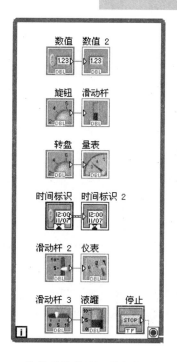

图 3-49 数值型控件演示程序的程序框图

采用同样的方法，在银色选板、经典选板、系统选板、NXG 风格中选择数值控件，练习使用方法，控制面板及程序框图如图 3-50～图 3-53 所示。

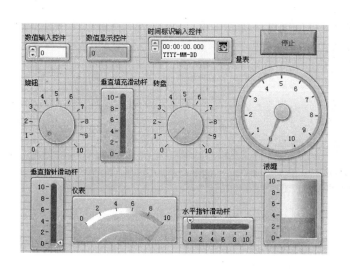

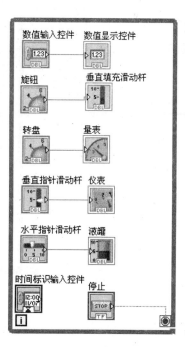

图 3-50 银色选板中的数值控件

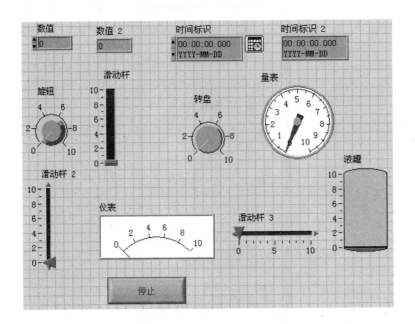

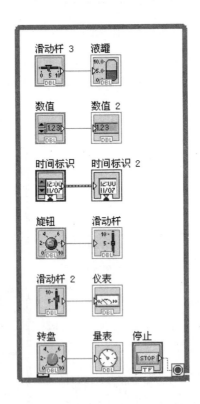

图 3-51　经典选板中的数值控件

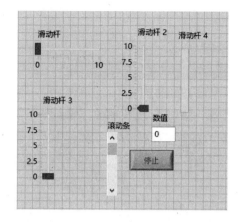
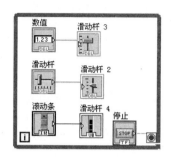

图 3-52　系统选板中的数值控件

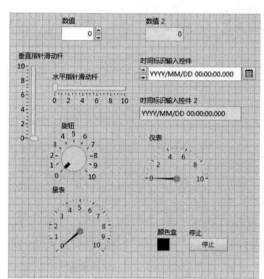
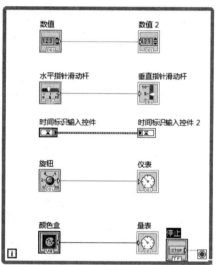

图 3-53　NXG 风格选板中的数值控件

第 4 章

创建、编辑和调试 VI

本章主要介绍了创建和编辑 VI 的方法，运行和调试VI的方法与技巧以及创建和调用子 VI 的方法。Express VI 是 LabVIEW 中一类比较特殊且实用的 VI，对 Express VI 的使用方法进行了介绍。创建和编辑菜单是 LabVIEW 的一个常用功能，因此也对菜单的创建和编辑方法进行了简单介绍。最后以一个实例讲解了 VI 的创建、编辑、运行和调试的流程。

本章主要为初学者提供了一个基本的编程思路和简单指导，以便为深入学习 LabVIEW 编程原理和技巧打下基础。

- ◎ 创建和编辑 VI
- ◎ 运行和调试 VI
- ◎ 创建和调用子 VI
- ◎ 使用 Express VI 进行程序设计

4.1　创建和编辑 VI

前面已经提到，一个完整的 VI 是由前面板、程序框图、图标和连接端口组成的。下面的例子就是一个完整的 VI。

 例 4-1　计算两数之积

本实例演示的是 VI 的前面板与程序框图的关系，利用简单的两数之积的函数将前面板中的控件与程序框图中的函数关系联系起来。

1）新建一个 VI。打开前面板，在控件选板中的"新式""银色""经典"子面板中选择数值控件，并修改控件名称分别为 A、B、C，如图 4-1a 所示。

2）打开程序框图并右击，在"函数"选板下"数值"字选板中选择"乘"函数 ，同时在函数接线端分别连接控件图标的输出端与输入端，结果如图 4-1b 所示。

提示：

这个 VI 中各种对象的功能如下：

和 是数字输入量，用户可以将数据输入到这两个控件中。

是数字量输出控件，用于显示运算的结果。

是算术运算节点，实现两个数的相乘。

另外值得注意的是，LabVIEW 允许前面板对象没有名称，并且允许重命名。

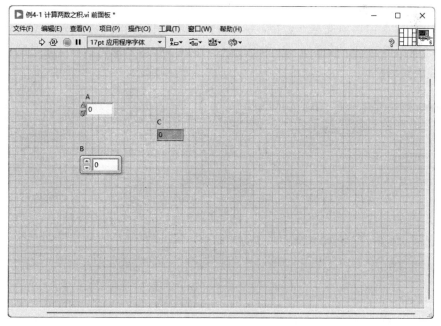

a)

图 4-1　VI 的前面板及程序框图

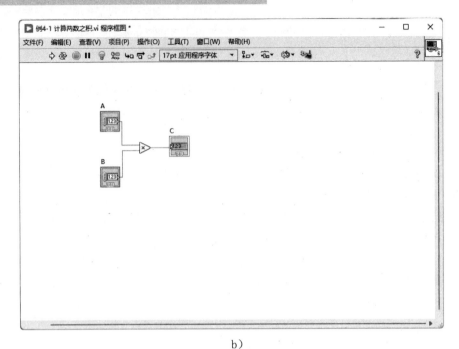

b)

图 4-1　VI 的前面板及程序框图（续）

4.1.1　创建 VI

创建 VI 是 LabVIEW 编程应用中的基础，下面详细介绍如何创建 VI。

1. 创建一个新的 VI

在 LabVIEW 主窗口中选择"文件"→"新建 VI"，出现如图 4-2 所示的 VI 窗口。前面是 VI 的前面板窗口，后面是 VI 的程序框图窗口，在两个窗口的右上角是默认的 VI 图标/连线板。

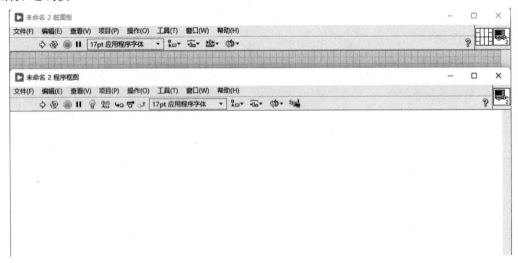

图 4-2　新建 VI 窗口

2. 创建 VI 前面板

在 VI 前面板窗口的空白处右击，或者选择菜单栏中的"查看"→"控件选板"，弹出"控件"选板。在"控件"选板中，选择"新式"→"数值"→"数值输入控件"，并将其放在前面板窗口的适当位置，选择文本编辑工具Ａ，单击数值输入控件的标签，把名称修改为 A，创建数值输入控件 A，如图 4-3 所示。

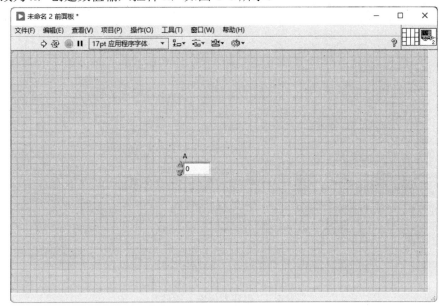

图 4-3 创建数值输入控件 A

此时，在框图中就会出现一个名称为 A 的端口图标与输入量 A 相对应，如图 4-4 所示。

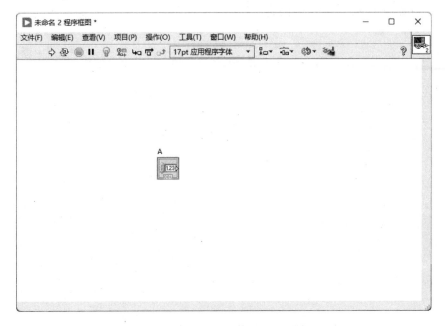

图4-4   数值输入控件A的端口图标

在"控件"选板中，选择"银色"→"数值"→"数值输入控件"，并将其放在前面板窗口的适当位置。选择文本编辑工具 $\boxed{\text{A}^{\text{i}}}$，单击数值输入控件的标签，把名称修改为 B，创建数值输入控件 B，如图 4-5 所示。

此时，在框图中就会出现一个名称为 B 的端口图标与输入量 B 相对应。

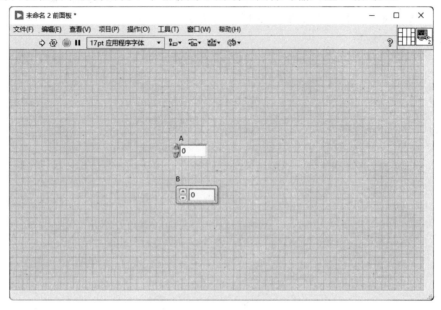

图 4-5　创建数值输入控件 B

在"控件"选板中，选择"经典"→"经典数值"→"经典数值显示控件"，将其放置在前面板窗口的适当位置，选择文本编辑工具 $\boxed{\text{A}^{\text{i}}}$，单击数值输出控件的标签，把名称修改为 C。

此时，就完成了 VI 前面板的创建，如图 4-6 所示。

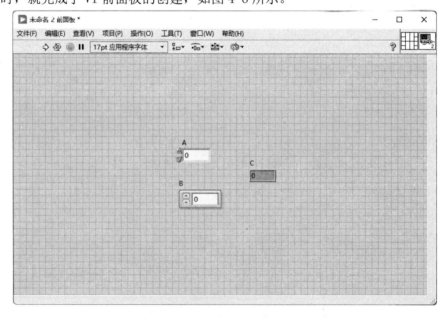

图 4-6　创建的 VI 前面板

3．创建程序框图

在前面板窗口的菜单栏中选择"窗口"→"显示程序框图"，将前面板窗口切换到程序框图窗口，此时在程序框图中会看到三个名称分别为 A、B 和 C 的端口图标，如图 4-7 所示。这三个端口图标与前面板的三个对象一一对应。

在程序框图窗口中的空白处右击，或在程序框图窗口的菜单栏中选择"查看"→"函数选板"，弹出"函数"选板。

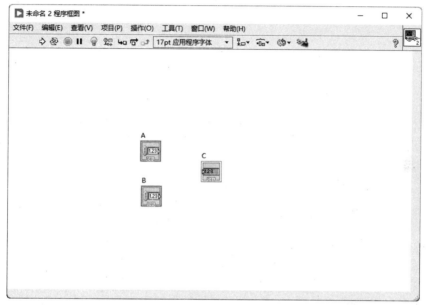

图 4-7　程序框图中的端口图标

在函数选板中选择"编程"→"数值"→"乘"节点，用光标将"乘"节点的图标拖到程序框图窗口的适当位置。这样就完成了一个"乘"节点的创建工作，如图 4-8 所示。

完成了程序框图所需的端口和节点的创建之后，下面的工作就是用数据连线将这些端口和图标连接起来，形成一个完整的程序框图。

用连线工具将端口 A 和 B 分别连接到"乘"节点的两个输入端口上，将端口 C 连接到"乘"节点的输出端口上。完成了数据连线的创建之后，将光标切换到对象操作工具状态，适当调整各图标及数据连线的位置，使之整齐美观。创建完成的程序框图如图 4-8 所示。

4．创建 VI 图标

双击前面板窗口或程序框图窗口右上角的 VI 图标，或在 VI 图标处右击，并在弹出的快捷菜单中选择"编辑图标"，弹出一个"图标编辑器"对话框，如图 4-9 所示。

该对话框包括以下部分：

➢ 模板：显示作为图标背景的图标模板。显示 LabVIEW Data\Icon Templates 目录中的所有.png、.bmp 和.jpg 文件。

➢ 图标文本：指定在图标中显示的文本。

➢ 符号：显示图标中可包含的符号。"图标编辑器"对话框可显示 LabVIEW Data\Glyphs 中所有的.png、.bmp 和.jpg 文件。默认情况下，该页包含 ni.com

上图标库中所有的符号。选择"工具"→"同步 ni.com 图标库",打开"同步图标库"对话框,使 LabVIEW Data\Glyphs 目录与最新的图标库保持同步。

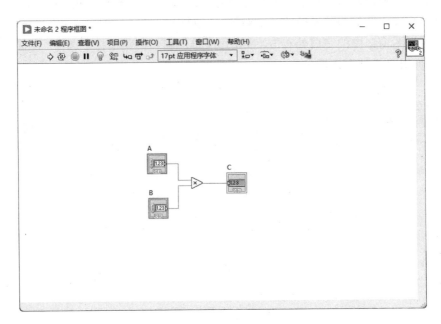

图 4-8　创建"乘"节点

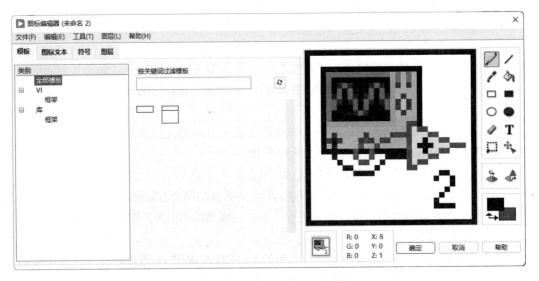

图 4-9　"图标编辑器"对话框

➢ 图层:显示图标图层的所有图层。如果未显示该页,则选择"图层"→"显示所有图层"可显示该页。

➢ 图标:显示图标的实际大小预览。图标可显示通过"图标编辑器"对话框进行的更改。

➢ 预览:显示图标的放大预览。预览可显示通过"图标编辑器"对话框进行的更

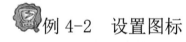

改。

➢ RGB：显示光标所在位置像素的 RGB 颜色组成。

➢ XYZ：显示光标所在位置像素的 X-Y 位置。Z 值为图标的用户图层总数。

➢ 工具：显示用于手动修改图标的编辑工具。如使用编辑工具时单击，LabVIEW 将使用线条颜色工具；使用编辑工具时右击，LabVIEW 将使用填充颜色工具。

如果需创建自定义编辑环境，可修改"图标编辑器"对话框。在修改"图标编辑器"对话框前，应保存位于 labview\resource\plugins 的原有文件 lv_icon.vi 和 NIIconEditor 文件夹。创建自定义图标编辑器时，可使用 labview\resource\plugins\IconEditor \Discover Who Invoked the Icon Editor.vi 目录中的"搜索图标库调用方"VI 获取当前编辑项图标的名称、路径和应用程序引用。通过该信息可自定义图标。

5. 保存 VI

可在前面板窗口或程序框图窗口的菜单栏中选择"文件"→"保存"，然后在弹出的保存文件对话框中选择适当的路径和文件名保存该 VI。如果一个 VI 在修改后没有存盘，那么在 VI 的前面板和程序框图窗口的标题栏中就会出现一个"*"，提示用户注意存盘，参见图 4-1。

例 4-2 设置图标

本实例演示的是 VI 的图标设置，继续利用两数之积实例进行设计。

1）打开例 4-1 的两数之积的 VI。

2）双击前面板右上角的图标，弹出图 4-9 所示的"图标编辑器"对话框。框选删除右侧黑色边框内部的图标，如图 4-10 所示。

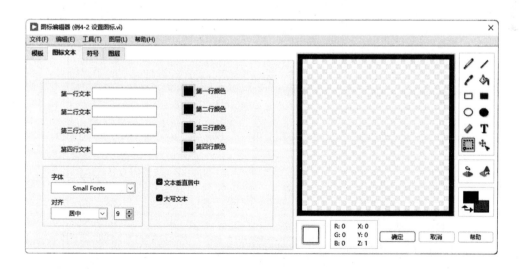

图 4-10 删除图标

3）打开"图标文本"选项卡，在"第一行"文本栏中输入"A×B"，字号大小为 14，其余参数默认设置，如图 4-11 所示。

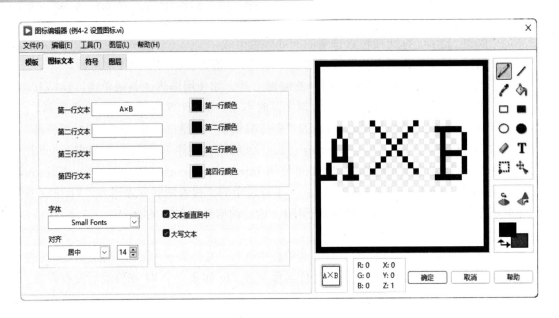

图 4-11　设置参数

4）单击"确定"按钮，退出对话框。前面板与程序框图结果如图 4-12 所示。

至此，就完成了一个 VI 的创建。在输入量 A 和 B 中分别输入适当的数值，然后单击前面板窗口工具栏中的"运行"按钮，就可以在输出控件 C 中得到计算结果，参见图 4-1。

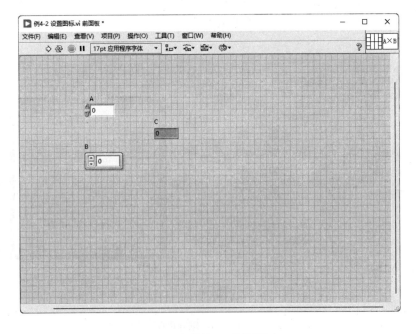

图 4-12　完整的 VI 程序框图

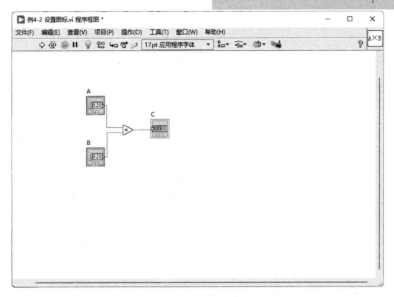

图 4-12 完整的 VI 程序框图（续）

4.1.2 编辑 VI

创建 VI 后，还需要对 VI 进行编辑，使 VI 的图形化交互式用户界面更加美观、友好而易于操作，使 VI 程序框图的布局和结构更加合理，易于理解及修改。

1. 选择对象

在工具选板中将光标切换为对象操作工具。

当选择单个对象时单击需要选中的对象；如果需要选择多个对象，则要在窗口空白处拖动光标，使拖出的虚线框包含要选择的目标对象，或者在按住<Shift>键的同时单击多个目标对象，如图 4-13 所示。

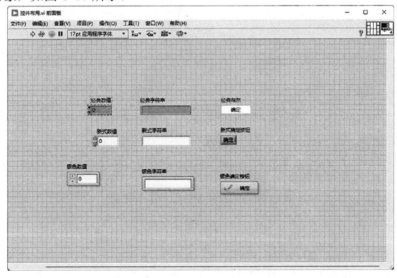

单击选择单个对象

图 4-13 选择对象

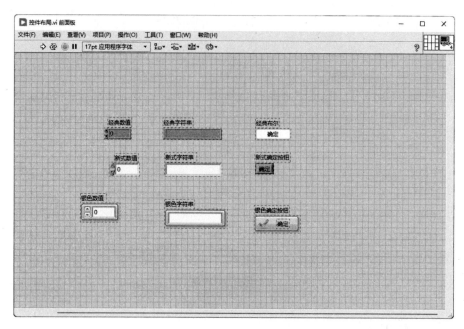

拖动光标选择多个对象

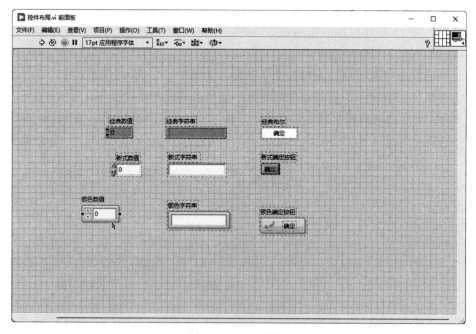

按住<Shift>键用光标选择多个对象

图 4-13　选择对象（续）

2．删除对象

选中对象后按<Delete>键，或在窗口菜单栏中选择"编辑"→"删除"，即可删除对象。其结果如图 4-14 所示。

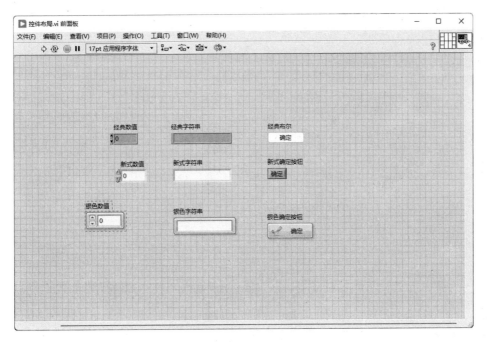

按住< Delete >键删除对象

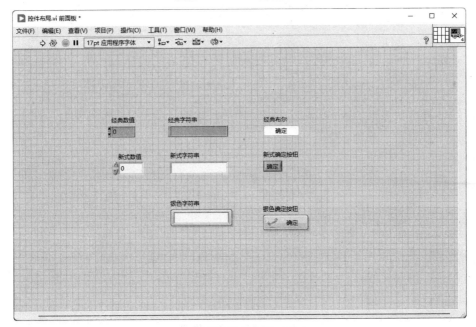

用删除命令删除对象

图 4-14　删除对象

3．变更对象位置

用对象操作工具拖动目标对象到指定位置，如图 4-15 所示。

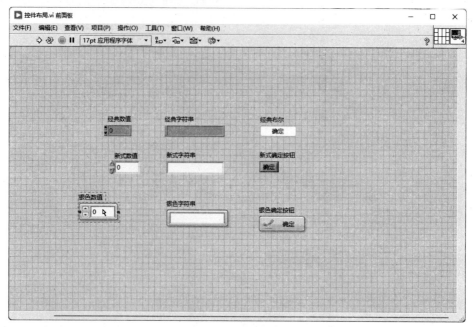

选中要移动的对象

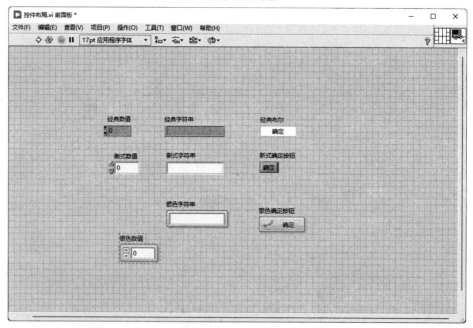

移动对象到指定位置

图 4-15　移动对象的位置

注意：

在拖动对象时，窗口中会出现一个红色的文本框，实时显示对象移动的相对坐标。

4. 改变对象的大小

几乎每一个 LabVIEW 对象都有 8 个尺寸控制点，当对象操作工具位于对象上时，这

86

8 个尺寸控制点会显示出来，用对象操作工具拖动某个尺寸控制点，可以改变对象在该位置的尺寸，如图 4-16 所示。注意，有些对象的大小是不能改变的，如程序框图中的输入端口或者输出端口、"函数"选板中的节点图标和子 VI 图标等。

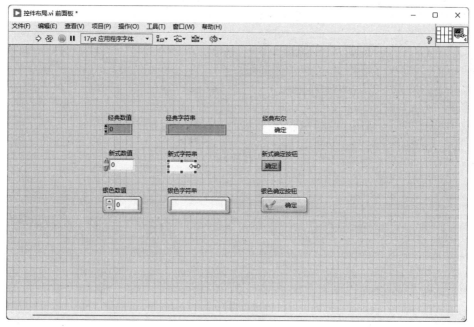

选中对象

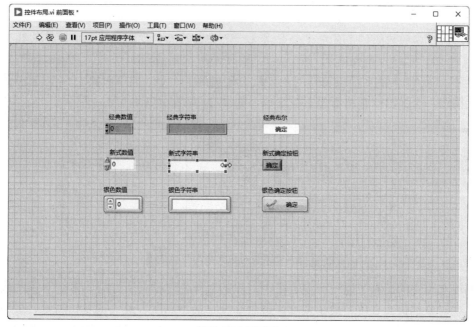

拖动尺寸控制点

图 4-16 改变对象的大小

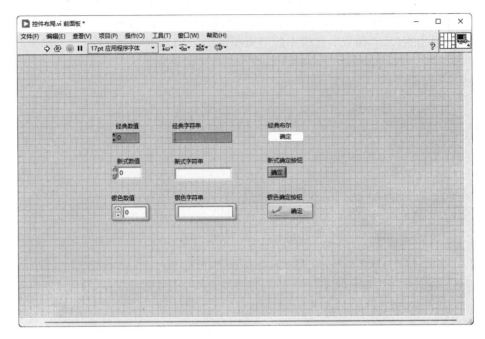

改变对象尺寸

图 4-16　改变对象的大小（续）

注意：

在拖动对象的边框时，窗口中也会出现一个黄色的文本框，实时显示对象的相对坐标。

另外，LabVIEW 的前面板窗口的工具栏上还提供了一个"调整对象大小"按钮，单击该按钮，会弹出一个图形化下拉选单，如图 4-17 所示。

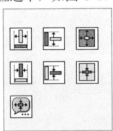

图 4-17　"调整对象大小"下拉选单

利用选单中的工具可以统一设定多个对象的尺寸，包括将所选中的多个对象的尺寸设为这些对象的最大宽度、最小宽度、最大高度、最小高度、最大宽度和高度、最小宽度和高度以及设置宽度和高度。例如，将前面板上所有对象的宽度设为这些对象的最大宽度，步骤如下：

1）选中目标对象，如图 4-18 所示。

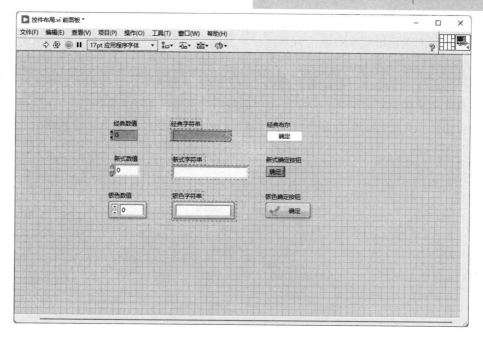

图 4-18 选中目标对象

2）在"调整对象大小"下拉选单中选择"最大宽度"按钮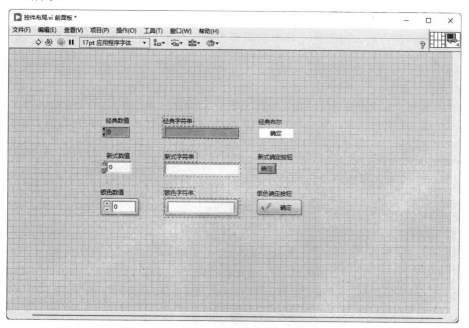。统一宽度后的对象如图 4-19 所示。

图4-19 统一宽度后的对象

若在"调整对象大小"下拉选单中选择"设置高度和宽度"，则会弹出一个"调整对象大小"对话框，用户可以在该对话框中指定对象的宽度和高度，如图 4-20 所示。

5. 改变对象颜色

在工具模板中将光标切换为颜色工具。

在颜色工具的图标中有两个上下重叠的颜色框，上面的颜色框代表对象的前景色或边框色，下面的颜色框代表对象的背景色。单击其中一个颜色框，就可以在弹出的颜色对话框中选择需要的颜色。

若"颜色"对话框中没有所需的颜色，可以单击"颜色"对话框中的"更多颜色"按钮，此时系统会弹出一个 Windows 标准"颜色"对话框，如图 4-21 所示。在这个对话框中可以选择预先设定的各种颜色，或者直接设定 RGB 三原色的数值，更加精确地选择颜色。

图 4-20　"调整对象大小"对话框

完成颜色的选择后，用颜色工具单击需要改变颜色的对象，即可将对象改为指定的颜色。

6. 对齐对象

选中需要对齐的对象，然后在工具栏中单击"对齐对象"按钮，会出现一个图形化的下拉选单，如图 4-22 所示。在该下拉选单中可以选择各种对齐方式。该选单中的各种图标很直观地表示了各种不同的对齐方式，有左边缘对齐、右边缘对齐、上边缘对齐、下边缘对齐、水平中轴线对齐以及垂直中轴线对齐 6 种方式可选。

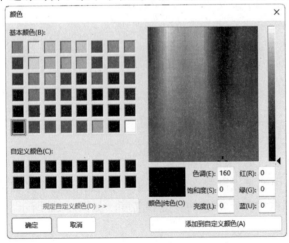

图 4-21　Windows 标准"颜色"对话框

图 4-22　"对齐对象"下拉选单

例如，要将几个对象按左边缘对齐，步骤如下：

1）选中目标对象，如图 4-23 所示。

2）在"对齐对象"下拉选单中选择"左边缘"对齐。左边缘对齐后的对象如图 4-24 所示。

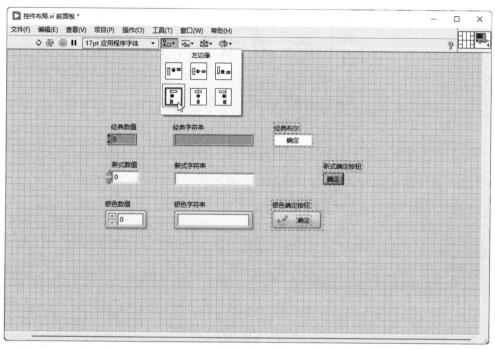

图 4-23　选中目标对象

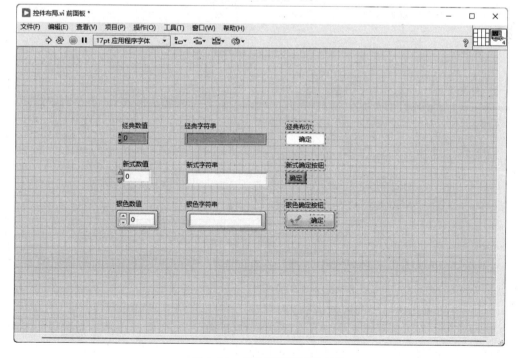

图 4-24　左边缘对齐后的对象

7．分布对象

选中对象，在工具栏中单击"分布对象"按钮 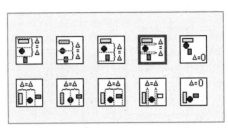 ，会出现一个图形化的下拉选单，如图 4-25 所示。在该选单中可以选择各种分布方式。该选单中的各图标很直观地表示了各种不同的分布方式。

图 4-25 "分布对象"下拉选单

例如，要将对象按照等间隔垂直分布，步骤如下：

1）选中目标对象，如图 4-26 所示。

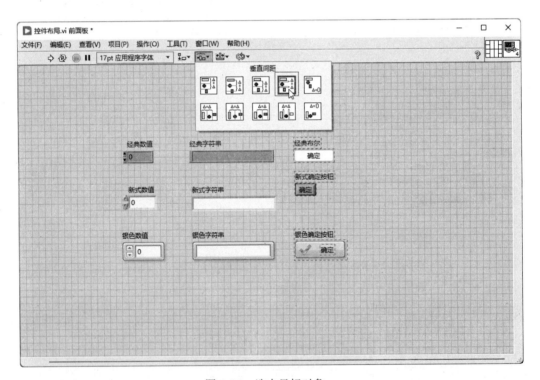

图 4-26 选中目标对象

2）在"分布对象"下拉选单中选择"垂直间距"。等间隔垂直分布的对象如图 4-27所示。

8．改变对象在窗口中的前后次序

选中对象，在工具栏中单击"重新排序"按钮 ，可以在弹出的下拉选单中改变对象在窗口中的前后次序。下拉选单如图 4-28 所示。

下拉选单中的"向前移动"是将对象向上移动一层；"向后移动"是将对象向下移动

一层;"移至前面"是将对象移至窗口的最顶层;"移至后面"是将对象移动至窗口的最底层。

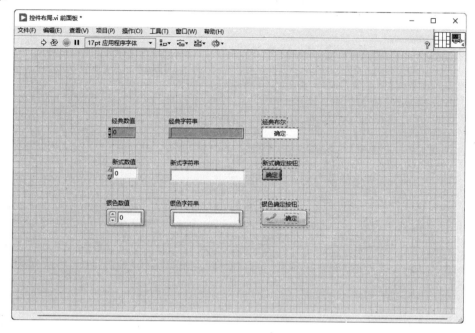

图 4-27 等间隔垂直分布的对象

图 4-28 "重新排序"下拉选单

例如,要将一个对象从窗口的最顶层移动至窗口的最底层,具体操作步骤如下:

1)选中目标对象,如图 4-29 所示。

2)在"重新排序"下拉选单中选择"移至后面"。改变次序后的对象如图 4-30 所示。

9. 组合与锁定对象

在"重新排序"下拉选单中还有几个选项,它们分别是"组""取消组合""锁定"和"解锁"。

"组"的功能是将几个选定的对象组合成一个对象组,对象组中的所有对象形成一个整体,它们的相对位置和相对尺寸都相对固定。当移动对象组或改变对象组的尺寸时,对象组中所有的对象同时移动相同的距离或改变相同的尺寸。注意,"组"的功能仅仅是将数个对象按照其位置和尺寸简单地组合在一起形成一个整体,并没有在逻辑上将其组合,它们之间在逻辑上的关系并没有因为组合在一起而得到改变。"取消组合"的功能是解除对象组中对象的组合,将其还原为独立的对象。

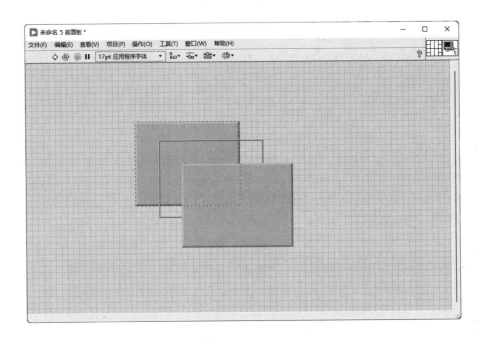

图 4-29　选中目标对象

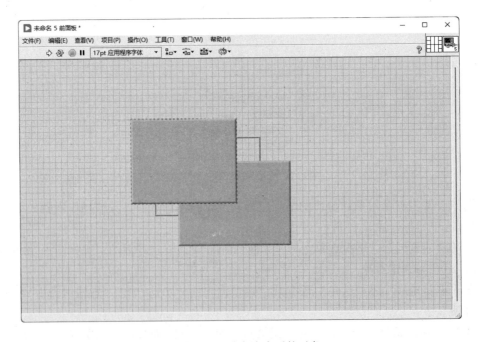

图 4-30　改变次序后的对象

　　"锁定"的功能是将几个选定的对象组合成一个对象组,并且锁定该对象组的位置和大小,用户不能改变锁定的对象的位置和尺寸。当然,用户也不能删除处于锁定状态的对象。"解锁"的功能是解除对象的锁定状态。

当用户已经编辑好一个 VI 的前面板时，建议用户利用"组"或者"锁定"功能将前面板中的对象组合并锁定，防止由于误操作而改变前面板对象的布局。

10．设置对象的字体

选中对象，在工具栏中的"文本设置"下拉列表框 `17pt 应用程序字体 ▼` 中选择"字体对话框"，在弹出的"选项字体"对话框中可设置对象的字体、大小、颜色、风格及对齐方式，如图 4-31 所示。

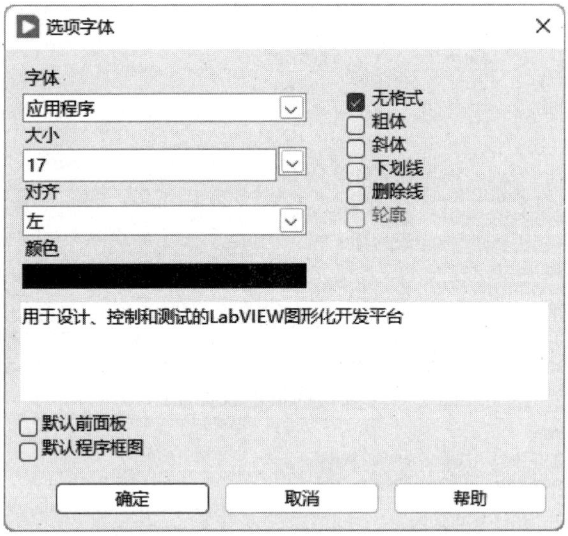

图 4-31　"选项字体"对话框

"文本设置"下拉列表框中的其他选项只是将"选项字体"对话框中的内容分别列出，若只改变字体的某一个属性，可以方便地在这些选项中更改，而无须在"选项字体"对话框中更改。

另外，还可以在"文本设置"下拉列表框中将字体设置为系统默认的字体，包括应用程序字体、系统字体、对话框字体以及当前字体等。

11．在窗口中添加标签

将光标指针切换至文本编辑工具状态，在窗口空白处的适当位置单击，就可以在窗口中创建一个标签，然后根据需要键入文字，改变其字体和颜色。该工具也可用于改变对象的标签、标题、布尔量控件的文本和数字量控件的刻度值等。

例 4-3　控件的组合使用

本实例演示的是将前面板中几个对象组合在一起，步骤如下：

（1）新建一个 VI，并在前面板中放置如图 4-32 所示的控件。

（2）按住<Shift>键，依次单击选中的字符串目标对象，如图 4-32 所示。

（3）在"重新排序"下拉选单中选择"组"。组合后的对象如图 4-33 所示。

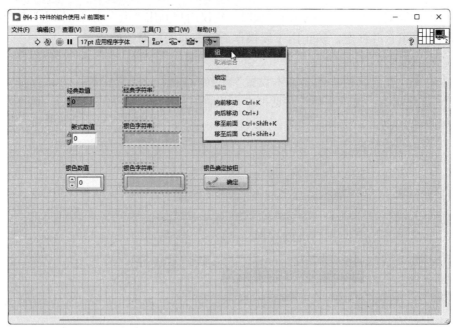

图 4-32　在前面板中放置控件

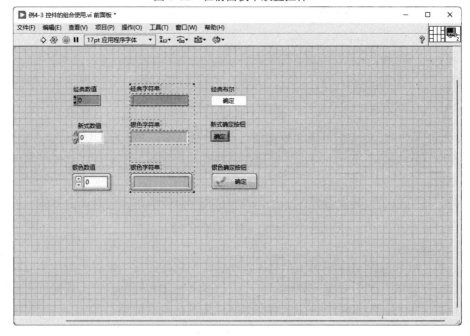

图 4-33　组合后的对象

4.2　运行和调试 VI

　　LabVIEW 提供了有效的编程调试环境，同时提供了许多与优秀的交互式调试环境相关的特性。这些调试特性与图形编程方式保持一致，通过图形方式访问调试功能，通过加亮执行、单步、断点和探针帮助用户跟踪经过 VI 的数据流，从而使调试 VI 更容易。

实际上用户可观察 VI 执行时的程序代码。

4.2.1 运行 VI

在 LabVIEW 中，用户可以通过两种方式来运行 VI，即运行和连续运行。下面介绍这两种运行方式的使用方法。

1．运行 VI

在前面板窗口或程序框图窗口的工具栏中单击"运行"按钮 ⬕，可以运行 VI。使用这种方式运行 VI，VI 只运行一次，当 VI 正在运行时，"运行"按钮会变为 ➡ （正在运行）状态。

2．连续运行 VI

在工具栏中单击"连续运行"按钮 🔄，可以连续运行 VI。连续运行的意思是指一次 VI 运行结束后，继续重新运行 VI。当 VI 正在连续运行时，"连续运行"按钮会变为 🔄（正在连续运行）状态。单击 🔄 按钮可以停止 VI 的连续运行。

3．停止运行 VI

当 VI 处于运行状态时，在工具栏中单击"中止执行"按钮 ⏺，可强行终止 VI 的运行。这项功能在程序的调试过程中非常有用，当不小心使程序处于死循环状态时，用该按钮可安全地终止程序的运行。当 VI 处于编辑状态时，"中止执行"按钮处于 ⏺（不可用）状态，此时的按钮是不可操作的。

4．暂停 VI 运行

在工具栏中单击"暂停"按钮 ⏸，可暂停 VI 的运行，再次单击该按钮，可恢复 VI 的运行。

4.2.2 纠正 VI 的错误

由于编程错误而使 VI 不能编译或运行时，工具条上将出现"Broken run"按钮 ⬕。典型的编程错误出现在 VI 开发和编程阶段，而且一直保留到将框图中的所有对象都正确地连接起来之前。单击"Broken run"按钮可以列出所有的程序错误，列出所有程序错误的信息框称为"错误列表"。具有断线的 VI 的"错误列表"对话框如图 4-35 所示。

当运行 VI 时，警告信息让用户了解潜在的问题，但不会禁止程序运行。如果想知道有哪些警告，可在错误列表对话框中选择"显示警告"复选框，这样，每当出现警告情况时，工具栏上就会出现警告按钮。

如果程序中有阻止程序正确执行的任何错误，通过在错误列表中选择错误项，然后单击"显示错误"按钮，可搜索特定错误的源代码。这个过程加亮框图上报告错误的对象，如图 4-34 所示。在错误列表中单击错误也将加亮报告错误对象。

在编辑期间导致中断 VI 的一些最常见的原因是：

1）要求输入的函数端子未连接。例如，算术函数的输入端如果未连接，将报告错误。

2）数据类型不匹配或存在散落、未连接的线段，使框图包含断线。

3）中断子 VI。

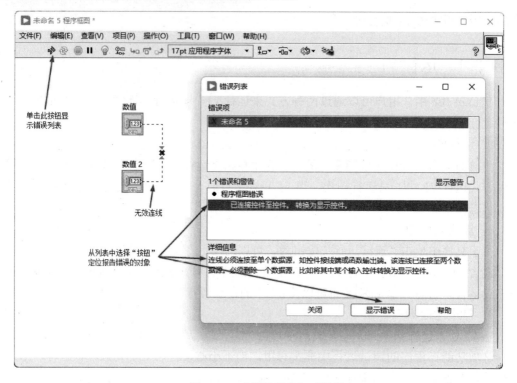

图 4-34 "错误列表"对话框

4.2.3 高亮显示程序执行过程

通过单击"高亮显示执行过程"按钮 💡，可以动画演示 VI 框图的执行情况，该按钮位于图 4-35 所示的程序框图上方的运行调试工具栏中。

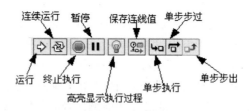

图 4-35 位于程序框图上方的运行调试工具栏

程序框图的高亮执行效果如图 4-36 所示。可以看到 VI 执行过程中的动画演示对于调试是很有帮助的。当单击"高亮显示执行过程"按钮时，该按钮变为闪亮的灯泡，指示当前程序执行时的数据流情况。任何时候单击"高亮显示执行过程"按钮，都将返回正常运行模式。

"高亮显示执行过程"功能普遍用于单步执行模式下跟踪程序框图中数据流的情况，目的是理解数据在程序框图中是如何流动的。应该注意的是，当使用高亮显示执行过程特性时，VI 的执行时间将大大增加。数据流动画用"气泡"来指出沿着连线运动的数据，演示从一个节点到另一个节点的数据运动。另外，在单步模式下，将要执行的下一个节点一直闪烁，直到单击单步按钮为止。

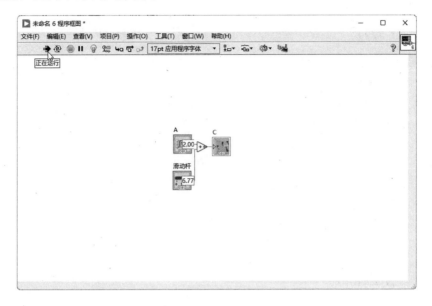

图 4-36　程序框图的高亮执行效果

4.2.4　单步通过 VI 及其子 VI

为了进行调试，可能想要一个节点接着一个节点地执行程序框图，这个过程称为单步执行。要在单步模式下运行 VI，可在工具条上按任何一个单步调试按钮，然后继续进行下一步。单步按钮显示在图 4-36 所示的工具栏上。所按的单步按钮决定下一步从哪里开始执行。"单步执行"或"单步步过"按钮是执行完当前节点后前进到下一个节点。如果节点是结构（如 While 循环）或子 VI，可选择"单步步过"按钮执行该节点。例如，如果节点是子 VI，单击"单步步过"按钮，则执行子 VI 并前进到下一个节点，但不能看到子 VI 节点内部是如何执行的。要单步通过子 VI，应选择"单步执行"按钮。

单击"单步步出"按钮完成程序框图节点的执行。当按任何一个单步按钮时，也按了"暂停"按钮。在任何时候通过释放"暂停"按钮即可返回到正常执行的情况。

值得提示的是，如果将光标放置到任何一个单步按钮上，将出现一个提示条，显示下一步如果按该按钮将要执行的内容描述。

当单步通过 VI 时，可能想要高亮显示执行过程，以便到数据流过时可以跟踪数据。在单步和高亮显示执行过程模式下执行子 VI 时，子 VI 的框图窗口显示在主 VI 程序框图的上面。接着可以单步通过子 VI 或让其自己执行。

没有单步或高亮显示执行过程的 VI 可以节省开销。一般情况下这种编译方法可以减少内存需求并提高性能。其实现方法是，在菜单栏中选择"文件"→"VI 属性"，弹出"VI 属性"对话框。在"类别"下拉列表框中选择"执行"，取消勾选"允许调试"复选框来隐藏"高亮显示执行过程"及"单步执行"按钮，如图 4-37 所示。

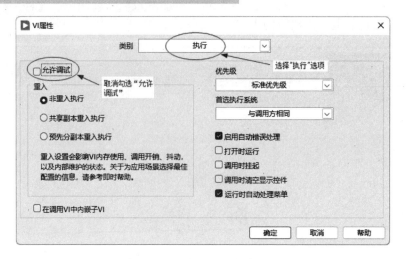

图 4-37　使用"VI 属性"对话框来关闭调试选项

4.2.5　使用断点

在工具模板中将光标切换至断点工具状态，如图 4-38 所示。

单击程序框图中需要设置断点的地方，就可完成一个断点的设置。当断点位于某一个节点上时，该节点图标就会变红；当断点位于某一条数据连线时，数据连线的中央就会出现一个红点，如图 4-39 所示。

当程序运行到该断点时，VI 会自动暂停，此时断点处的节点会处于闪烁状态，提示用户程序暂停的位置。单击"暂停"按钮，可以恢复程序的运行。用断点工具再次单击断点处，或在该处的右键快捷菜单中选择"清除断点"，就会取消该断点，如图 4-40 所示。

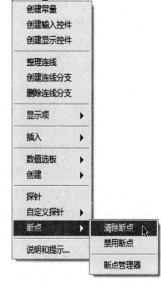

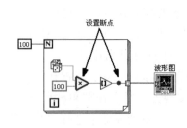

图 4-38　处于断点设置/清除状态的　　图 4-39　设置断点　　图 4-40　右键快捷菜单
　　　　　工具模板

📖 4.2.6 使用探针

在如图 4-39 所示的工具模板中将光标切换至探针工具状态。

单击需要查看的数据连线，或在数据连线的右键快捷菜单中（见图 4-40）选择"探针"，会弹出一个"探针"对话框。当 VI 运行时，若有数据流过该数据连线，对话框就回自动显示这些流过的数据，同时在探针处会出现一个黄色的内含探针数字编号的小方框。

利用探针工具弹出的"探针"对话框是 LabVIEW 默认的"探针"对话框，有时候并不能满足用户的需求，若在数据连线的右键快捷菜单（见图 4-40）中选择"自定义探针"，用户可以自己定制所需的"探针"对话框。

4.3 创建和调用子 VI

子 VI 相当于常规编程语言中的子程序，在 LabVIEW 中，用户可以把任何一个 VI 当作子 VI 来调用。因此在使用 LabVIEW 编程时，也应与其他编程语言一样，尽量采用模块化编程的思想，有效地利用子 VI，简化 VI 框图程序的结构，使其更加简单，易于理解，以提高 VI 的运行效率。

子 VI 利用连接端口与调用它的 VI 交换数据。实际上，创建完成一个 VI 后，再按照一定的规则定义好 VI 的连接端口，该 VI 就可以作为一个子 VI 来使用了。

📖 4.3.1 创建子 VI

在完成一个 VI 的创建以后，将其作为子 VI 的调用的主要工作就是定义 VI 的连接端口。

在 VI 前面板或程序框图面板的右上角图标的右键快捷菜单中选择"显示连线板"，原来图标的位置就会显示一个连接端口，如图 4-41 所示。

第一次打开连线板时，LabVIEW 会自动根据前面板中的输入和输出控件建立相应个数的端口。当然，这些端口并没有与输入或显示控件建立起关联关系，需要用户自己定义。但通常情况下，用户并不需要把所有的输入或输出控件都与一个端口建立关联，与外部交换数据，因而需要改变连接端口中端口的个数。

LabVIEW 提供了两种方法来改变端口的个数：

第一种方法是在连接端口的右键快捷菜单中选择"添加接线端"或"删除接线端"，逐个添加或删除接线端口。这种方法较为灵活，但也比较麻烦。

第二种方法是在连线端口的右键快捷菜单中选择"模式"，会出现一个图形化下拉菜单，菜单中会列出 36 种不同的连线端口，一般情况下可以满足用户的需要，如图 4-42 所示。这种方法较为简单，但是不够灵活，有时不能满足需要。

通常的做法是，先用第二种方法选择一个与实际需要比较接近的连线端口，然后再用第一种方法对选好的连接端口进行修正。

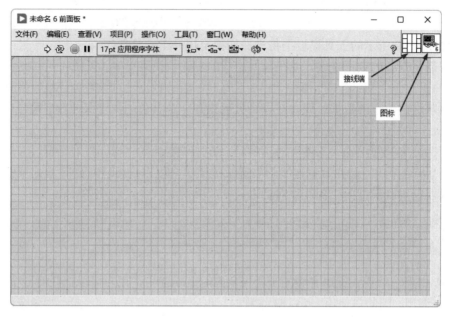

图 4-41　VI 的连线板

完成了连线端口的创建以后，下面的工作就是定义前面板中的输入和输出控件与连线端口中各输入输出端口的关联关系。

例 4-4　连线端口的使用

本实例主要演示如何修改默认的图标与接线端口，以方便后期创建子 VI。

提示：

接线端口位于前面板的右上角，图标位于前面板窗口及程序框图窗口的右上角，连接端口在图标左侧。

（1）打开"源文件 \第 4 章\例 4-2 设置图标 .vi"文件。

（2）将前面板置为当前，将光标放置在前面板右上角的连线端口图标上方，光标变为连线工具状态。

右击，在弹出的快捷菜单中选择"模式"命令，同时在下一级菜单中显示接线端口模式，选择如图 4-42 所示的第一行第五个模式。

（3）将光标移动至连线板右侧上方的端口上，单击这个端口，端口变为黑色，如图 4-43 所示。

图 4-42　模式下拉菜单

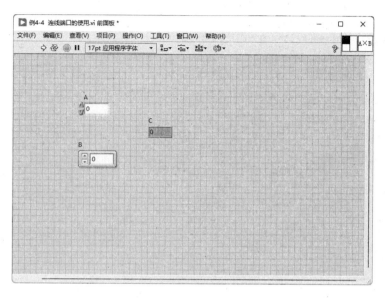

图 4-43　选中输入端口

（4）在输入控件 A 上单击，选中输入控件 A，此时输入控件 A 的图标周围会出现一个虚框，同时黑色架线端口变为棕色。这个端口就建立了与输入控件 A 的关联关系，端口的名称为 A，颜色为棕色，如图 4-44 所示。

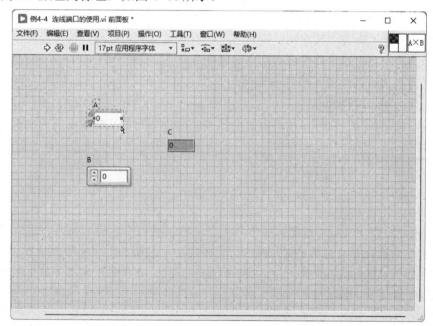

图 4-44　建立连线端口与输入控件 A 的关联关系

 提示：

当其他 VI 调用这个子 VI 时，从这个连线端口输入的数据就会输入到输入控件 A 中，然后程序从输入控件 A 在框图程序中所对应的端口中将数据取出，进行相应的处理。

（5）采用同样的方法连接控件 B、C，结果如图 4-45 所示。

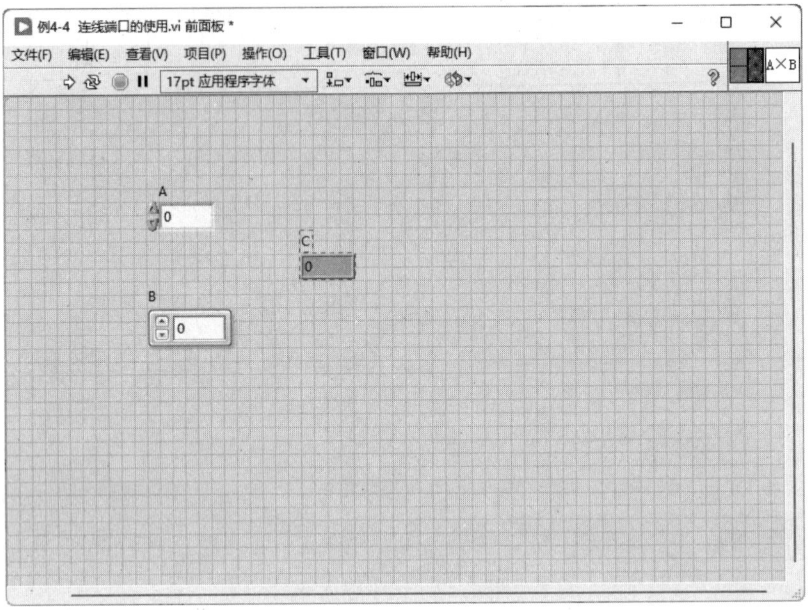

图 4-45　定制好的 VI 连线端口

注意：

端口的颜色是由与之关联的前面板对象的数据类型来确定的，不同的数据类型对应不同的颜色，如与布尔量相关联的端口的颜色是绿色。

建立前面板中其他输入或输出控件与连线端口关系的方法与之相同。定制好的 VI 连线端口如图 4-45 所示。

在编辑调试 VI 的过程中，用户有时会根据实际需要断开某些端口与前面板对象的关联。具体做法是：在需要断开的端口的右键快捷菜单中选择"断开连接本地接线端"。若在右键快捷菜单中选择"断开连接全部接线端"，则会断开所有端口的关联。

注意：

按照 LabVIEW 的定义，与输入控件相关联的连线端口作为输入端口。在子 VI 被其他 VI 调用时，只能向输入端口中输入数据，而不能从输入端口中向外输出数据。当某一个输入端口没有连接数据连线时，LabVIEW 就会将与该端口相关联的那个输入控件中的数据默认值作为该端口的数据输入值。相反，与输入控件相关联的连线端口都作为输出端口，只能向外输出数据，而不能向内输入数据。

📖 4.3.2　调用子 VI

在完成了连线端口的定义之后，这个 VI 就可以当作子 VI 来调用了。下面介绍如何在一个主 VI 中将例 4-1 中的 VI 作为子 VI 来调用，具体步骤如下：

（1）选择子VI。选择"函数"选板中的"选择VI"，弹出"选择需打开的VI"对话框，如图4-46所示。在对话框中找到需要调用的子VI，选中后单击"确定"按钮。

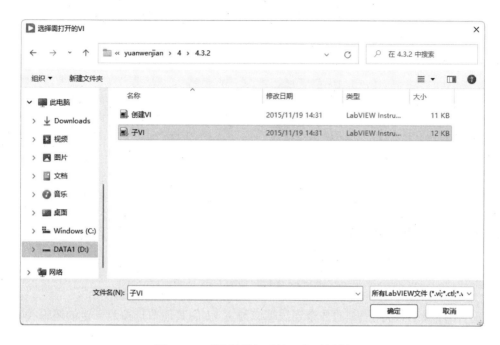

图4-46　"选择需打开的VI"对话框

（2）将子VI的图标放置在主VI的程序框图窗口中。用户选择了一个子VI后，在程序框图窗口上会出现这个子VI的图标，将其移动到程序框图窗口的适当位置单击，将子VI图标加到主VI的程序框图中，如图4-47所示。

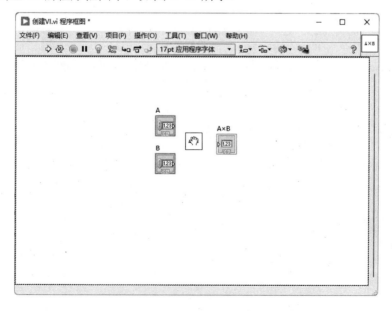

图4-47　将子VI图标添加到主VI的程序框图中

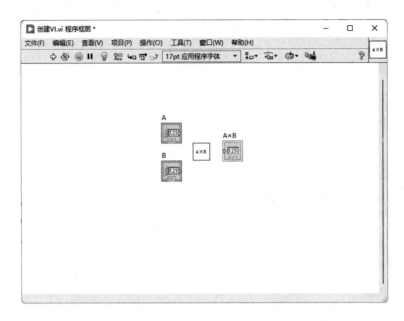

图 4-47　将子 VI 图标添加到主 VI 的程序框图中

（3）用连线工具将子 VI 的各个连线端口与主 VI 的其他节点按照一定的逻辑关系连接起来。

至此，就完成了子 VI 的调用。主 VI 的前面板及程序框图如图 4-48 所示。

采用上述的子 VI 调用方式来调用一个子 VI，只是将其作为一般的计算模块来使用，程序运行时并不显示其前面板。如果需要将子 VI 的前面板作为弹出式对话框来使用，则需要改变一些 VI 的属性设置。

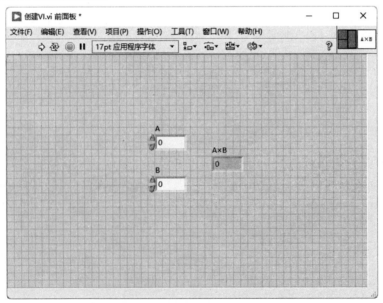

图 4-48　主 VI 的前面板及程序框图

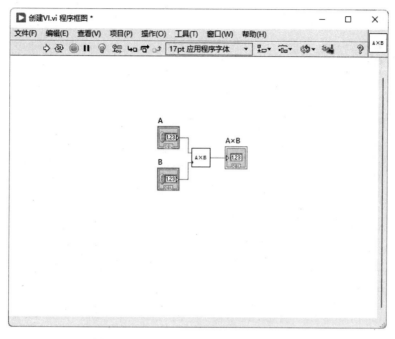

图 4-48　主 VI 的前面板及程序框图（续）

在子 VI 前面板窗口右上角图标的右键快捷菜单中选择 "VI 属性"（或者在 "文件"
菜单中选择 "VI 属性"）会出现一个 "VI 属性" 对话框，在该对话框的 "类别" 下拉列
表框中选择 "窗口外观"，将对话框页面切换到窗口显示属性页面，如图 4-49 所示。

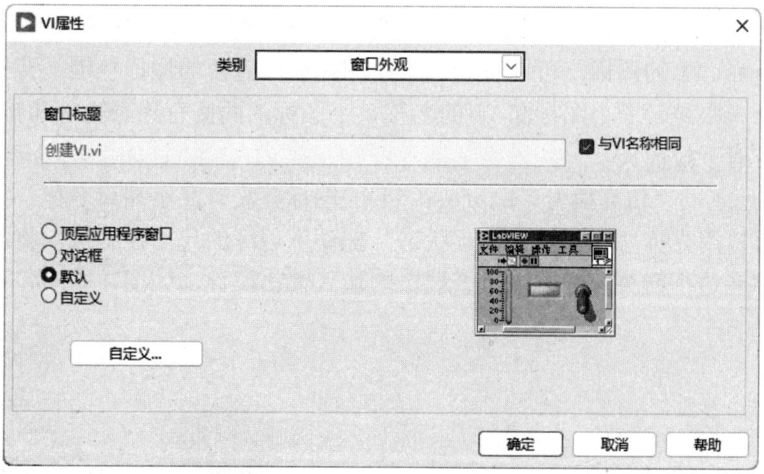

图 4-49　"VI 属性" 对话框

在 "VI 属性" 对话框中单击 "自定义" 按钮，弹出 "自定义窗口外观" 对话框，如
图 4-50 所示。在该对话框中选中 "调用时显示前面板" 和 "如之前未打开则在运行后关
闭" 复选框，单击 "确定" 按钮，关闭对话框。

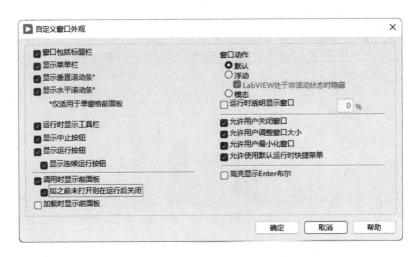

图 4-50 "自定义窗口外观"对话框

选中"调用时显示前面板"后，当程序运行到这个子 VI 时，其前面板就会自动弹出来。若再选中"如之前未打开则在运行后关闭"，则当子 VI 运行结束时，其前面板会自动消失。

4.4 使用 Express VI 进行程序设计

Express VI 是从 LabVIEW 7 Express 开始引入的。从外观上看，Express VI 的图标很大。下面以"仿真信号"Express VI 为例，对 Express VI 进行介绍。

选择"函数"选板中的"Express"→"输入"→"仿真信号"。图 4-51 所示为"仿真信号"Express VI 的图标。可以看到，整个图标被深蓝色的边框包围，背景是清雅的淡蓝色，图标中心是一个小图标和 VI 的名称，小图标的两侧有代表输入和输出的箭头，在名称的下方有下拉箭头。

图 4-52 所示的"仿真信号"Express VI 的图标并没有显示端口名称，如果要显示端口名称，可以用光标（对象操作工具状态）拖动下边缘的尺寸控制点，将端口名称显示出来，名称旁边小箭头的位置指明了端口的输入输出属性，如图 4-52 所示。

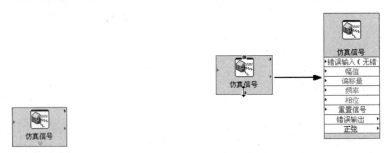

图 4-51 "仿真信号" Express VI 的图标　　　　图 4-52 显示 Express VI 的属性

如果端口名称过长，不能完全显示，可以在图标的右键快捷菜单中选择"调整为文本大小"，Express VI 将根据端口名称的长度自动调整 VI 的宽度，如图 4-53 所示。

如果觉得 Express VI 的图标太大，也可以将其显示为小图标，方法是在图标的右键快捷菜单中选择"显示为图标"，使该选项处于选中状态，如图 4-54 所示。缩小后的图标依然以淡蓝色为背景，并且四周带有导角。

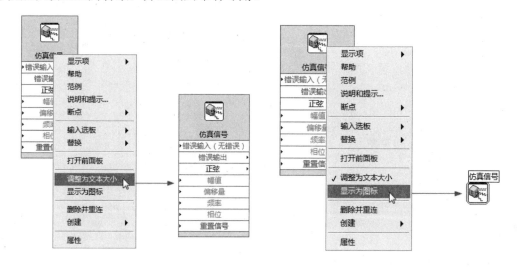

图 4-53 自动调整 VI 的宽度　　　　图 4-54 Express VI 的小图标

Express VI 使用起来比标准 VI 更为方便。当 Express VI 处于默认设置时，若将 Express VI 放置到程序框图中，将弹出 Express VI 的属性设置对话框（可通过 LabVIEW 环境设置以禁止自动弹出该对话框）。在编程时，也可以双击 Express VI 的图标打开 Express VI 的属性设置对话框。下面通过一个例子来介绍 Express VI 的使用方法。

例 4-5 使用 Express VI 进行频谱分析

本例首先产生一个虚拟信号，然后分析信号频谱。这里要用到两个 Express VI，一个是"仿真信号"，位于"函数"选板的"Express"→"输入"子选板中；另一个是"频谱测量"，位于"函数"选板的"Express"→"信号分析"子选板中。

（1）将"仿真信号"Express VI 放置在程序框图中，这时 LabVIEW 将自动打开"配置仿真信号"对话框。在该对话框中进行如下设置：

➢　在"信号类型"下拉列表框中选择"正弦"信号。

➢　在"频率（Hz）"一栏中将频率设为 102。

➢　选中"添加噪声"复选框。

➢　在"噪声类型"下拉列表框中选择"均匀白噪声"。

➢　在"噪声幅值"一栏中设置噪声幅度为 0.6。

在更改设置的时候，可以从右上角"结果预览"区域中观察当前设置的信号波形。其他项保持默认设置，完成后的设置如图 4-55 所示。单击"确定"按钮，退出"配置仿真信号"对话框。

（2）将"频谱测量"放置在程序框图中，LabVIEW 将自动打开"配置频谱测量"对话框。在该对话框中进行如下设置：

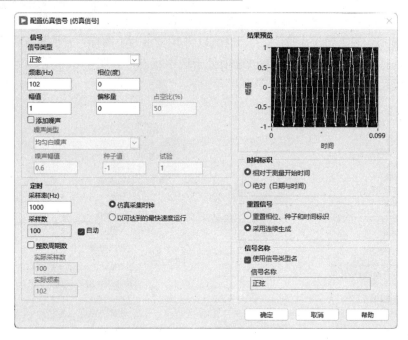

图 4-55 "配置仿真信号"对话框

➤ 在"所选测量"选项组中选择"幅度（均方根）"。

➤ 在"窗"下拉列表框中选择窗函数为"Hanning"。

➤ 选中"平均"选择框。

➤ 在"模式"一栏中选择平均方式为"均方根"。

保持其他项为默认设置，完成后的设置如图 4-56 所示。

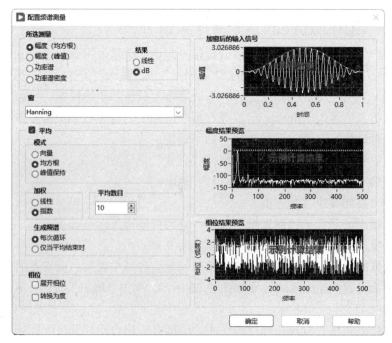

图 4-56 "配置频谱测量"对话框

程序最终的前面板和程序框图如图4-57和图4-58所示。

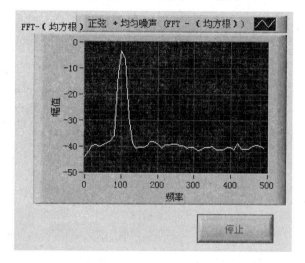

图 4-57　前面板

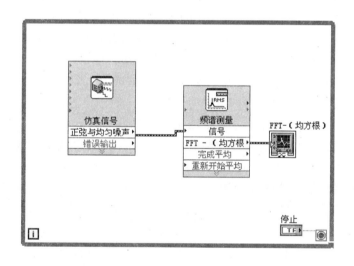

图 4-58　程序框图

4.5　菜单设计

菜单是图形用户界面中的重要和通用的元素，几乎每个具有图形用户界面的程序都包含菜单，流行的图形操作系统也都支持菜单。菜单的主要作用是使程序功能层次化，而且用户在掌握了一个程序菜单的使用方法之后，可以没有任何困难地使用其他程序的菜单。

（1）建立和编辑菜单的工作是通过"菜单编辑器"来完成的。在前面板或程序框图窗口的主菜单里选择"编辑"→"运行时菜单…"，打开如图4-59所示的"菜单编辑器"对话框。

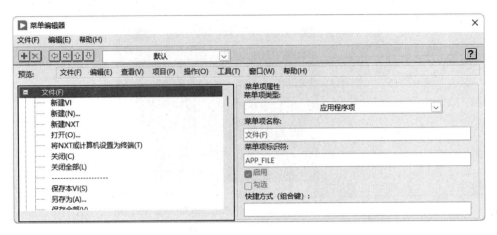

图 4-59　"菜单编辑器"对话框

（2）"菜单编辑器"对话框的菜单条有"文件""编辑"和"帮助" 3 个菜单项。菜单栏下面是工具栏，在工具栏的左边有 6 个按钮：第一个按钮用于在被选中菜单项的后面插入生成一个新的菜单项；第二个按钮用于删除被选中的菜单项；第三个按钮用于把被选中的菜单项提高一级，使得被选中菜单项后面的所有同级菜单项成为被选中菜单项的子菜单项；第四个按钮用于把被选中菜单项降低一级，使得被选中的菜单项成为前面最接近的统计菜单项的子菜单项；第五个按钮用于把被选中的菜单项向上移动一个位置；第六个按钮用于把被选中的菜单项向下移动一个位置。对于第五、六个按钮的移动动作，如果该选项是一个子菜单，则所有子菜单项将随之移动。

（3）在工具栏按钮的右侧是菜单类型下拉列表框，包括 "默认""最小化"和"自定义"三个列表项，它们决定了与当前 VI 关联运行时菜单的类型。其中，"默认"选项表示使用 LabVIEW 提供的标准默认菜单；"最小化"选项是在"默认"菜单的基础上进行简化而得到的；"自定义"选项表示完全由程序员生成菜单，这样的菜单保存在扩展名为.rtm 的文件里。

工具栏中的"预览"给出了当前菜单的预览，菜单结构列表框中给出了菜单的层次结构显示。

（4）在"菜单项属性"选项组内设定被选中菜单项或者新建菜单项的各种参数。"菜单项类型"下拉列表框用于定义菜单项的类型，可以是"用户项""分隔符"和"应用程序项"三者之一。"用户项"表示用户自定义的选项，必须在程序框图中编写代码才能响应这样的选项。每一个"用户项"菜单选项都有选项名和选项标记符两个属性，这两个属性在"菜单项名称"和"菜单项标识符"文本框中指定。"菜单项名称"作为菜单项文本出现在运行时的菜单里，"菜单项标识符"作为菜单项的标识出现在程序框图上。在"菜单项名称"文本框中输入菜单项文本时，菜单编辑器会自动把该文本复制到"菜单项标识符"文本框中，即在默认情况下菜单选项的文本和框图表示相同。可以修改"菜单项标识符"文本框的内容，使之不同于"菜单项名称"的内容。"分隔符"选项用于建立菜单里的分割线，该分割线表示不同功能菜单项组合之间的分界。"应用程序项"实际上是一个子菜单，在里面包含了所有系统预定义的菜单项。可以在"应用程序项"菜单里选择单独的菜单项，也可以选中整个子菜单。类型为"应用程序项"的菜单项的"菜单项名称""菜单项标识符"属性都不能修改，而且不需要在框图上对这些菜单项进行响应，因为它们都是有定义好的标准动作。

（5）"菜单项名称"和"菜单项标识符"文本框分别定义菜单项文本和菜单项标识。"菜单项名称"中出现的下划线具有特殊的意义，即在真正的菜单中，下划线将显示在"菜单项名称"文本中紧接在下划线后面的字母下面，在菜单项所在的菜单里按下这个字符，将会自动选中该菜单项。

如果该菜单项是菜单栏上的最高级菜单项，则按下<Alt+字符>键将会选中该菜单项。例如，可以自定义某个菜单项的名字为"文件（_F）"，这样在真正的菜单里显示的文本将为"文件（F）"。

如果菜单项没有位于菜单栏中，则在该菜单项所在菜单里按下<F>键，将自动选择该菜单项。如果"文件（F）"是菜单栏中的最高级菜单项，则按下<Alt+F>键将打开该菜单项。

所有菜单项的"菜单项标识符"必须不同，因为"菜单项标识符"是菜单项在程序框图代码中的唯一标识符。

（6）"启用"复选框用于指定是否禁用菜单项，"勾选"复选框用于指定是否在菜单项左侧显示对号确认标记。"快捷方式"文本框中显示了为该菜单项指定的快捷键，单击该文本框之后，可以按下适当的按键，定义新的快捷键。

（7）以一个菜单实例说明"菜单编辑器"对话框的使用方法。

1）在图4-60所示的"菜单编辑器"对话框中，菜单条上有"文件"和"帮助"菜单。"文件"菜单作为菜单项时的"菜单项名称"为"文件（_F）"，显示出来的实际文本为"文件（F）"，"菜单项标识符"为"文件"，运行时按下快捷键<Alt+F>将自动打开该菜单。"文件"菜单下有三项内容：

第一项是"保存"菜单项，其"菜单项标识符"为"文件_保存"，"菜单项名称"为"保存（_S）"，该菜单项指定的快捷键<Ctrl+S>自动出现在菜单项文本"保存（S）"的后面，打开"文件"菜单后按下<S>键将自动选中该菜单项；第二项是一个"分隔符"；第三项是"退出"菜单项，其"菜单项标识符"为"文件_退出"，"菜单项名称"为"退出（_Q）"，该菜单项指定的快捷键<Ctrl+Q>自动出现在菜单项文本"退出（Q）"的后面，打开"文件"菜单后，按下<Q>键将自动选中该菜单项。

2）"帮助"菜单作为菜单项时的"菜单项名称"为"帮助（_H）"，显示出来的实际文本为"帮助（H）"，"菜单项标识符"为"帮助"，按下快捷键<Alt+H>将自动打开该菜单。"帮助"菜单下有两项内容：

第一项是"菜单项标识符"为"帮助_帮助"，"菜单项名称"为"帮助（_H）"的帮助菜单项，该菜单项指定的快捷键<Ctrl+H>自动出现在菜单项文本"帮助（_H）"的后面，打开"帮助"主菜单后，按下<H>键将自动选中该菜单项。第二项是"菜单项标识符"为"帮助_关于"，"菜单项名称"为"关于（_A）"的关于子菜单，打开"帮助"主菜单后，按下<A>键将自动打开该子菜单。

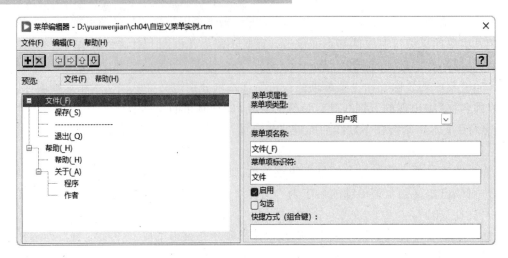

图 4-60 自定义菜单实例

3）"关于"子菜单下有"程序"和"作者"两个菜单项。"程序"菜单项的"菜单项名称"为"程序"，"菜单项标识符"为"帮助_关于_程序"；"作者"菜单项的"菜单项名称"为"作者"，"菜单项标识符"为"帮助_关于_作者"。

可以看到，在这个菜单实例中菜单项的"菜单标识符"是按层次进行组织的。

（8）可以在程序框图中对定义的菜单进行编程。在"函数"选板中选择"编程"→"对话框与用户界面"→"菜单"子选板，菜单子选板中包含了所有对菜单进行操作的 LabVIEW 节点，用户可以根据需要进行选用。关于这些节点的详细使用方法，请参考 LabVIEW 自带的帮助文件。

4.6 综合演练——数字滤波器

在前面的章节中，介绍了 LabVIEW 程序设计的基本方法及其调试技巧，在这一节中，将结合"数字滤波器"这个实例，综合应用前面章节中介绍的方法，详细剖析编写和调试 LabVIEW 应用程序的过程。

（1）新建一个 VI，打开程序的前面板，从"控件"选板中的"新式"→"图形"子选板中选取"波形图"对象，并放置在前面板的适当位置。

（2）切换到程序框图，从"函数"选板中的"编程"→"结构"子选板中选取"While循环"，并在程序框图中拖出一个适当大小的方框。

（3）从"函数"选板中的"信号处理"→"波形生成"子选板中选择"正弦波形"，置于 While 循环中，并将第一个"正弦波形"的频率设置为 1Hz，幅值设置为 1V；在第二个"正弦波形"的频率和幅值两个输入数据端口分别新建一个输入控件。

（4）从"函数"选板中的"编程"→"数值"子选板中选取加法函数，置于 While 循环中，并将两个"正弦波形"节点的"信号输出"数据端口分别与加法函数的两个输入数据端口相连，将其输出数据端口与"波形图"的数据输入端口相连，即将两个不同频率、幅值的正弦信号相加，并将相加后的信号送到"波形图"来显示。

（5）从"函数"选板中的"Express"→"信号分析"子选板中选取"滤波器"Express

VI，在程序框图中放置"滤波器"Express VI，同时自动弹出"配置滤波器"对话框，如图 4-61 所示。在该对话框中设置滤波器参数。"滤波器类型"选择"低通"，"截止频率"调整为 10Hz，滤波器的"拓扑结构"选择为"Butterworth"，滤波器的"阶数"选择为 3 阶，"查看模式"选择为"信号"。

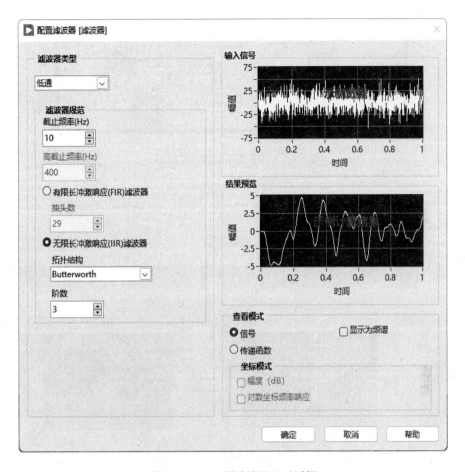

图 4-61　"配置滤波器"对话框

（6）将其输入数据端口与加法函数的输出端相连，将两个正弦波信号相加得到的信号传递给滤波器进行数字滤波。

（7）在"滤波器"Express VI 的输出端口右击，从弹出的快捷菜单中选择"创建"→"图形显示控件"，用于显示滤波后的波形。

编辑好的程序框图如图 4-62 所示。

（8）切换到程序的前面板，合理调整前面板的对象，完成代码的编辑。运行程序，程序的运行效果如图 4-63 所示。

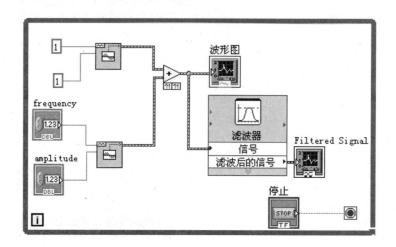

图 4-62　数字滤波器的程序框图

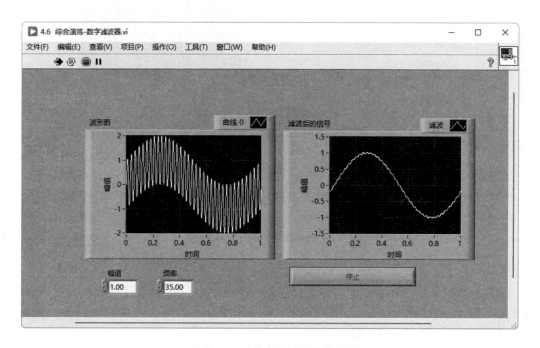

图 4-63　数字滤波器的前面板

（9）在图 4-63 中，左边的示波器窗口显示了两个频率分别为 1Hz 和 35Hz、幅值为 1V 的正弦波的叠加结果，右边的示波器窗口显示了经过低通滤波后的信号。可以发现高频信号的幅值被极大地削减，显露出 1Hz 低频信号的波形，可见滤波器的设计是成功的。

（10）以"高亮显示执行过程"的方式运行程序，观察程序的流程以及程序是否按照用户设定的流程在运行，其程序框图如图 4-64 所示。

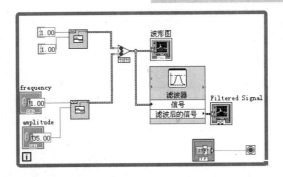

图 4-64 以"高亮显示执行过程"方式运行的程序框图

第 **5** 章

程序结构

进行编程时，仅有顺序执行的语法和语义是不够的，还必须有循环、分支等特殊结构的控制程序流程的程序设计才能设计出功能完整的程序。LabVIEW 采用结构化数据流程图编程，也能够处理循环、顺序、条件和事件等程序控制的结构框图，这是 LabVIEW 编程的核心，也是区别于其他图形化编程开发环境的独特和灵活之处。

本章对 LabVIEW 中的程序控制结构框图进行了介绍，包括循环结构、条件结构、顺序结构、事件结构和定时结构，最后对 LabVIEW 中常用的公式节点和属性节点的使用方法进行了介绍。

 学 习 要 点

- 循环结构
- 条件结构、顺序结构、事件结构和定时循环
- 公式节点和属性节点

5.1 循环结构

LabVIEW 中有两种类型的循环结构，分别是 For 循环和 While 循环。它们的区别是 For 循环在使用时要预先指定循环次数，当循环体运行了指定次数的循环后自动退出；而 While 循环则无须指定循环次数，只要满足循环退出的条件便退出相应的循环，如果无法满足循环退出的条件，则循环变为死循环。本节将分别介绍 For 循环和 While 循环两种循环结构。

5.1.1 For 循环及其应用

For 循环位于"函数"选板的"编程"→"结构"的子选板中，For 循环并不立即出现，而是以表示 For 循环的小图标出现，用户可以从中拖拽出放在程序框图上，自行调整大小和定位于适当位置。

如图 5-1 所示，For 循环有两个端口，总线接线端（输入端）和计数接线端（输出端）。输入端指定要循环的次数，该端子的数据表示类型的是 32 位有符号整数，若输入为 6.5，则其将被舍为 6，即把浮点数舍为最近的整数，若输入为 0 或负数，则该循环无法执行并在输出中显示该数据类型的默认值；输出端显示当前的循环次数，也是 32 位有符号整数，默认从 0 开始，依次增加 1，即 N—1 表示的是第 N 次循环，使用 For 循环产生 100 对随机数，判定每次的大数和小数，并在前面板显示。判定大数和小数的程序框图如图 5-2 所示。

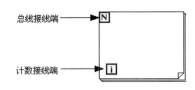

图 5-1 For 循环的输入端与输出端　　图 5-2 判定大数和小数的程序框图

判断最大值和最小值可以使用最大值和最小值函数，该函数可以在控制选板的比较子选板中找到。

此循环中包含时间延迟，以便用户可以随着 For 循环的运行而看清数值的更新。其相应的前面板如图 5-3 所示。

图 5-3 判断大数和小数的前面板

如果 For 循环启用并行循环迭代，则循环计数接线端下将显示并行实例(P)接线端。

如果通过 For 循环处理大量计算，可启用并行循环提高性能。LabVIEW 可通过并行循环利用多个处理器提高 For 循环的执行速度，但是并行运行的循环必须独立于所有其他循环。通过查找可并行循环结果窗口确定可并行的 For 循环。右击 For 循环外框，在弹出的如图 5-4 所示的快捷菜单中选择"配置循环并行"，打开如图 5-5 所示的"For 循环并行迭代"对话框。通过"For 循环并行迭代"对话框可设置 LabVIEW 在编译时生成的 For 循环实例数量。

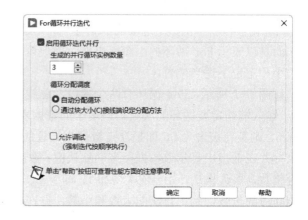

图 5-4　在 For 循环配置循环并行　　　　　　　图 5-5　"For 循环并行迭代"对话框

通过并行实例接线端（见图 5-6）可指定运行时的循环实例数量。如果未连线并行实例接线端，LabVIEW 可确定运行时可用的逻辑处理器数量，同时为 For 循环创建相同数量的循环实例。通过 CPU 信息函数可确定计算机包含的可用逻辑处理器数量。另外，可以指定循环实例所在的处理器。

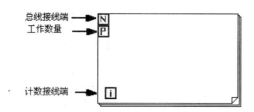

图 5-6　配置循环并行 For 循环的输入端与输出端

"For 循环并行迭代"对话框包括以下部分：

➢ 启用循环迭代并行：启用 For 循环迭代并行。启用该选项后，循环计数(N)接线端下将显示并行实例(P)接线端。在 For 循环上配置并行循环时，LabVIEW 将自动把移位寄存器转换为错误寄存器，从而遵循通过移位寄存器传输错误的最佳实践。错误寄存器是一种特殊形式的移位寄存器，它存在于启用了并行循环的

For 循环中，且其数据类型是错误簇。

➤ 生成的并行循环实例数量：确定编译时 LabVIEW 生成的 For 循环实例数量。生成的并行循环实例数量应当等于执行 VI 的逻辑处理器数量。如需在多台计算机上发布 VI，生成的并行循环实例数量应当等于计算机的最大逻辑处理器数量。通过 For 循环的并行实例接线端可指定运行时的并行实例数量。如连线至"并行实例"接线端的值大于该对话框中输入的值，LabVIEW 将使用对话框中的值。

➤ 允许调试：通过设置循环顺序执行可允许在 For 循环中进行调试。默认状态下，启用启用循环迭代并行后将无法进行调试。

5.1.2 移位寄存器及其应用实例

移位寄存器是 LabVIEW 循环结构中的一个附加对象，其功能是把当前循环完成的某个数据传递给下一个循环。移位寄存器可以通过在循环结构的左边框或右边框上弹出的快捷菜单中选择"添加移位寄存器"来添加，图 5-7 所示为在 For 循环中添加移位寄存器，图 5-8 所示为添加了移位寄存器的程序框图。

图 5-7 在 For 循环中添加移位寄存器   图 5-8 添加了移位寄存器的程序框图

右端子在每次完成一次循环后存储数据，移位寄存器将上次循环的存储数据在下次循环开始时移动到左端子上，移位寄存器可以存储任何数据类型，但连接在同一个寄存器端子上的数据必须是同一种类型，移位寄存器存储的数据类型与第一个连接到其端子之一的对象数据类型相同。

如计算 1+2+3+4+5 的值，由于是累加的结果，所以用到了移位寄存器。需要注意的是：由于 For 循环是从 0 执行到 N-1，所以输入端赋予了 6，移位寄存器赋了初值 0。具体的程序框图和前面板显示如图 5-9 所示。若不添加移位寄存器则只输出 5，如图 5-10 所示，因为此时没有累加结果的功能。

121

图 5-9　计算 1+2+3+4+5 的值的程序框图和前面板　　　　图 5-10　不添加移位寄存器的结果

又如求 0～99 之间的偶数的总和。由于 For 循环中的默认递增步长为 1，此时根据题目要求步长应变为 2，具体的程序框图和前面板如图 5-11 所示。

在使用移位寄存器时应注意初始值问题，如果不给移位寄存器指定明确的初始值，则左端子将在对其所在循环调用之间保留数据，当多次调用包含循环结构的子 VI 时会出现这种情况，需要特别注意。如果对此情况不加考虑，可能引起错误的程序逻辑。

一般情况下应为左端子明确提供初始值，以免出错，但在某些场合，利用这一特性也可以实现比较特殊的程序功能。除非显式地初始化移位寄存器，否则当第一次执行程序时移位寄存器将初始化为移位寄存器相应数据类型的默认值。若移位寄存器数据类型是布尔型，则初始化值将为假，若移位寄存器数据类型是数字类型，则初始化值将为零，但当第二次开始执行时，第一次运行时的值将为第二次运行时的初始值，依次类推。例如当不给图 5-11 中的移位寄存器赋予初始值时即如图 5-12 所示，当第一次执行时，输出为 2450，再运行时将输出为 4900。这就是因为左端子在循环调用之间保留了数据。

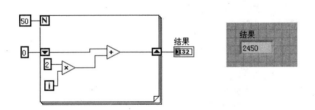

图 5-11　计算 0～99 中偶数和的程序框图和前面板

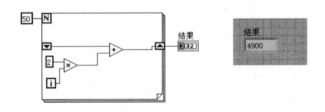

图 5-12　移位寄存器不赋初始值的情况

也可以添加多个移位寄存器，并通过多个移位寄存器保存多个数据，如图 5-13 所示。该程序框图用于计算等差数列 2n+2 中 n 取 0、1、2、3 时的乘积。

在编写程序时有时需要访问以前多次循环的数据，而层叠移位寄存器可以保存以前多次循环的值，并将值传递到下一次循环中。创建层叠移位寄存器，可以通过使用右击左侧的接线端并从其中选择添加元素来实现，如图5-14所示。层叠移位寄存器只能位于循环左侧，因为右侧的接线端仅用于把当前循环的数据传递给下一次循环。

图5-13　计算等差数列的乘积　　　　　　　图5-14　层叠移位寄存器

如图5-15所示，使用层叠移位寄存器，不仅要表示出当前的值，而且要分别表示出前一次循环、前两次循环和前三次循环的值。

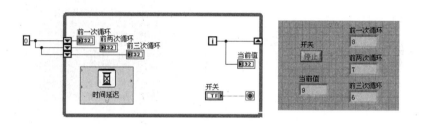

图5-15　层叠移位寄存器的使用

5.1.3　While 循环

While 循环位于"函数"选板的"编程"→"结构"的子选板中，同 For 循环类似，While 循环也需要自行拖动来调整大小和定位适当的位置。同 For 循环不同的是，While 循环无须指定循环的次数，当且仅当满足循环退出条件时才退出循环，所以当用户不知道循环要运行的次数时，While 循环就显得很重要。例如，当想在一个正在执行的循环中跳转出去时，就可以通过某种逻辑条件跳出循环，即用 While 循环来代替 For 循环。

While 循环重复执行代码片段直到条件接线端接收到某一特定的布尔值为止。While 循环有两个端子，即计数接线端（输出端）和条件接线端（输入端），如图5-16所示。输出端记录循环已经执行的次数，作用与 For 循环中的输出端相同；输入端的设置分两种情况：条件为真时继续执行（见图5-17左图）和条件为真时停止执行（见图5-17右图）。

图5-16　While 循环的输入端和输出端　　　图5-17　条件为真时继续执行或停止执行

While 循环是执行后再检查条件端子，而 For 循环是执行前就检查是否符合条件，所以 While 循环至少执行一次。如果把控制条件接线端子的控件放在 While 循环外，则根据初始值的不同将出现两种情况：无限循环或仅被执行一次。这是因为 LabVIEW 编程属于数据流编程。

那么什么是数据流编程呢？数据流，即控制 VI 程序的运行方式。对一个节点而言，只有当它的所有输入端口上的数据都成为有效数据时，它才能被执行。当节点程序运行完毕后，它把结果数据送到所有的输出端口，使之成为有效数据。并且数据很快从源端口送到目的端口，这就是数据流编程原理。

在 LabVIEW 的循环结构中有"自动索引"这一概念。自动索引是指使循环体外面的数据成员逐个进入循环体，或循环体内的数据累积成为一个数组后再输出到循环体外。对于 For 循环，自动索引是默认打开的，如图 5-18 所示。输出一段波形用 For 循环就可以直接执行。

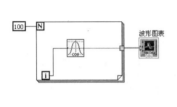
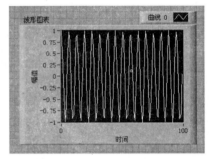

图 5-18　For 循环的自动索引

但是直接执行对于 While 循环则不可以，因为 While 循环自动索引功能是关闭的，需在自动索引的方框⬛上右击，选择"启用索引"，使其变为▣。

由于 While 循环是先执行再判断条件的，所以容易出现死循环。如果将一个真或假常量连接到条件接线端口，或出现了一个恒为真的条件，那么循环将永远执行下去，如图 5-19 所示。

因此，为了避免死循环的发生，在编写程序时最好添加一个布尔变量，与控制条件相"与"后再连接到条件接线端口，如图 5-20 所示。这样，即使程序出现逻辑错误而导致死循环，那么也可以通过这个布尔控件来强行结束程序的运行，等完成了所有程序开发，经检验无误后，再将布尔按钮去除。当然，也可以通过窗口工具栏上的停止按钮来强行终止程序。

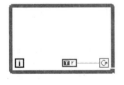
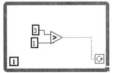
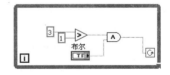

图 5-19　处于死循环状态的 While 循环　　　　图 5-20　添加了布尔控件的 While 循环

用错误寄存器取代并行 For 循环上错误簇的移位寄存器,可简化启用并行循环的 For 循环的错误处理。错误寄存器是在并行 For 循环两侧显示的一对接线端，程序框图如图 5-21 所示。

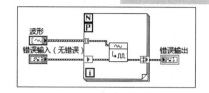

图 5-21　添加错误寄存器的程序框图

在 For 循环上配置并行循环时，LabVIEW 将自动把移位寄存器转换为错误寄存器，从而遵循通过移位寄存器传输错误的最佳实践。此外，也可右击隧道并选择要创建的隧道类型来更改隧道类型。

错误寄存器可自动合并并行循环的错误。在 For 循环上配置并行循环时，LabVIEW 将自动把移位寄存器转换为错误寄存器，从而遵循通过移位寄存器传输错误的最佳实践。

错误寄存器和移位寄存器的运行时行为不同。图 5-23 中，左侧错误寄存器接线端的行为类似于不启用索引的输入隧道，每个循环产生相同的值；右侧错误寄存器接线端合并每次循环的值，使得来自最早循环的错误或警告值（按索引）为错误寄存器的输出值。如果 For 循环执行零次，则连接到左侧隧道的值将移动到右侧隧道的输出。

5.1.4　反馈节点

反馈节点和只有一个左端子的移位寄存器的功能相同，同样用于在两次循环之间传输数据。循环中一旦连线构成反馈，就会自动出现反馈节点箭头和初始化端子。使用反馈节点需注意其在选项板上的位置，若在分支连接到数据输入端的连线之前把反馈节点放在连线上，则反馈节点把每个值都传递给数据输入端；若在分支连接到数据输入端的连线之后把反馈节点放到连线上，则反馈节点把每个值都传回 VI 或函数的输入，并把最新的值传递给数据输入端。

例如，求 n!的值。由于本题需访问以前的循环数据，所以要使用移位寄存器或反馈节点。图 5-22 所示为使用带移位寄存器的 For 循环计算 n!的程序框图。

因为反馈节点和只有一个左端子的移位寄存器的功能相同，所以可使用反馈节点来完成程序，具体的程序框图如图 5-23 所示。

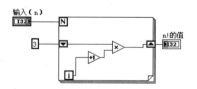
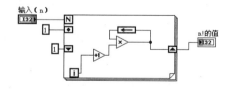

图 5-22　使用带移位寄存器的 For 循环计算 n!　　　图 5-23　使用带反馈节点的 For 循环计算 n!

本题目如果使用 While 循环来实现，则需要构建条件来判定其什么时候执行循环，此时可以通过自增的数是否小于输入数来判断是否继续执行，其程序框图如图 5-24 所示。

对于图 5-22～图 5-24 三个程序框图，当输入 6 时，输出结果均为 720，如图 5-25 所示。

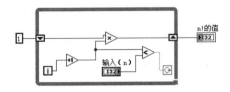

图 5-24　使用带移位寄存器的 While 循环计算 n!　　　　图 5-25　n!的输出结果

 例 5-1　计算 n 个数据的平方和

由于 For 循环是从 0 开始，所以输入后自加 1，否则运行的结果将出现错误，如当输入为 3 时，结果为 14（是 n 为 2 时的平方和，而不是 n 为 3 时的平方和）。本实例中使用了"连接字符串"函数，为了形象地表达出 n 个数的平方和，在使用"连接字符串"时，应注意数据类型的转换。因为是不同的类型，所以本实例中使用了字符串子选板中的"数值至十进制数字符串转换"函数以实现正确的连接。图 5-26 所示为本实例的程序框图。

当输入 6 时，计算结果为 91，其相应的前面板如图 5-27 所示。

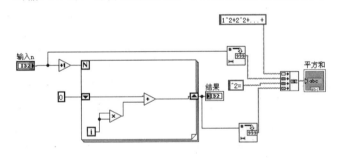

图 5-26　计算 n 个数据平方和的程序框图　　　　图 5-27　输入 6 时的前面板

5.2　条件结构

条件结构同样位于"函数"选板中的结构子选板中。从结构选板中选取条件结构，并在程序框图上拖放以形成一个图框，如图 5-30 所示。图框中左边的数据端口是条件选择端口，通过其中的值选择到底哪个子图形代码框被执行。这个值默认的是布尔型，可以改变为其他类型。在改变为数据类型时要考虑的一点是：如果条件结构的选择端口最初接收的是数字输入，那么代码中可能存在有 n 个分支，当改变为布尔型时分支 0 和 1 自动变为假和真，而分支 2，3 等却未丢失，在条件结构执行前，一定要明确地删除这些多余的分支，以免出错。图 5-28 的顶端是选择器标签，里面有所有可以被选择的条件，两旁的按钮分别为减量按钮和增量按钮。

选择器标签的个数可以根据实际需要来确定，在选择器标签上选择在前面添加分支或在后面添加分支，就可以增加选择器标签的个数。

在选择器标签中可输入单个值或数值列表和范围。在使用列表时，数值之间用逗号隔开；在使用数值范围时，指定一个类似 10.. 20 的范围用于表示 10～20 之间的所有数字（包括 10 和 20），而.. 100 表示所有小于等于 100 的数，100.. 表示所有大于 100 的数。当然也可以将列表和范围结合起来使用，如.. 6，8，9，16..。若在同一个选择器标签中输入的数有重叠，条件结构将以更紧凑的形式重新显示该标签，如输入..9,..，18，26，70...，那么将自动更新为..18，26，70，....。使用字符串范围时，范围 a..c 包括 a、b 和 c。

在选择器标签中输入字符串和枚举型数据时，这些值将显示在双引号中，如"blue"，但在输入这些字符串时并不需要输入双引号，除非字符串或枚举值本身已经包含逗号或范围符号（"，"，"..."）。在字符串值中，反斜杠用于表示非字母数字的特殊字符，比如\r 表示回车，\n 表示换行。当改变条件结构中选择器接线端连线的数据类型时，若有可能，条件结构会自动将条件选择器的值转换为新的数据类型。如果将数值转换为字符串，如 19，则该字符串的值为 "19"。如果将字符串转换为数值，LabVIEW 仅可以转换用于表示数值的字符串，而仍将其其余值保存为字符串。如果将一个数值转换为布尔值，LabVIEW 会将 0 和 1 分别转换为假和真，而任何其他数值将转换为字符串。

若输入选择器的值和选择器接线端所连接的对象不是同一数据类型，则该值将变成红色，在结构执行之前必须删除或编辑该值，否则将不能运行。若修改输入的值则可以连接相匹配的数据类型，如图 5-29 所示。同样，由于浮点算术运算可能存在四舍五入误差，因此浮点数不能作为选择器标签的值。若将一个浮点数连接到条件分支，LabVIEW 将对其进行舍入到最近的偶数值。若在选择器标签中输入浮点数，则该值将变成红色，在执行前必须对该值进行删除或修改。

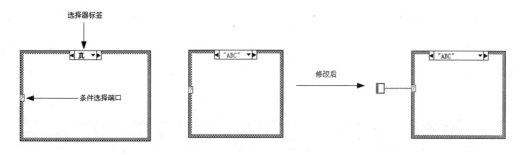

图 5-28　条件结构　　　　　　　　图 5-29　修改输入值后连接相匹配的数据类型

图 5-30 和图 5-31 所示为求一个数平方根的程序框图。由于被开方的数需要满足大于或等于零，所以应先判断输入的数是否满足被该开方的条件。可以用条件结构来分两种情况：当大于等于零时，满足条件，运行正常；当小于零时，报告有错误，输出错误代码-1，同时发出蜂鸣声。

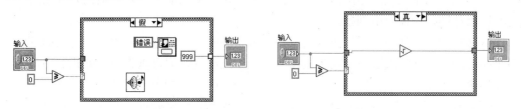

图 5-30　求平方根的程序框图分支 1　　　　图 5-31　求平方根的程序框图分支 2

在连接输入和输出时要注意的是，分支不一定要使用输入数据或提供输出数据，但若任何一个分支提供了输出数据，则所有的分支也都必须提供，这主要是因为条件结构的执行是根据外部控制条件，从其所有的子框架中选择其一执行的，子框架的选择不分彼此，所以每个子框架都必须连接一个数据。对于一个框架通道，子框架如果没有连接数据，那么在根据控制条件执行时，框架通道就没有向外输出数据的来源，程序就会出错。所以在图 5-29 所示的程序框图中，即在小于零时，若没给输出赋予错误代码，则程序不能正常运行，因为分支 2 已经连接了输出数据。这时会提示错误"隧道未赋值"，如图 5-32 所示。

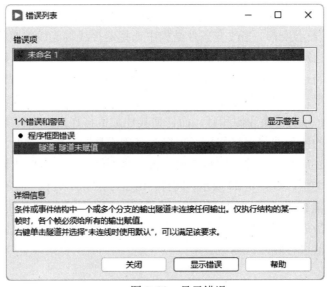

图 5-32　显示错误

LabVIEW 的条件结构与其他语言的条件结构相比，简单明了，结构简单，不但相当于 Switch 语句，还可以实现 if…else 语句的功能。条件结构的边框通道和顺序结构的边框通道都没有自动索引和禁止索引这两种属性。

5.3　顺序结构

虽然数据流编程为用户带来了很多方便，但也在某些方面存在不足。如果 LabVIEW 框图程序中有两个节点同时满足节点执行的条件，那么这两个节点就会同时执行。但是若编程时要求这两个节点按一定的先后顺序执行，那么数据流编程是无法满足要求的，这时就必须使用顺序结构来明确执行次序。

顺序结构分为平铺式顺序结构和层叠式顺序结构，从功能上讲两者结构完全相同。两者都可以从结构子选板中创建。

LabVIEW 顺序框架的使用比较灵活，在编辑状态时可以很容易地改变层叠式顺序结构各框架的顺序。平铺式顺序结构各框架的顺序不能改变，但可以先将平铺式顺序结构转化为层叠式顺序结构，如图 5-33 所示。在层叠式顺序结构中改变各框架的顺序如图 5-34 所示，再将层叠式顺序结构转换为平铺式顺序结构，这样就可以改变平铺式顺序结构各框架的顺序。平铺式顺序结构如图 5-35 所示。

顺序结构中的每个子框图都称为一个帧，刚建立顺序结构时只有一个帧，对于平铺式顺序结构，可以通过在帧边框的左右分别选择在前面添加帧和在后面添加帧来增加一个空白帧。

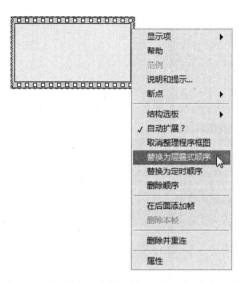

图 5-33　平铺式顺序结构转换为层叠式顺序结构

图 5-34　改变各框架的顺序

由于每个帧都是可见的，所以平铺式的顺序结构不能添加局部变量，不需要借助局部变量这种机制在帧之间传输数据。

图 5-36 所示程序框图可判断一个随机产生的数是否小于 70，若小于 70 则产生 0，若大于 70 则产生 1。

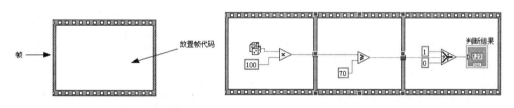

图 5-35　平铺式顺序结构　　　　　图 5-36　使用平铺式顺序结构的程序框图

层叠的顺序结构的表现形式与条件结构十分相似，都是在框图的同一位置层叠多个子框图，每个框图都有自己的序号，执行顺序结构时，按照序号由小到大逐个执行。条件结构与层叠式顺序结构的差异是：条件结构的每一个分支都可以为输出提供一个数据源，而在层叠式顺序结构中，输出隧道只能有一个数据源。输出可源自任何帧，但仅在执行完毕后数据才输出，而不是在个别帧执行完毕后，数据才离开层叠式顺序结构。层叠式顺序结构中的局部变量用于帧间传送数据。对输入隧道中的数据，所有的帧都可能使用。层叠结构的程序框图如图 5-37 所示。

在层叠式顺序结构中需要用到局部变量，用以在不同帧之间实现数据的传递。例如，当用层叠式顺序结构（见图 5-37）时，就需用局部变量，具体程序框图如图 5-38 所示。

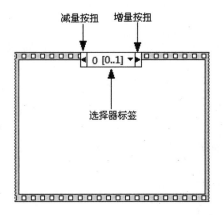

图 5-37　层叠式顺序结构的程序框图

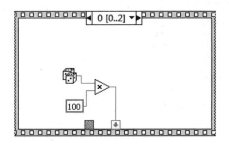

第 0 帧

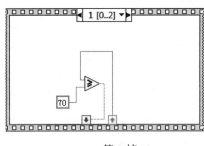

第 1 帧

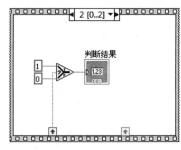

第 2 帧

图 5-38　程序框图

例 5-2　计算时间差

　　输入一个 0～10000 的整数，测量机器需要多少时间才能产生与之相同的数。由于计算多少时间需要用到前后两个时刻的时间差，即用到了先后次序，所以应用顺序结构来解决。在产生了的数据中，先将其转换为整型。转换函数在数值子选板中。具体程序框图和前面板如图 5-39～图 5-41 所示。

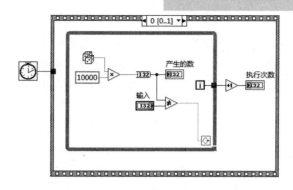

图 5-39　程序框图的第 0 帧

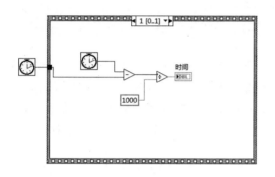

图 5-40　程序框图的第 1 帧

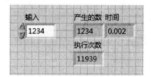

图 5-41　前面板

图 5-42 所示也是一个计算时间的程序框图,用于计算执行一个 For 循环大约需要多少时间。

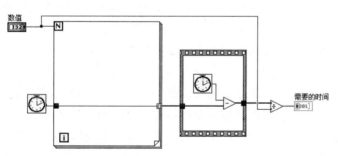

图 5-42　计算时间的程序框图

在使用 LabVIEW 编写程序时,应充分利用 LabVIEW 固有的并行机制,避免使用太多顺序结构。顺序结构虽然可以保证执行顺序,但同时也阻止了并行操作。例如,如果不使用顺序结构,使用 PXI、GPIB、串口、DAQ 等 I/O 设备的异步任务就可以与其他操作并发运行。需控制执行顺序时,可以考虑建立节点间的数据依赖性。例如,数据流参数(如错误 I/O)可用于控制执行顺序。

不要在顺序结构的多个帧中更新同一个显示控件。例如,某个用于测试应用程序的 VI 可能含有一个状态显示控件用于显示测试过程中当前测试的名称,如果每个测试都是从不同帧调用的子 VI,则不能从每一帧中更新该显示控件,此时层叠式顺序结构中的连

131

线是断开的。

由于层叠式顺序结构中的所有帧都在任何数据输出该结构之前执行，因此只能由其中某一帧将值传递给状态显示控件。条件结构中的每个分支都相当于顺序结构中的某一帧。While 循环的每次循环将执行下一个分支。状态显示控件显示每个分支 VI 的状态，由于数据在每个分支执行完毕后才传出顺序结构，在调用相应子 VI 选框的前一个分支中将更新该状态显示控件。

跟顺序结构不同，在执行任何分支时，条件结构都可传递数据结束 While 循环。例如，在运行第一个测试时发生错误，条件结构可以将假值传递至条件接线端从而终止循环，但是对于顺序结构，即使执行过程中有错误发生，顺序结构也必须执行完所有的帧。

5.4 事件结构

事件是对活动发生的异步通知。事件可以来自于用户界面、外部 I/O 或程序的其他部分。用户界面事件包括鼠标单击、键盘按键等动作。外部 I/O 事件则诸如数据采集完毕或发生错误时硬件定时器或触发器发出的信号。其他类型的事件可通过编程生成并与程序的不同部分通信。LabVIEW 支持用户界面事件和通过编程生成的事件，但不支持外部 I/O 事件。

在由事件驱动的程序中，系统中发生的事件将直接影响执行流程。与此相反，过程式程序按预定的自然顺序执行。事件驱动程序通常包含一个循环，该循环等待事件的发生并执行代码来响应事件，然后不断重复以等待下一个事件的发生。程序如何响应事件取决于为该事件所编写的代码。事件驱动程序的执行顺序取决于具体所发生的事件及事件发生的顺序。程序的某些部分可能因其所处理的事件的频繁发生而频繁执行，而其他部分也可能由于相应事件从未发生而根本不执行。

另外，使用事件结构的原因是因为在 LabVIEW 中使用用户界面事件可使前面板的用户操作与程序框图执行保持同步。事件允许用户每当执行某个特定操作时执行特定的事件处理分支。如果没有事件，程序框图必须在一个循环中轮询前面板对象的状态以检查有否发生任何变化。轮询前面板对象需要较多的 CPU 时间，且如果执行太快则可能检测不到变化。通过事件响应特定的用户操作则不必轮询前面板即可确定用户执行了何种操作。LabVIEW 将在指定的交互发生时主动通知程序框图。事件不仅可减少程序对 CPU 的需求、简化程序框图代码，还可以保证程序框图对用户的所有交互都能做出响应。

使用编程生成的事件，可在程序中不存在数据流依赖关系的不同部分间进行通信。通过编程产生的事件具有许多与用户界面事件相同的优点，并且可共享相同的事件处理代码，从而更易于实现高级结构，如使用事件的队列式状态机。

事件结构是一种多选择结构，能同时响应多个事件；传统的选择结构没有这个能力，只能一次接受并响应一个选择。事件结构位于"函数"选板的"结构"子选板上。

事件结构的工作原理就像具有内置等待通知函数的条件结构。事件结构可包含多个分支，一个分支即一个独立的事件处理程序。一个分支配置可处理一个或多个事件，但每次只能发生这些事件中的一个事件。事件结构执行时，将等待一个之前指定事件的发生，待该事件发生后即执行事件相应的条件分支。一个事件处理完毕后，事件结构的执行也告完成。事件结构并不通过循环来处理多个事件。与"等待通知"函数相同，事件结构也会在等待事件通知的过程中超时。发生这种情况时，将执行特定的超时分支。

事件结构由超时端子、事件数据节点和事件选择标签组成，如图 5-43 所示。

超时端子用于设定事件结构在等待指定事件发生时的超时时间，以 ms 为单位。当值为-1 时，事件结构处于永远等待状态，直到指定的事件发生为止。当值为一个大于 0 的整数时，时间结构会等待相应的时间，当事件在指定的时间内发生时，事件接受并响应该事件，若超过指定的时间，事件没发生，则事件会停止执行，并返回一个超时事件。通常情况下，应当为事件结构指定一个超时时间，否则事件结构将一直处于等待状态。

事件数据节点由若干个事件数据端子组成，增减数据端子可通过拖曳事件数据节点来进行，也可以在事件数据节点上右击，选择添加或删除元素来进行。事件选择标签用于标识当前显示的子框图所处理的事件源，其增减与层叠式顺序结构和选择结构中的增减类似。

与条件结构一样，事件结构也支持隧道，但在默认状态下，无须为每个分支中的事件结构输出隧道连线。所有未连线的隧道的数据类型将使用默认值。右击隧道，从弹出的快捷菜单中取消选择未连线时使用默认可恢复至默认的条件结构行为，即所有条件结构的隧道必须要连线。

对于事件结构，无论是编辑还是添加或是复制等操作，都会用到"编辑事件"对话框。"编辑事件"对话框的建立，可以通过在事件结构的边框上右击，从弹出的快捷菜单中选择"编辑本分支所处理的事件"，如图 5-44 所示。

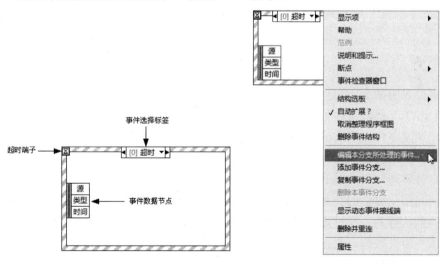

图 5-43　事件结构框图　　　　　　　图 5-44　快捷菜单

图 5-45 所示为"编辑事件"对话框。每个事件分支都可以配置为多个事件，当这些事件中有一个发生时，对应的事件分支代码都会得到执行。"事件说明符"的每一行都是一个配置好的事件，每行分为左右两部分，左边列出事件源，右边列出该事件源产生的事件名称。

事件结构能够响应的事件有两种类型：通知事件和过滤事件。在"编辑事件"对话框的"事件"列表中，通知事件左边为绿色箭头，过滤事件左边为红色箭头。通知事件用于通知程序代码某个用户界面事件发生了，过滤事件用来控制用户界面的操作。

图 5-45　"编辑事件"对话框

　　通知事件表明某个用户操作已经发生，如用户改变了控件的值。通知事件用于在事件发生且 LabVIEW 已对事件处理后对事件做出响应。可配置一个或多个事件结构对一个对象上同一通知事件做出响应。事件发生时，LabVIEW 会将该事件的副本发送到每个并行处理该事件的事件结构。

　　过滤事件将通知用户 LabVIEW 在处理事件之前已由用户执行了某个操作，以便用户就程序如何与用户界面的交互做出响应进行自定义。使用过滤事件参与事件处理可能会覆盖事件的默认行为。在过滤事件的事件结构分支中，可在 LabVIEW 结束处理该事件之前验证或改变事件数据，或完全放弃该事件以防止数据的改变影响到 VI。例如，将一个事件结构配置为放弃前面板关闭事件可防止用户关闭 VI 的前面板。过滤事件的名称以问号结束，如"前面板关闭？"，以便与通知事件区分。多数过滤事件都有相关的同名通知事件，但没有问号。该事件是在过滤事件之后，如没有事件分支放弃该事件时由 LabVIEW 产生。

　　与通知事件一样，对于一个对象上的同一个通知事件，可配置任意数量与其响应的事件结构。但 LabVIEW 将按自然顺序将过滤事件发送给为该事件所配置的每个事件结构。LabVIEW 向每个事件结构发送该事件的顺序取决于这些事件的注册顺序。在 LabVIEW 能够通知下一个事件结构之前，每个事件结构必须执行完该事件的所有事件分支。如果某个事件结构改变了事件数据，LabVIEW 会将改变后的值传递到整个过程中的每个事件结构。如果某个事件结构放弃了事件，LabVIEW 便不把该事件传递给其他事件结构。只有当所有已配置的事件结构处理完事件，且未放弃任何事件时，LabVIEW 才能完成对触发事件的用户操作的处理。

建议仅在希望参与处理用户操作时使用过滤事件。过滤事件可以是放弃事件或修改事件数据。如仅需知道用户执行的某一特定操作，应使用通知事件。

处理过滤事件的事件结构分支有一个事件过滤节点。可将新的数据值连接至这些接线端以改变事件数据。如果不对某一数据项连线，那么该数据项将保持不变。可将真值连接至"放弃?"接线端以完全放弃某个事件。

事件结构中的单个分支不能同时处理通知事件和过滤事件。一个分支可处理多个通知事件，但仅当所有事件数据项完全相同时才能处理多个过滤事件。

图 5-46 和图 5-47 所示为过滤事件和通知事件两种事件处理的代码示例，可以通过此例来进一步了解事件结构，如图 5-46 中对于分支 0，在编辑事件结构对话框内，响应了数值控件上"键按下?"的过滤事件，用假常量连接了"放弃?"，这使得通知事件键按下得以顺利生成，若将真常量连接了"放弃?"，则表示完全放弃了这个事件，通知事件上的键按下不会产生，如图 5-47 中对于分支 1，用于处理通知事件键按下，处理代码弹出内容为"通知事件"的消息框。图中 While 循环接入了一个假常量，所以循环只进行一次就退出，这样，键按下事件实际并没得到处理，若连接真常量则执行。

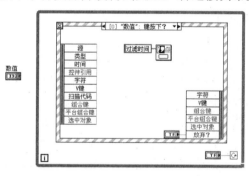

图 5-46　过滤事件

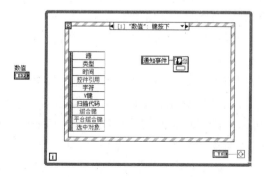

图 5-47　通知事件

5.5 定时循环

定时循环和定时顺序结构都用于在程序框图上重复执行代码块或在限时及延时条件下按特定顺序执行代码。定时循环和定时顺序结构都位于定时结构子选板中，如图 5-48 所示。

图 5-48　定时循环

📖5.5.1　定时循环和定时顺序结构

添加定时循环与添加普通的循环一样。通过定时循环，用户可以设定精确的代码定时，协调多个对时间要求严格的测量任务，并定义不同优先级的循环，以创建多采样的应用程序。与 While 循环不同，定时循环不要求与"停止"接线端相连。如果不把任何条件连接到"停止"接线端，则循环将无限运行下去。定时循环的执行优先级介于实时和高之间。这意味着在一个程序框图的数据流中，定时循环总是在优先级不是实时的 VI 前执行。若程序框图中同时存在优先级设为实时的 VI 和定时顺序，将导致无法预计的定时行为。

要执行定时循环，可双击输入端子或右击输入节点，并从弹出的快捷菜单中选择配置输入节点，打开"配置定时循环"对话框。在该对话框中可以配置定时循环的参数。也可直接将各参数值连接至输入节点的输入端进行定时循环的初始配置，如图 5-49 所示。图 5-50 所示为定时循环的结构。

定时循环的左侧数据节点用于返回各配置参数值并提供上一次循环的定时和状态信息，如循环是否延迟执行、循环实际起始执行时间和循环的预计执行时间等。可将各值连接到右数据端子的输入端，以动态配置下一次循环，或右击右侧数据节点，从弹出的快捷菜单中选择配置输入节点的配置下一次循环对话框，输入各参数值。

输出端子返回由输入节点错误输入端输入的信息、执行中结构产生的错误信息，或在定时循环内执行的任务子程序框图所产生的错误信息。输出端子还返回定时和状态信息。

输入端子的下侧有 6 个可能的端口，将光标附在输入端口可以看到其各自的名称。包括：定时源、周期、优先级、期限、名称、模式。

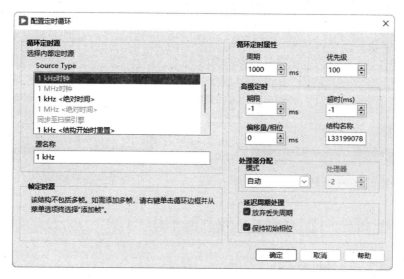

图 5-49 设置定时循环

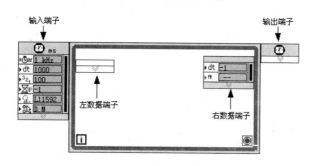

输入端子 　　　　　　　　　　　　输出端子

左数据端子　　　　　　　　　　　右数据端子

图 5-50 定时循环结构

定时源决定了循环能够执行的最高频率，默认为 1kHz。

周期为相邻两次循环之间的时间间隔，其单位由定时源决定。当采用默认定时源时，循环周期的单位为 ms。

优先级为整数，数字越大，优先级越高。优先级的概念是在同一程序框图中的多个定时循环之间相对而言的，即在其他条件相同的前提下，优先级高的定时循环先被执行。

名称是对定时循环的一个标志，一般被作为停止定时循环的输入参数，或者用来标识具有相同的启动时间的定时循环组。

执行定时循环的某一次循环的时间可能比指定的时间晚，模式决定了如何处理这些迟到的循环，处理方式可以如下：

1）定时循环调度器可以继续已经定义好的调度计划。

2）定时循环调度器可以定义新的执行计划，并且立即启动。

3）定时循环可以处理或丢弃循环。

当向定时循环添加帧时，可顺序执行多个子程序框图并指定循环中每次循环的周期，形成了一个多帧定时循环，如图 5-51 所示。多帧定时循环相当于一个带有嵌入顺序结构的定时循环。

　　定时顺序结构由一个或多个任务了程序框图或帧组成，是根据外部或内部信号时间源定时后顺序执行的结构。定时顺序结构适于开发精确定时、执行反馈、定时特征等动态改变或有多层执行优先级的 VI。定时顺序结构如图 5-52 所示。

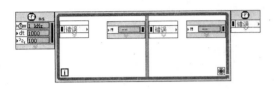
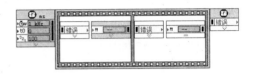

图 5-51　多帧定时循环　　　　　　　　　图 5-52　定时顺序结构

5.5.2　配置定时循环和定时顺序结构

　　配置定时循环主要包括以下几个方面。

1. 配置下一帧

　　双击当前帧的右侧数据节点或者右击该节点，从弹出的快捷菜单中选择配置输入节点，打开"配置下一次循环"对话框，如图 5-53 所示。

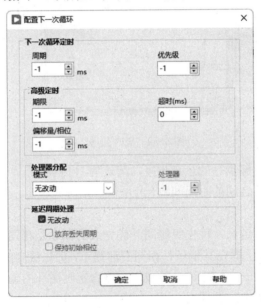

图 5-53　"配置下一次循环"对话框

　　在这个对话框中，可为下一帧设置优先级、执行期限以及超时等选项。开始时间指定了下一帧开始执行的时间。要指定一个相对于当前帧的起始时间值，其单位应与帧定时源的绝对单位一致，在开始文本框中指定起始时间值。还可使用帧的右侧数据节点的输入端动态配置下一次定时循环或动态配置下一帧。默认状态下，定时循环帧的右侧数据节点不显示所有可用的输出端。如果需显示所有可用的输出端，可调整右侧数据节点大小或右击右侧数据节点，并从弹出的快捷菜单中选择显示隐藏的接线端。

2. 设置定时循环周期

周期指定各次循环间的时间长度，以定时源的绝对单位为单位。

图 5-54 所示程序框图的定时循环使用默认的 1 kHz 的定时源。循环 1 的周期(dt)为 1000ms，循环 2 为 2000 ms，这意味着循环 1 每秒执行一次，循环 2 每两秒执行一次。这两个定时循环均在 6 次循环后停止执行，即循环 1 于 6s 后停止执行，循环 2 则在 12s 后停止执行。

3. 设置定时结构的优先级

定时结构的优先级指定了定时结构相对于程序框图上其他对象开始执行的时间。设置定时结构的优先级，可使应用程序中存在多个在同一 VI 中互相预占执行顺序的任务。定时结构的优先级越高，它相对于程序框图中其他定时结构的优先级便越高。优先级的输入值必须为 1～65535 之间的正整数。

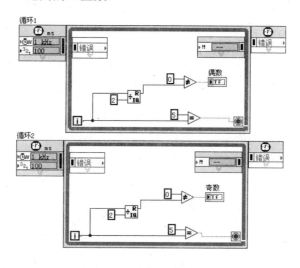

图 5-54 定时循环的程序框图

程序框图中的每个定时结构会创建和运行含有单一线程的自有执行系统，因此不会出现并行的任务。定时循环的执行优先级介于实时和高之间，这意味着在一个程序框图的数据流中，定时循环总是在优先级不是实时的 VI 前执行。

所以，如同前面所说，若程序框图中同时存在优先级设为实时的 VI 和定时顺序，将导致无法预计的定时行为。

用户可为每个定时顺序或定时循环的帧指定优先级。运行包含定时结构的 VI 时，LabVIEW 将检查结构框图中所有可执行帧的优先级，并从优先级实时的帧开始执行。

使用定时循环时，可将一个值连接至循环最后一帧的右侧数据节点的"优先级"输入端，以动态设置定时循环后续各次循环的优先级。对于定时结构，可将一个值连接至当前帧的右侧数据节点，以动态设置下一帧的优先级。默认状态下，帧的右侧数据节点不显示所有可用的输出端。如果需显示所有可用的输出端，可调整右侧数据节点的大小或右击右侧数据节点，并从弹出的快捷菜单中选择显示隐藏的接线端。

如图 5-55 所示，程序框图包含了一个定时循环及定时顺序。定时顺序第一帧的优先级(100)高于定时循环的优先级(100)，因此定时顺序的第一帧先执行。定时顺序第一帧执行完毕后，LabVIEW 将比较其他可执行的结构或帧的优先级。定时循环的优先级(100)

高于定时顺序第二帧(50)的优先级。LabVIEW 将执行一次定时循环，再比较其他可执行的结构或帧的优先级。在本例中，定时循环将在定时顺序第二帧执行前完全执行完毕。

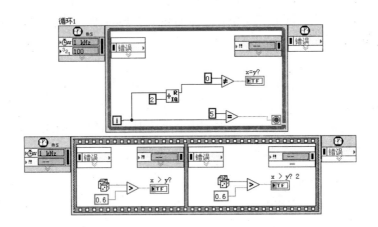

图 5-55　定时循环的优先级设置

4．选择定时结构的定时源

定时源控制着定时结构的执行。有内部或外部两种定时源可供选择。内部定时源可在定时结构输入节点的配置对话框中选择。外部定时源可通过创建定时源 VI 及 DAQmx 中的数据采集 VI 来创建。

内部定时源用于控制定时结构的内部定时，包括操作系统自带的 1 kHz 时钟及实时 (RT)终端的 1 MHz 时钟。通过配置定时循环、配置定时顺序或配置多帧定时循环对话框的循环定时源或顺序定时源，可选中一个内部定时源。

1 kHz 时钟：默认状态下，定时结构以操作系统的 1 kHz 时钟为定时源。如果使用 1 kHz 时钟，则定时结构每 ms 执行一次循环。所有可运行定时结构 LabVIEW 平台都支持 1 kHz 定时源。

1 MHz 时钟：终端可使用终端处理器的 1 MHz 时钟来控制定时结构。如果使用 1MHz 时钟，则定时结构每微秒执行一次循环。如果终端没有系统所支持的处理器，则不能选择使用 1 MHz 时钟。

1 kHz 时钟<结构开始时重置>：与 1 kHz 时钟相似的定时源，每次定时结构循环后重置为 0。

1 MHz 时钟<结构开始时重置>：与 1 MHz 时钟相似的定时源，每次定时结构循环后重置为 0。

外部定时源用于创建用于控制定时结构的外部定时。可使用创建定时源 VI 通过编程选中一个外部定时源。另有几种类型 DAQmx 定时源可用于控制定时结构，如频率、数字边缘计数器、数字改动检测和任务源生成的信号等。通过 DAQmx 的数据采集 VI 可创建以下用于控制定时结构的 DAQmx 定时源。可使用次要定时源控制定时结构中各帧的执行。例如，以 1 kHz 时钟控制定时循环，以 1 MHz 时钟控制每次循环中各个帧的定时。

5．设置执行期限

执行期限指执行一个子程序框图或一帧所需要的时间。执行期限与帧的起始时间相对。通过执行期限可设置子程序框图的时限。如果子程序框图未能在执行期限前完成，下一帧的左侧数据节点将在"延迟完成？"输出端返回真值并继续执行。指定一个执行期限，其单位与帧定时源的单位一致。

如图 5-56 所示，定时顺序中首帧的执行期限已配置为 50。执行期限指定子程序框图须在 1 kHz 时钟走满 50 下前结束执行，即在 50 ms 前完成。而子程序框图耗时 100 ms 完成代码执行。当帧无法在指定的最后期限前结束执行代码时，第二帧的"延迟完成？"输出端将返回真值。

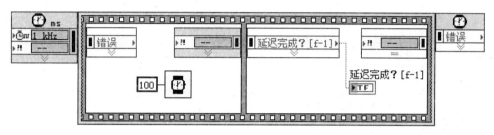

图 5-56　设置执行期限

6. 设置超时

"超时"指子程序框图开始执行前可等待的最长时间，以 ms 为单位。超时与循环起始时间或上一帧的结束时间相对。如果子程序框图未能在指定的超时前开始执行，定时循环将在该帧的左侧数据节点的"唤醒原因"输出端中返回超时。

如图 5-57 所示，定时顺序的第一帧耗时 50 ms 执行，第二帧配置为定时顺序开始 51 ms 后再执行。第二帧的超时设为 10 ms，这意味着，该帧将在第一帧执行完毕后等待 10 ms 再开始执行。如果第二帧未能在 10 ms 前开始执行，定时结构将继续执行余下的非定时循环，而第二帧则在左侧数据节点的"唤醒原因"输出端中返回超时。

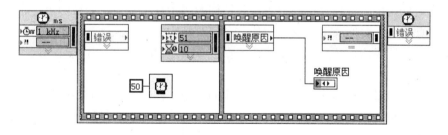

图 5-57　设置超时

余下各帧的定时信息与发生超时的帧的定时信息相同。如果定时循环必须再完成一次循环，则循环会停止于发生超时的帧，等待最初的超时事件。

定时结构第一帧的超时默认值为-1，即无限等待子程序框图或帧的开始。其他帧的超时默认值为 0，即保持上一帧的超时值不变。

7. 设置偏移

偏移是相对于定时结构开始时间的时间长度，这种结构等待第一个子程序框图或帧执行的开始。偏移的单位与结构定时源的单位一致。

还可在不同定时结构中使用与定时源相同的偏移，对齐不同定时结构的相位。如图 5-58 所示，定时循环都使用相同的 1kHz 定时源，且偏移(t0)值为 500，这意味着循环将在定时源触发循环开始后等待 500ms。

在定时循环的最后一帧中，可使用右侧数据节点动态改变下一次循环的偏移。然而，在动态改变下一次循环的偏移时，须将值连接至右侧数据节点的模式输入端以指定一个模式。

如果通过右侧数据节点改变偏移，则必须选择一个模式值。

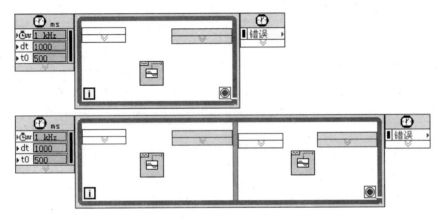

图 5-58　设置偏移

对齐两个定时结构无法保证二者的执行开始时间相同，使用同步定时结构起始时间，可以令定时结构执行起始时间同步。

📖5.5.3　同步开始定时结构和中止定时结构的执行

同步定时结构用于将程序框图中各定时结构的起始时间同步，如使两个定时结构根据相对于彼此的同一时间表来执行。例如，令定时结构甲首先执行并生成数据，定时结构乙在定时结构甲完成循环后处理生成的数据。令上述定时结构的开始时间同步，以确保二者具有相同的起始时间。

可创建同步组以指定程序框图中需要同步的结构。创建同步组的步骤如下：将名称连接至同步组名称输入端，再将定时结构名称数组连接至同步定时结构开始程序的定时结构名称输入端。同步组将在程序执行完毕前始终保持活动状态。

定时结构无法属于两个同步组。如果要向一个同步组添加一个已属于另一同步组的定时结构，LabVIEW 将把该定时结构从前一个组中移除，添加到新组。可将同步定时结构开始程序的替换输入端设为假，防止已属于某个同步组的定时结构被移动。如果移动该定时结构，LabVIEW 将报错。

使用定时结构停止 VI 可通过程序中止定时结构的执行。中止定时结构的执行，须将字符串常量或控件中的结构名称连接至定时结构停止 VI 的名称输入端，指定需要中止的定时结构的名称。例如，在图 5-59 所示的程序框图中，低定时循环含有定时结构停止 VI，运行高定时循环并显示已完成循环的次数，若单击位于前面板的中止实时循环按钮，左侧数据节点的"唤醒原因"输出端将返回"已中止"，同时弹出对话框。单击对话框的确定后，VI 将停止运行，如图 5-60 所示。

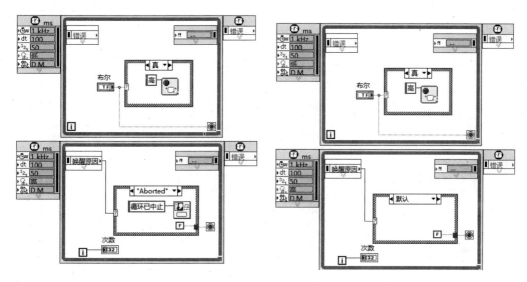

图 5-59　中止定时循环的程序框图

图 5-61 所示为定时循环数据端子应用的一个示例。

由接入循环条件端子的判断逻辑可以知道，循环体执行 4 次。程序开始运行时定时源启动，经过 1000ms 的偏移后，第一次循环开始执行，执行完第 4 次后，周期变为 4000ms，在循环结束前，周期为 3000ms，所以循环体本身执行时间为 0ms+1000ms+2000ms+3000ms，即 6s，又因为偏移等待时间为 1s，所以整个代码执行时间为 7s。

图 5-60　中止定时循环的前面板显示

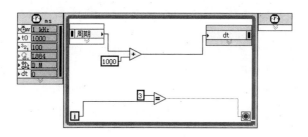

图 5-61　定时循环数据端子的应用

例 5-3　使用定时循环产生波形

本实例显示了通过两个定时循环产生波形的情况。由于偏移量设置的不同，输出波形的起始点也不同。从程序框图可以知道：程序首先创建了两个长度为 100，元素为全 0 的一维数组，周期设置都为 10 ms，所以每隔 10 ms 将出现一次输入的新值（定时循环 1 其值为 1，定时循环 2 其值为 3）。本实例的程序框图及前面板如图 5-62 和图 5-63 所示。

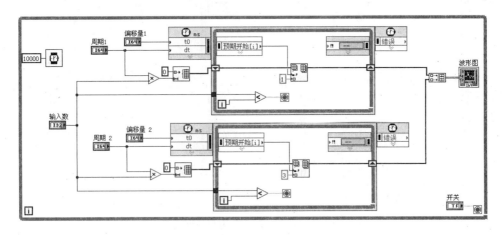

图 5-62　程序框图

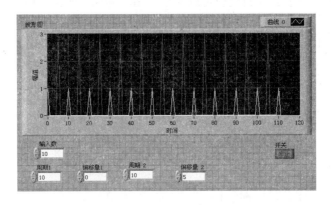

图 5-63　前面板

5.6　公式节点

由于一些复杂的算法完全依赖图形代码实现会过于繁琐，为此，在 LabVIEW 中还包含了以文本编程的形式实现程序逻辑的公式节点。

公式节点类似于其他结构，本身是一个可调整大小的矩形框。当需要键入输入变量时可在边框上右击，在弹出的快捷菜单中选择添加输入，并且键入变量名，如图 5-64 所示。

同理也可以添加输出变量，如图 5-65 所示。

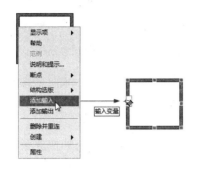

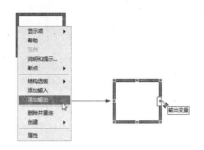

图 5-64 添加输入变量　　　　　　　　　图 5-65 添加输出变量

输入变量和输出变量的数目可以根据具体情况而定，设定的变量的名字是大小写敏感的。

例如，输入 x 的值，求得相应的 y，z 的值，其中 y=x3+6，z=5y+x。

由题目可知，输入变量有 1 个，输出变量有两个，使用公式节点时可直接将表达式写入其中，具体程序如图 5-66 所示。

输入表达式时需要注意的是：公式节点中的表达式的结尾应以分号表示结束，否则将产生错误。

公式节点中的语句使用的句法类似于多数文本编程语言，并且也可以给语句添加注释，注释内容用一对"/*"封起来。

有一函数，当 x<0 时，y 为-1；当 x=0 时，y 为 0；当 x>0 时，y 为 1；编写程序，输入一个 x 值，输出相应的 y 值。

由于公式语句的语法类似于 C 语言，所以代码框内可以编写相应的 C 语言代码，具体程序如图 5-67 所示。

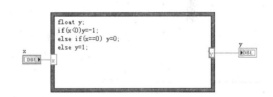

图 5-66 公式节点的使用　　　　　　　　图 5-67 公式节点与 C 语言的结合使用

图 5-68 所示为使用公式节点构建波形的程序框，相应的前面板如图 5-69 所示。

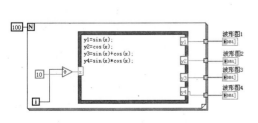

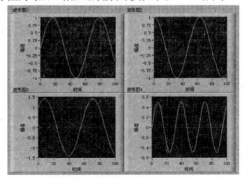

图 5-68 构建波形的程序框　　　　　　　图 5-69 构建波形的前面板

5.7 属性节点

属性节点可以实时改变前面板对象的颜色、大小和是否可见等属性，从而达到最佳的人机交互效果。通过改变前面板对象的属性值，可以在程序运动中动态地改变前面板对象的属性。

下面以数值控件来介绍属性节点的创建。在数值控件上右击，在弹出的快捷菜单中依次选择"创建"→"属性节点"，然后选择要选的属性。若此时选择可见属性，则单击"可见"，出现右边的小图标，如图 5-70 所示。

若需要同时改变所选对象的多个属性，一种方法是创建多个属性节点，如图 5-71 所示；另外一种简捷的方法是在一个属性节点的图标上添加多个端口。添加的方法有两种：一种是用光标拖动属性节点图标下边缘的尺寸控制点，如图 5-72 的左边所示；另一种是在属性节点图标的右键快捷菜单中选择"添加元素"，如图 5-72 的右边所示。

有效地使用属性节点可以使用户设计的图形化人机交互界面更加友好、美观、操作更加方便。由于不同类型前面板对象的属性种类繁多，很难一一介绍，所以下面仅以数值控件来介绍部分属性节点的用法。

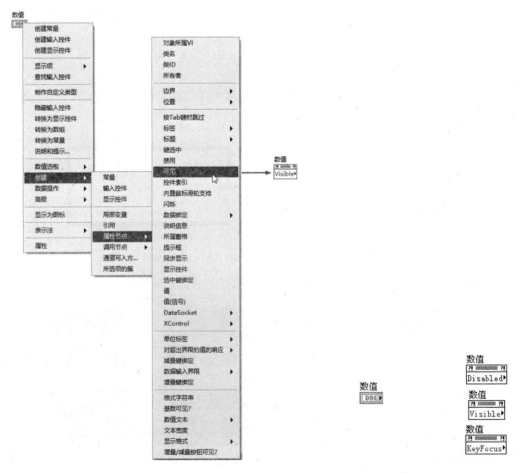

图 5-70　属性节点的建立　　　　　　　　　图 5-71　创建多个属性节点方法一

1．键选中属性

该属性用于控制所选对象是否处于焦点状态，其数据类型为布尔类型，如图 5-73 所示。

➢ 当输入为真时，所选对象将处于焦点状态。

➢ 当输入为假时，所选对象将处于一般状态。

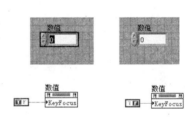

图 5-72　创建多个属性节点方法二　　　　　图 5-73　键选中属性

2．禁用属性

通过这个属性，可以控制用户是否可以访问一个前面板，其数据类型为数值型，如图 5-74 所示。

➢ 当输入值为 0 时，前面板对象处于正常状态，用户可以访问前面板对象。

➢ 当输入值为 1 时，前面板外观处在正常状态，但用户不能访问前面板对象的内容。

➢ 当输入值为 2 时，前面板对象处于禁用状态，用户不可以访问前面板对象的内容。

3．可见属性

通过这个属性可控制前面板对象是否可视，其数据类型为布尔型，如图 5-75 所示。

➢ 当输入值为真时，前面板对象在前面板上处于可见状态。

➢ 当输入值为假时，前面板对象在前面板上处于不可见状态。

4．闪烁属性

➢ 通过这个属性可以控制前面板对象是否闪烁。

➢ 当输入值为真时，前面板对象处于闪烁状态。

➢ 当输入值为假时，前面板对象处于正常状态。

图 5-74 禁用属性 　　　　　　　　　　　　　　　图 5-75 可见属性

在 LabVIEW 菜单栏中选择"工具"→"选项",弹出"选项"对话框,在该对话框中可以设置闪烁的速度和颜色。

在该对话框上部的下拉列表框中选择前面板,对话框中会出现如图 5-76 所示的属性设定选项,可以在其中设置闪烁速度。

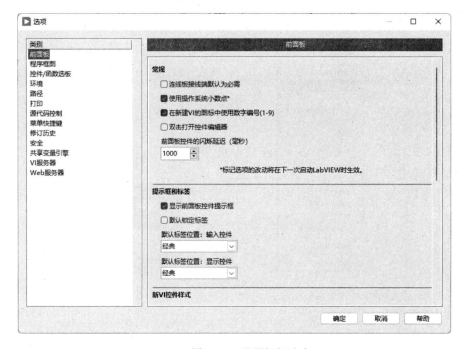

图 5-76 设置闪烁速度

5.8 综合演练——定点转换

如图 5-79 的左侧控件显示了整型转换为定点型的过程,分别采用默认配置、连线配置和人工配置三种方法。右侧控件显示了如何计算整型输出类型,即在保留所有输入二进制位的前提下,采用位数最少的类型,通过一个定时循环产生转换的情况。

本实例的前面板及程序框图如图 5-77 和图 5-78 所示。

(1)新建一个 VI,在前面板中打开"控件"选板,在"银色"子选板下"数值"选板中选取"数值输入控件(银色)"和"数值显示控件(银色)",按照图 5-79 修改控件名称。

(2)打开程序框图,新建一个 While 循环。

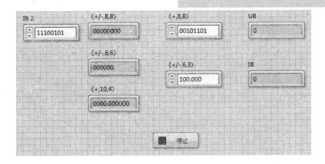

图 5-77　前面板

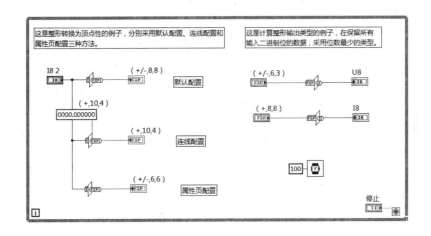

图 5-78　程序框图

（3）将创建的数值控件放置到循环内部，分别利用右键命令修改控件表示法。

（4）在"函数"选板中的"编程"→"数值"→"定点"子选板中选取"整型转换为定点""定点转换为整型"函数，在 While 循环中用进行数据转换。

（5）将光标放置在函数及控件的输入输出端口，光标变为连线状态，按照图 5-80 所示连接程序框图。

（6）在"函数"选板中的"编程"→"定时"→子选板中选取"等待"函数，并在 While 循环中创建输入常量 100。

（7）在 While 循环"循环条件"按钮◉上右击，在弹出的快捷菜单中选择"创建"→"输入控件"命令，创建"停止"按钮，并在布尔控件上右击选择"显示为图标"命令。

（8）按住<Shift>键并右击，弹出文本编辑器工具栏，单击"文本"按钮**A**，在程序框图中输入文字注释。

（9）整理程序框图，结果如图 5-80 所示。

（10）打开前面板，右击数值控件，在弹出的快捷菜单中选择"属性"命令，弹出"数值类的属性"对话框，打开"显示格式"选项卡，选择类型为"二进制"，如图 5-79 所示。

（11）勾选"高级编辑模式"，选择"数值格式代码"为"二进制%b"，单击"插入格式字符串"按钮，插入到"格式字符串"文本框中，如图 5-80 所示。

图 5-79　设置二进制

图 5-80　设置高级编辑模式

（12）选中数值控件〈+/−, 8, 8〉并右击，选择"属性"命令，打开"数据类型"选项卡，选择"编码"类型为"不带符号"，设置字节长度分别为 8, 8（对应名称中的 8, 8），如图 5-81 所示。

（13）用同样的方法设置其余数值控件。

（14）在数值输入控件中输入如图 5-82 所示数值，同时利用菜单命令"编辑"→"当前值设置为默认值"命令，保存当前输入的参数值。

（15）单击"运行"按钮 ，运行程序，可以在数值输出控件中显示输出结果，如

图 5-82 所示。

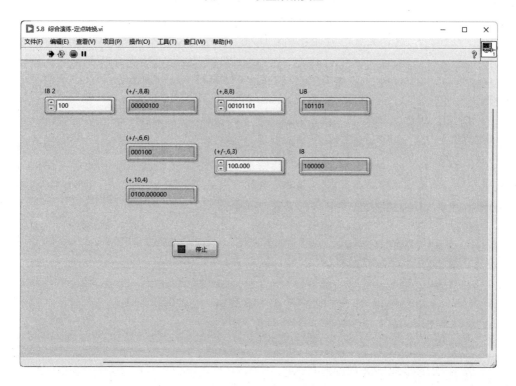

图 5-81　设置数据类型

图 5-82　运行结果

第 6 章

变量、数组、簇与波形数据

LabVIEW 通过数据流驱动的方式来控制程序的运行，在程序中用连线连接多个控件以交换数据。这种驱动方式和数据交换方式在某些情况下可能会遇到麻烦，如程序复杂时，连线会容易混乱，其结果是导致程序的可读性变得很差，有时候甚至影响程序的正常工作和程序的调试，并且仅仅依靠连线也无法进行两个程序之间的数据交换。局部变量和全局变量的引入在某种程度上解决了上述问题，所以本章的开始介绍了局部变量和全局变量。

数组、簇和波形数据是 LabVIEW 中比较复杂的数据类型。数组与其他编程语言中的数组概念是相同的，簇相当于 C 语言中的结构数据类型。波形数据是 LabVIEW 为数据采集和处理而提供的一种专门的数据结构。数组、簇和波形数据是学习 LabVIEW 编程必须掌握并且能够灵活使用的数据类型。

- 局部变量和全局变量的应用
- 数组的组成和创建
- 簇的组成、创建和使用
- 波形数据的组成和使用

6.1 局部变量

创建局部变量的方法有两种：第一种方法是直接在程序框图中已有的对象上右击，从弹出的快捷菜单中选择"局部变量"，如图 6-1 所示；第二种方法是在"函数"选板中的"结构"子选板中选择"局部变量"，形成一个没有被赋值的变量，此时的局部变量没有任何用处，因为它还没有和前面板的控制或指示相关联，这时可以通过在前面板添加控件来填充其内容，如图 6-2 所示。

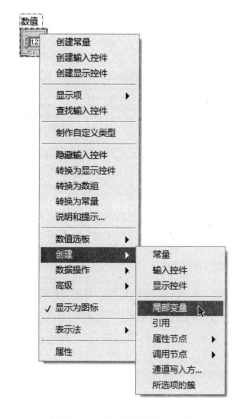

图 6-1　创建局部变量方法一

图 6-2　创建局部变量方法二

使用局部变量可以在一个程序的多个位置实现对前面板控件的访问，也可以在无法连线的框图区域之间传递数据。每一个局部变量都是对某一个前面板控件数据的引用。可以为一个输入量或输出量建立任意多的局部变量，从它们中的任何一个都可以读取控件中的数据，向这些局部变量中的任何一个写入数据，都将改变控件本身和其他局部变量。

图 6-3 所示为使用同一个开关同时控制两个 While 循环的程序框图。相应的前面板如图 6-4 所示。

使用随机数（0-1）和 While 循环分别产生两组波形，在第一个循环中用布尔变量来控制循环是否继续，并创建其局部变量，在第二个循环中用第一个开关的局部变量连接到条件端子，以对循环进行控制。

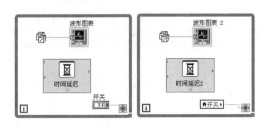

图 6-3　同时控制两个 While 循环的程序框图

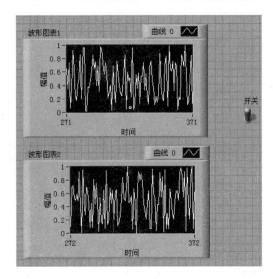

图 6-4　同时控制两个 While 循环的前面板

一个局部变量就是其对应前面板对象的一个复制，要占一定的内存，所以使用过多的局部变量会占用大量内存，尤其当局部变量是数组这样的复合数据类型时，所以在使用局部变量时要先考虑内存。局部变量会复制数据缓冲区，从一个局部变量读取数据时，便为相关控件的数据创建了一个新的缓冲区。如果使用局部变量将大量数据从程序框图上的某个地方传递到另一个地方，通常会使用更多的内存，最终导致执行速度比使用连线来传递数据更慢。若在执行期间需要存储数据，可考虑使用移位寄存器。另外，过多地使用局部变量还会使程序的可读性差，并且有可能导致不易发现的错误。

局部变量还可能引起竞态问题，如图 6-5 所示。此时无法估计出数值的最终值是多少，因为无法确认两个并行执行代码在时间上的执行顺序。该程序的输出取决于各运算的运行顺序。由于这两个运算间没有数据依赖关系，因此很难判断出哪个运算先运行。为避免竞争状态，可以用使用数据流或顺序结构，以强制加入运行顺序控制的机制，或者不要同时读写同一个变量。

图 6-5　竞态问题举例

局部变量只能在同一个 VI 中使用，而不能在不同的 VI 之间使用。若需要在不同的

VI 之间进行数据传递，则要使用全局变量。

6.2 全局变量

全局变量的创建也有两种方法：第一种方法是在结构的子选板中选择"全局变量"，生成一个小图标，双击该图标，弹出框图，如图 6-6 所示。在框图内即可编辑全局变量。

第二种方法是在 LabVIEW 中的"新建"对话框中选择"全局变量"，如图 6-7 所示。单击"确定"按钮后就可以打开全局变量框图，如图 6-6 所示。

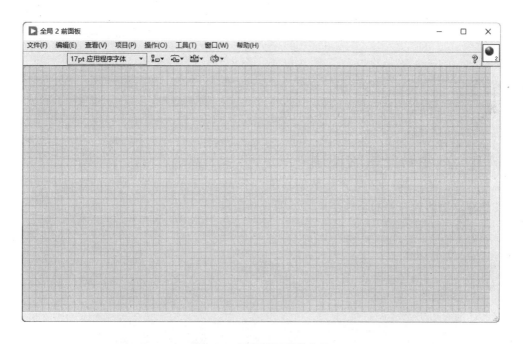

图 6-6 创建全局变量方法一

但此时只是一个没有程序框图的 LabVIEW 程序，要使用全局变量可按以下步骤：第一步，向刚才的前面板内添加想要的全局变量，如添加数据 X、Y、Z。第二步，保存这个全局变量，然后关闭全局变量的前面板窗口；第三步，新建一个程序，打开其程序框图，从"函数"选板中选择"选择 VI"，打开保存的文件，拖出一个全局变量的图标；第四步，右击图标，从弹出的快捷菜单中选择"选择项"，就可以根据需要选择相应的变量了，如图 6-8 所示。

全局变量可以同时在运行的几个 VI 之间传递数据，如可以在一个 VI 里向全局变量写入数据，在随后运行的同一程序中的另一个 VI 里从全局变量读取写好的数据。通过全局变量在不同的 VI 之间进行数据交换只是 LabVIEW 中 VI 之间数据交换的方式之一，通过动态数据交换也可以进行数据交换。需要注意的是，一般情况下，不能利用全局变量在两个 VI 之间传递实时数据，原因是通常情况下两个 VI 对全局变量的读写速度不能保证严格的一致。

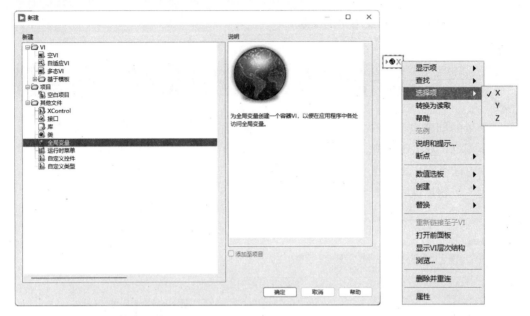

图 6-7　创建全局变量方法二　　　　　　　　　　　图 6-8　使用全局变量

例 6-1　全局变量的使用

编写程序，通过第一个 VI 产生数据，第二个 VI 显示第一个 VI 产生的数据。

首先建立数值和开关的全局变量，如图 6-9 所示。

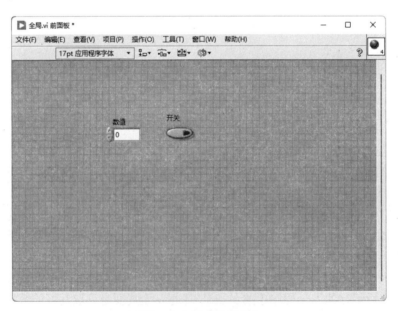

图 6-9　全局变量的建立

第一个 VI 产生数据，第一个子程序框图如图 6-10 所示。

第二个 VI 显示数据，第二个子程序框图如图 6-11 所示，其中的延时控制控件用于控制显示的速度，如输入为 2，则每个将延时 2s。总开关可以同时控制这两个 VI 的停止。

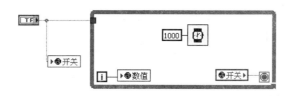

图 6-10　第一个子程序框图

运行程序时需要先运行第一个 VI，再运行第二个 VI，终止程序时可以使用总开关，运行程序后，前面板显示如图 6-12 所示。当要再次运行时，需先把总开关打开。

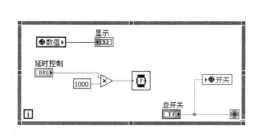

图 6-11　第二个子程序框图

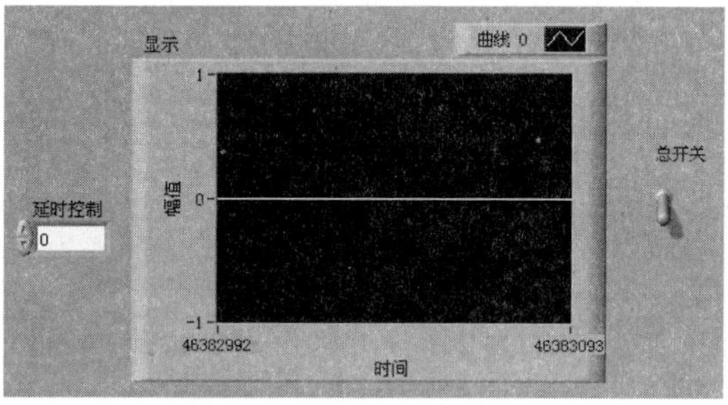

图 6-12　前面板显示

局部和全局变量是高级的 LabVIEW 概念。它们不是 LabVIEW 数据流执行模型中固有的部分。使用局部变量和全局变量时，程序框图可能会变得难以阅读，所以对于全局变量来说，同使用局部变量一样，需谨慎使用。错误地使用局部变量和全局变量，如将其取代连线板或用其访问顺序结构中每一帧中的数值，可能会在 VI 中导致不可预期的行为。滥用局部变量和全局变量，如用来避免程序框图间的过长连线或取代数据流，将会降低执行速度。

需要注意的是，对于局部变量和全局变量来说，应确保 VI 运行前局部变量和全局变量含有已知的数据值，否则变量可能含有导致 VI 发生错误行为的数据。若在 VI 第一次读取变量之前，没有将变量初始化，则变量含有的是相关前面板对象的默认值。

6.3　数组

在程序设计语言中，"数组"是一种常用的数据结构，是相同数据类型数据的集合，是一种存储和组织相同类型数据的良好方式。与其他程序设计语言一样，LabVIEW 中的数组是数值型、布尔型、字符串型等多种数据类型中的同类数据的集合，在前面板上的数组对象往往由一个盛放数据的容器和数据本身构成，在程序框图上则体现为一个一维或多维矩阵。数组中的每一个元素都有其唯一的索引值，可以通过索引值来访问数组中的数据。下面详细介绍数组数据以及处理数组数据的方法。

📖6.3.1　数组的组成与创建

数组是由同一类型数据元素组成的大小可变的集合。当有一串数据需要处理时，它们可能是一个数组。当需要频繁地对一批数据进行绘图时，使用数组将会受益匪浅。数组作为组织绘图数据的一种机制是十分有用的。当执行重复计算，或解决能自然描述成矩阵向量符号的问题时数组也是很有用的，如解答线形方程。在 VI 中使用数组能够压缩框图代码，并且由于具有大量的内部数组函数和 VI，使得代码开发更加容易。

可通过以下两步来实现数组输入控件或数组显示控件的创建：

（1）从控件选板中选取数据容器控件，再选取其中的数组并将其拖入前面板中，如图 6-13 所示。

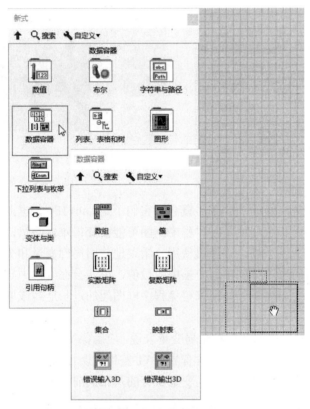

图 6-13　数组创建第一步

（2）将需要的有效数据对象拖入数组图。切记此要点，如果不分配数据类型，该数组将显示为带空括号的黑框。

如图 6-14 所示，数组 1 未分配数据类型，数组 2 为分配了布尔类型的数组，所以此时边框显示为绿色。

图 6-14　数组创建第二步

在数组框图的左端或左上角为数组的索引值，显示在数组左边方框中的索引值对应数组中第一个可显示的元素。通过索引值的组合可以访问到数组中的每一个元素。LabVIEW 中的数组与其他编程语言相比比较灵活，任何一种数据类型的数据（数组本身除外）都可以组成数组。其他的编程语言（如 C 语言）在使用一个数组时，必须首先定义数组的长度，但 LabVIEW 却不必如此，它会自动确定数组的长度。在内存允许的情况下，数组中每一维的元素最多可以达 $2^{31}-1$ 个。数组中元素的数据类型必须完全相同，如都是无符号 16 位整数，或全为布尔型等。当数组中有 n 个元素时，元素的索引号从 0 开始，到 n-1 结束。

6.3.2 使用循环创建数组

数组经常要用一个循环来创建，其中 For 循环是最适用的，这是因为 For 循环的循环次数是预先指定的，在循环开始前它已分配好了内存。而 While 循环却无法做到这一点，因为无法预先知道 While 循环将循环多少次。

图 6-15 所示为使用 For 循环自动索引创建 8 个元素的数组。在 For 循环的每次迭代中创建数组的下一个元素。若循环计数器设置为 n，那么将创建一个有 n 个元素的数组。循环执行完成后，将数组从循环内输出到输出控件中。

若在边框上弹出的快捷菜单中选择禁用索引，那么将仅从循环中输出最后一个值，并且与显示的连线变细，如图 6-16 所示。

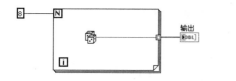

图 6-15　使用 For 循环自动索引创建 8 个元素的数组

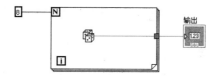

图 6-16　禁用索引

对于 For 循环来说，默认状态下是允许自动索引的，所以图 6-15 中可以直接连接显示控件。但对于 While 循环，默认状态下自动索引被禁用，若希望能够自动索引，需要从 While 循环隧道上弹出的快捷菜单中选择启用索引。当不知道数组的具体长度时，使用 While 循环是最合适的，用户可以根据需要设定循环终止条件。

图 6-17 所示为使用 While 循环创建随机函数产生的数组。其实现了当按下终止键或数组长度超过 100 时将退出循环。

创建二维数组可以直接在数组控件的索引号上单击右键，从弹出的对话框内选择"添加维度"，

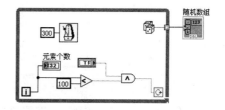

图 6-17　使用 While 循环创建数组

如图 6-18 所示；也可以使用两个嵌套的 For 循环来创建，外循环创建行，内循环创建列。

图 6-19 所示为使用 For 循环创建的一个 8 行 8 列的二维数组的程序框图。

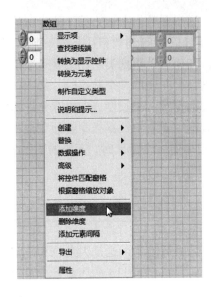

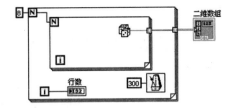

图 6-18　选择"添加维度"　　　　图 6-19　使用 For 循环创建的二维数组

📖6.3.3　数组函数

对于一个数组可进行很多操作，如求数组的长度、对数组进行排序、查找数组中的某一元素、替换数组中的元素等。传统的编程语言主要依靠各种数组函数来实现这些运算，而在 LabVIEW 中这些函数是以功能函数节点的形式来表现的。LabVIEW 中用于处理数组数据的"函数"选板中的"数组"子选板中，如图 6-20 所示。

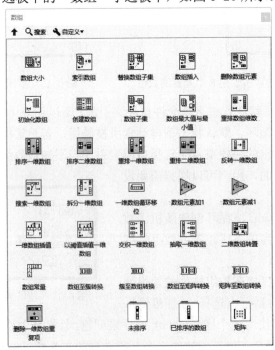

图 6-20　用于处理数组数据的函数

下面将介绍几种常用的数组函数。

1. 数组大小

数组大小函数的节点图标和端口如图 6-21 所示，数组大小函数用于返回输入数组的元素个数，节点的输入为一个 n 维数组，输出为该数组各维包含元素的个数。当 n=1 时，节点的输出为一个标量；当 n>1 时，节点的输出为一个一维数组，数组的每个元素对应输入数组中每一维的长度。图 6-22 和图 6-23 所示求一个一维数组和一个二维数组长度的程序框图和前面板。

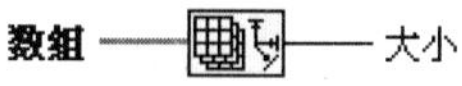

数组 ——⊞——大小

图 6-21　数组大小函数的节点图标和端口

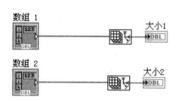

图 6-22　数组大小函数使用的程序框图

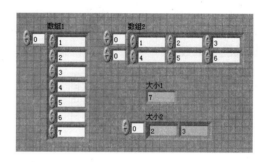

图 6-23　数组大小函数使用的前面板

2. 创建数组

创建数组函数的节点图标及端口如图 6-24 所示。创建数组函数用于合并多个数组或给数组添加元素。函数有两种类型的输入，即标量和数组，因此函数可以接受数组和单值元素输入。节点将从左侧端口输入的元素或数组按从上到下的顺序组成一个新数组。图 6-25 所示为使用创建数组函数创建的一维数组。

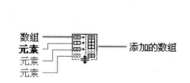

图 6-24　创建数组函数的节点图标和端口

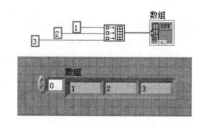

图 6-25　使用创建数组函数创建一维数组

当两个数组需要连接时，可以将数组看成整体，即看为一个元素。图 6-26 所示为两个一维数组合并成一个二维数组的情况。相应的前面板如图 6-27 所示。

有时可能根据需要使用创建数组函数时，不是将两个一维数组合并成一个二维数组，而是将两个一维数组连接成一个更长的一维数组，或者不是将两个二维数组连接成一个三维数组，而是将两个二维数组连接成一个新的二维数组，在这种情况下，需要利用创建数组节点的连接输入功能。在创建数组节点的右键快捷菜单中选择"连接输入"，创建数组的图标也有所改变，如图 6-28 所示。

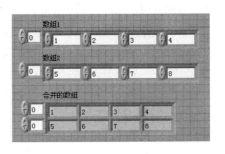

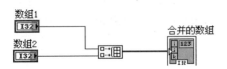

图 6-26　两个一维数组合并成一个二维数组的程序框图　　　图 6-27　两个一维数组合并成一个

二维数组的前面板

若将图 6-26 改为图 6-29，则前面板显示如图 6-30 所示，即两个一维数组合并成了一个更长的一维数组。

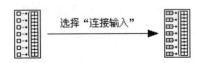

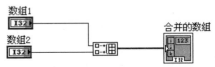

图 6-28　选择"连接输入"　　　　　　图 6-29　合并数组的程序框图

3．一维数组排序

一维数组排序函数的节点图标和端口如图 6-31 所示，此函数可以对输入的数组进行按升序排序，若用户想按降序排序，可以与反转一维数组函数组合，实现对数组的降序排列。

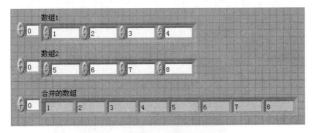

图 6-30　合并数组的前面板显示　　　　图 6-31　一维数组排序函数的节点图标和端口

图 6-32 和图 6-33 所示为对一个已知一维数组进行升序和降序排列。

当数组使用的是布尔型时，真值比假值大，因此若图 6-32 中的数组数据类型为布尔型时，则相应的结果如图 6-34 和图 6-35 所示。

4．索引数组

索引数组函数的节点图标和端口如图 6-36 所示。索引数组用于访问数组的一个元素，使用输入索引指定要访问的数组元素。第 n 个元素的索引号是 n-1，如索引到的是第 3 个元素，如图 6-37 所示，索引号是 2。

索引数组函数会自动调整大小以匹配连接的输入数组维数，若将一维数组连接到索引函数，那么函数将显示一个索引输入，若将二维数组连接到索引函数，那么将显示两个索引输入,即索引(行)和索引(列)。当索引输入仅连接行输入时,则抽取完整的一维数组的那一行;若仅连接列输入时,那么将抽取完整的一维数组的那一列;若连接了行输入和列输入,那么将抽取数组的单个元素。每个输入数组是独立的,可以访问任意维数组的任意部分。如图6-38所示,对一个4行4列的二维数组进行索引,分别取其中的完整行、单个元素、完整列。图6-39所示为多维数组的前面板及运行结果。

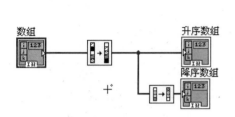

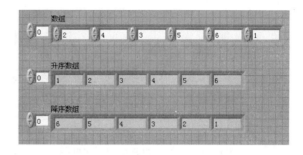

图 6-32 对一维数组进行升降序排列的程序框图   图 6-33 对一维数组进行升降序排列的前面板

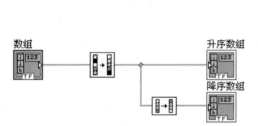

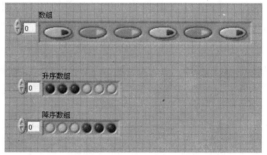

图 6-34 布尔型数据排序的程序框图   图 6-35 布尔型数据排序的前面板

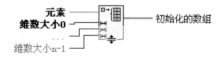

图 6-36 索引数组函数的节点图标和端口

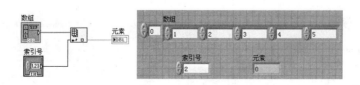

图 6-37 一维数组的索引

163

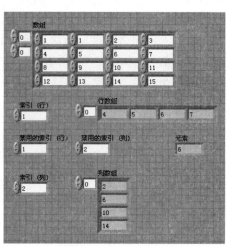

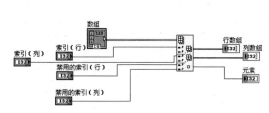

图 6-38　多维数组索引的程序框图　　　图 6-39　多维数组索引的前面板及运行结果

5. 初始化数组

初始化数组函数的节点图标和端口如图 6-40 所示。初始化数组函数的功能是创建 n 维数组。数组维数由函数左侧的维数大小端口的个数决定。创建数组之后每个元素的值都与输入到元素端口的值相同。函数刚放在程序框图上时，只有一个维数大小输入端子，此时创建的是指定大小的一维数组。此时可以通过拖拉下边缘或在维数大小端口的右键快捷菜单中选择"添加维度"，来添加维数大小端口，如图 6-41 所示。

图 6-42 所示为初始化一个一维数组和一个二维数组。

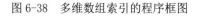

图 6-40　初始化数组的节点图标和端口

在 LabVIEW 中，初始化数组还有其他方法。若数组中的元素都是相同的，用一个带有常数的 For 循环即可初始化，这种方法的缺点是创建数组时要占用一定的时间。图 6-43 所示为创建一个元素为 1、长度为 3 的一维数组。

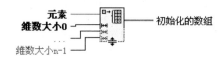

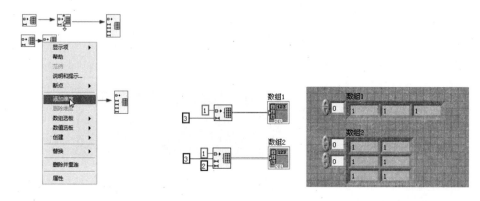

图 6-41　添加数组大小端口　　　　　　　图 6-42　数组的初始化

若元素值可以由一些直接的方法计算出来，把公式放到前一种方法中的For循环中取代其常数即可。例如，这种方法可以产生一个特殊波形。也可以在框图程序中创建一个数组常量，手动输入各个元素的数值，而后将其连接到需要初始化的数组上。这种方法的缺点是烦琐，并且在存盘时会占用一定的磁盘空间。如果初始化数组所用的数据量很大，可以先将其放到一个文件中，在程序开始时再装载。

需要注意的是，在初始化时有一种特殊情况，那就是空数组。空数组不是一个元素值为0、假、空字符串或类似的数组，而是一个包含零个元素的数组，相当于C语言中创建了一个指向数组的指针。经常用到空数组的例子是初始化一个连有数组的循环移位寄存器。创建一个空数组有以下几种方法：用一个数组大小输入端口不连接数值或输入值为0的初始化函数来创建一个空数组；创建一个n为0的For循环，在For循环中放入所需数据类型的常量。For循环将执行零次，但在其框架通道上将产生一个相应类型的空数组。但是不能用创建数组函数来创建空数组，因为它的输出至少包含一个元素。

6. 替换数组子集

替换数组子集函数的节点图标和端口如图6-44所示。替换数组子集函数是从新元素/子数组端口中输入，去替换其中一个或部分元素。新元素/子数组输入的数据类型必须与输入的数组的数据类型一致。

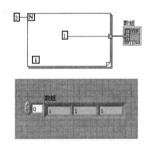

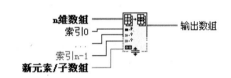

图6-43　创建一个元素为1、长度为3的一维数组　　　图6-44　替换数组子集函数的节点图标和端口

图6-45和图6-46所示分别为替换二维数组中的某一个元素和某一行元素。

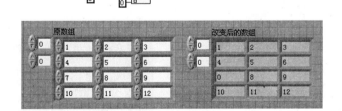

图6-45　替换二维数组中的某一个元素

7. 删除数组元素

删除数组元素函数的节点图标和端口如图6-47所示。删除数组元素用于从数组中删除指定数目的元素，索引端口用于指定所删除元素的起始元素的索引号，长度端口用于指定删除元素的数目。图6-48和图6-49所示分别为从一维数组和二维数组中删除元素。

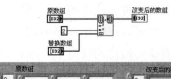
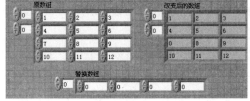

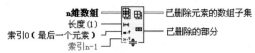

图 6-46　替换二维数组中的某一行元素　　　　图 6-47　删除数组元素函数的节点图标和端口

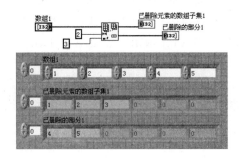

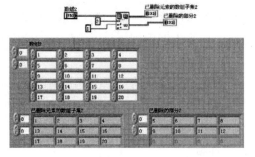

图 6-48　从一维数组中删除元素　　　　　　图 6-49　从二维数组中删除元素

6.3.4　多态性

多态性是 LabVIEW 中的某些函数接受不同维数和类型输入的能力，具有这种能力的函数是多态函数。图 6-50 所示为加函数的一些多态性的不同组合，图 6-51 所示为相应的前面板。

由图 6-50 和图 6-51 可知，当两个输入数组长度不同时，一些算术运算产生的输出数组将于两个输入数组中长度较短的一个相同。算术运算作用于两个输入数组中的相应元素，直到较短的数组元素用完，即忽略较长数组中的剩余元素。

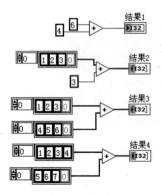

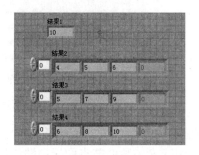

图 6-50　加函数的多态性　　　　　　　　图 6-51　加函数的多态性的前面板

6.4 簇

"簇"是 LabVIEW 中一种特殊的数据类型，是由不同数据类型的数据构成的集合。在使用 LabVIEW 编写程序的过程中，不仅需要相同数据类型的集合——数组来进行数据的组织，有时候也需要将不同数据类型的数据组合起来以更加有效地行使其功能。在 LabVIEW 中，"簇"这种数据类型得到了广泛的应用。

📖6.4.1 簇的组成与创建

簇是 LabVIEW 中一个比较特别的数据类型，它可以将几种不同的数据类型集中到一个单元中形成一个整体，类似于 C 语言中的结构。

簇通常用于将出现在框图上的有关数据元素分组管理。因为簇在框图中仅用唯一的连线表示，所以可以减少连线混乱和子 VI 需要的连接器端子个数。使用簇有着积极的效果，可以将簇看作是一捆连线，其中每个连线表示簇不同的元素。在框图上，只有当簇具有相同元素类型、相同元素数量和相同元素顺序时，才可以将簇的端子连接。

簇和数组的异同：簇可以包含不同类型的数据，而数组仅可以包含相同的数据类型，簇和数组中的元素都是有序排列的，但访问簇中元素最好是通过释放方法同时访问其中的部分或全部元素，而不是通过索引一次访问一个元素；簇和数组的另一差别是簇具有固定的大小。簇和数组的相似之处是二者都是由输入控件或输出控件组成的，不能同时包含输入控件和输出控件。

簇的创建类似于数组的创建。首先在控制选板中的"数据容器"子选板中创建簇的框架，如图 6-52 所示。然后向簇框架中添加所需的元素，并且可以根据需要更改簇和簇中各元素的名称，如图 6-53 所示。

一个簇变为输入控件簇或显示控件簇取决于放进簇中的第一个元素，若放进簇框架中的第一个元素是布尔控件，那么后来给簇添加的任何元素都将变成输入对象，簇变为了输入控件簇，并且当从任何簇元素的快捷菜单中选择转换为输入控件或转换为显示控件时，簇中的所有元素都将发生变化。

在簇框架上右击，在弹出的快捷菜单中的"自动调整大小"中的三个选项可以用来调整簇框架的大小以及簇元素的布局，如调整为匹配大小选项调整簇框架的大小，以适合所包含的所有元素；水平排列选项水平压缩排列所有元素；垂直排列选项垂直压缩排列所有元素。图 6-54 所示为簇元素的调整。

簇的元素有一定的排列顺序，簇元素按照它们放入簇中的先后顺序排序，而不是按照簇框架内的物理顺序排序，簇框架中的第一个对象标记为 0，第二个为 1，依次排列。在簇中删除元素时，剩余元素的顺序将自行调整，在簇的解除捆绑和捆绑函数中，簇顺序决定了元素的显示顺序。如果要访问簇中的单个元素，必须记住簇顺序，因为簇中的单个元素是按顺序访问的，如图 6-55 中的顺序是：先是字符串常量 ABC，再是数值常量 1，最后是布尔常量。在使用了水平排列和垂直排列后，分别按顺序号从左向右和从上到下排列了这三个簇元素。

图 6-52　簇的创建第一步

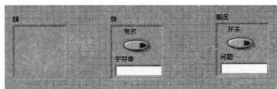

图 6-53　簇的创建第二步

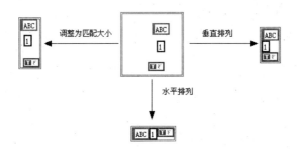

图 6-54　簇元素的调整

在前面板上，从簇边框上右键快捷菜单中选择"重新排序簇中控件"，可以检查和改变簇内元素的顺序，此时图中的工具变成了一组新按钮，簇的背景也有变化，光标也改变为簇排序光标。选择"重新排序簇中控件"后，簇中每一个元素右下角出现了并排的框——白框和黑框，白框指出该元素在簇顺序中的当前位置，黑框指出在用户改变顺序的新位置。在此顺序改变前，白框和黑框中的数字是一样的，用簇排序光标单击某个元素，该元素在簇顺序中的位置就会变成顶部工具条显示的数字，单击 ⊠ 按钮后可恢复到以前的排列顺序，如图 6-55 所示。

应注意簇顺序的重要性，例如，按照图 6-55 所示的顺序（改变顺序前）创建显示控件，可以正常输出，如图 6-57 所示的上图，但当改变为图 6-56 所示的排序时，显示控件和输入控件不能正常连接，如图 6-57 所示的下图。因为没改变前，第一个组件是布尔控件，而改变后的第一个组件是数值控件。使用簇时应当遵循的原则是：在一个高度交互的面板中，不要把一个簇既作为输入又作为输出。

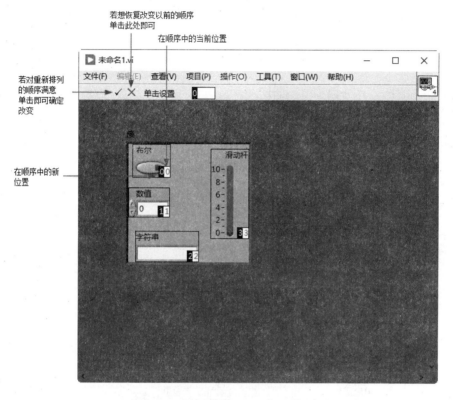

图6-55　簇中元素的重新排序

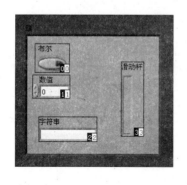

图6-56　改变了顺序的簇元素

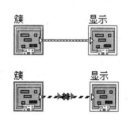

图6-57　改变簇中元素顺序的结果

6.4.2　簇数据的使用

对簇数据进行处理的函数位于"函数"选板的"编程"→"簇、类与变体"子选板中，如图6-58所示。

1. 解除捆绑和按名称解除捆绑

解除捆绑函数的节点图标和端口如图6-59所示。解除捆绑函数用于从簇中提取单个元素，并将解除后的数据成员作为函数的结果输出。当解除捆绑未接入输入参数时，右端只有两个输出端口，当接入一个簇时，解除捆绑函数会自动检测到输入簇的元素个数，生成相应个数的输出端口。图6-60和图6-61所示分别为将一个含有数值、布尔、旋钮和字符串的簇解除捆绑的程序框图和前面板。

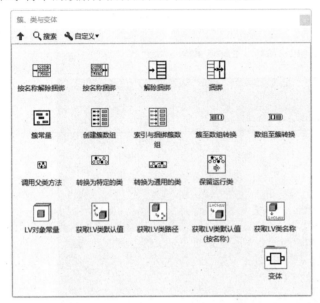

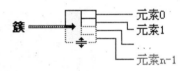

图6-58 用于处理簇数据的函数   图6-59 解除捆绑的节点图标和端口

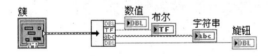

图6-60 解除捆绑函数的程序框图

按名称解除捆绑函数的节点图标和端口如图6-62所示。按名称解除捆绑是把簇中的元素按标签解除捆绑，只有对于有标签的元素，按名称解除捆绑的输出端才能弹出带有标签的簇元素的标签列表。对于没有标签的元素，输出端不弹出其标签列表，输出端口的个数不限，可以根据需要添加任意数目的端口。如图6-63所示，由于簇中的布尔型数据没有标签，所以输出端没有它的标签列表，输出的是其他的有标签的簇元素。

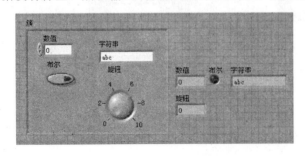

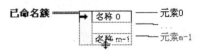

图6-61 解除捆绑函数的前面板   图6-62 按名称解除捆绑函数的节点图标和端口

2. 捆绑和按名称捆绑

捆绑函数的节点图标和端口如图 6-64 所示。捆绑函数用于将若干基本数据类型的数据元素合成为一个簇数据，也可以替换现有簇中的值，簇中元素的顺序和捆绑函数的输入顺序相同。顺序定义是从上到下，即连接顶部的元素变为元素 0，连接到第二个端子的元素变为元素 1。如图 6-65 所示，使用捆绑函数将数值型数据、布尔型数据、字符串型数据组成了一个簇。

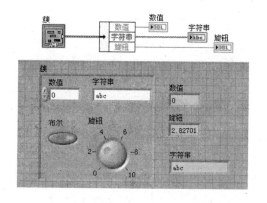

图 6-63　按名称解除捆绑函数的使用

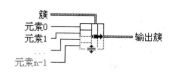

图 6-64　捆绑函数的节点图标和端口

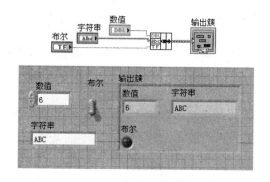

图 6-65　捆绑函数的使用

例 6-2　创建学生基本情况表

创建一个学生情况基本表，包括学生的姓名、性别、身高、体重和成绩单，成绩单中包括数学、语文、外语的成绩。由于是不同类型元素的组合，所以可以使用簇数据来实现，其程序框图如图 6-66 所示。在图 6-67 中输入所需数据即可构成学生基本情况表。

捆绑函数除了左侧的输入端子，在中间还有一个输入端子，这个端子是连接一个已知簇的。这时可以改变簇中的部分或全部元素的值，当改变部分元素值时，不影响其他元素的值。所以在使用捆绑函数时，若目的是创建新的簇而不是改变一个已知簇，则不需要连接捆绑函数的中间输入端子。如图 6-68 和图 6-69 所示，对一个含有 4 个元素的簇中的两个值进行修改，如对其中的量表和字符串进行修改，在其对应的输入端口创建输入控件即可，在改变量表和改变字符串中输入想要的值，其相应的前面板就会输出相应的值。

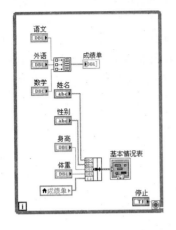

图 6-66 例 6-2 的程序框图

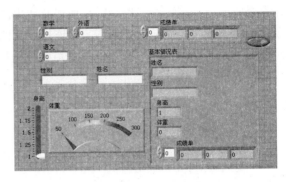

图 6-67 例 6-2 的前面板

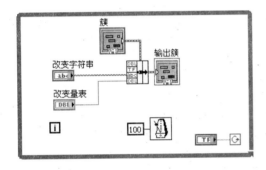

图 6-68 改变簇中元素值的程序框图

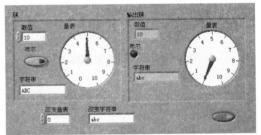

图 6-69 改变簇中元素的前面板

按名称捆绑函数的节点图标和端口如图 6-70 所示。按名称捆绑函数可以将相互关联的不同或相同数据类型的数据组成一个簇，或给簇中的某些元素赋值。与捆绑函数不同的是，在使用本函数时，必须在函数中间的输入端口输入一个簇，确定输出簇的元素的组成。由于该函数是按照元素名称进行整理的，所以左端的输入端口不必像捆绑函数那样有明确的顺序，只要按照在左端输入端口弹出的选单中所选的元素名称接入相应数据即可。如图 6-71 和图 6-72 所示。不需改变的元素，在左端输入端不应显示其输入端口，否则将出现错误。若将图 6-71 改为图 6-73，即没改变字符串却显示了字符串的输入接口，则出现连线错误，如图 6-74 所示。

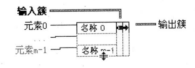

图 6-70 按名称捆绑函数的节点图标和端口

3. 创建簇数组

创建簇数组函数的节点图标和端口如图 6-75 所示。创建簇数组函数的用法与创建数组函数的用法类似，与创建数组不同的是其输入端口的分量元素可以是簇。函数会首先将输入到输入端口的每个分量元素转成化簇，然后再将这些簇组成一个簇的数组。输入参数可以都为数组，但要求维数相同。要注意的是，所有从分量元素端口输入的数据的类型必须相同，分量元素端口的数据类型与第一个连接进去的数据类型相同。如图6-76所示，第一个输入的是字符串类型，则剩下的分量元素输入端口将自动变为紫色，即表示是字符串类型，所以当再输入数值型数据或布尔型数据时将发生错误。

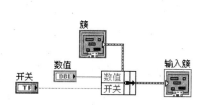

图6-71　按名称捆绑函数的程序框图

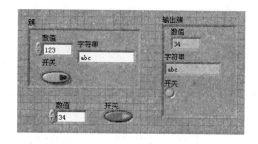

图6-72　按名称捆绑函数的前面板

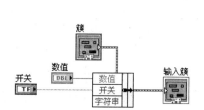

图6-73　按名称捆绑的错误使用

图6-74　显示错误

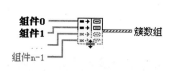

图6-75　创建簇数组函数的节点图标和端口

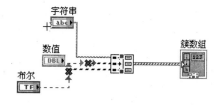

图6-76　创建簇数组的错误使用

图6-77和图6-78所示为两个簇（簇1和簇2）合并成一个簇数组的前面板和程序框图。

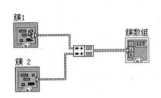

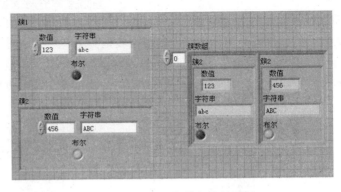

图 6-77 创建簇数组的程序框图   图 6-78 创建簇数组的前面板

4．簇至数组转换和数组至簇转换

簇至数组转换函数的节点图标和端口如图 6-79 所示。

簇至数组转换函数要求输入簇的所有元素的数据类型必须相同，函数按照簇中元素的编号顺序将这些元素组成一个一维数组。如图 6-80 所示，一个含有布尔型的簇通过使用簇至数组转换函数成为了一维布尔型数组。

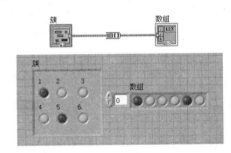

簇 ━━▣▯┅┅┅ 数组

图 6-79 簇至数组转换函数的节点图标和端口   图 6-80 簇至数组转换函数的使用

数组至簇转换函数的节点图标和端口如图 6-81 所示。

数组至簇转换是簇至数组转换的逆过程，将数组转换为簇。需要注意的是，此函数并不是将数组中所有的元素都转换为簇，而是将数组中的前 n 个元素组成一个簇，n 由用户自己设置，默认为 9。当 n 大于数组的长度时，函数会自动补充簇中的元素，元素值为默认值。如果把图 6-80 直接进行逆过程，则出现图 6-82 的情况。

此时应在数组至簇函数的图标上右击，从弹出的快捷菜单中选择簇大小，并改为 6，再运行就可得到正确的输出，如图 6-83 所示。

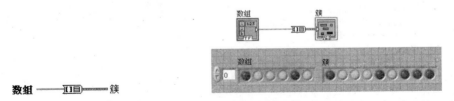

数组 ━━▯▣┅ 簇

图 6-81 数组至簇转换函数的节点图标和端口   图 6-82 默认时数组至簇转换函数的使用

图 6-83　数组至簇转换函数的使用

6.5　波形数据

与其他基于文本的编程语言不同,在 LabVIEW 中有一类被称为波形数据的数据类型,这种数据类型更类似于"簇"的结构,由一系列不同数据类型的数据构成,但是波形数据具有与"簇"不同的特点,如它可以由一些波形发生函数产生,可以作为数据采集后的数据进行显示和存储。本节将介绍创建波形数据和处理波形数据的方法。

6.5.1　波形数据的组成

波形数据是 LabVIEW 中特有的一类数据类型,由一系列不同数据类型的数据组成,是一类特殊的簇,但是用户不能利用簇模块中的簇函数来处理波形数据,波形数据具有预定义的固定结构,只能使用专用的函数来处理,如簇中的捆绑和解除捆绑相当于波形中的创建波形和获取波形成分。波形数据的引入,可以为测量数据的处理带来极大的方便。在具体介绍波形之前,先介绍变体和时间标识数据类型。

变体数据类型位于程序框图的簇与变体的子选板中。任何数据类型都可以被转化为变体类型,然后为其添加属性,并在需要时转换回原来的数据类型。当需要独立于数据本身的类型对数据进行处理时,变体类型就成为很好的选择。

（1）转换为变体函数的节点图标和端口如图 6-84 所示。转换为变体函数可完成 LabVIEW 中任意类型的数据到变体数据的转换,也可以将 ActiveX 数据（在程序框图的互连接口的子选板中）转化为变体数据。

（2）变体至数据类型转换函数的节点图标和端口如图 6-85 所示。变体至数据类型转换函数是把变体数据类型转换为适当的 LabVIEW 数据类型。变体输入参数为变体类型数据。类型输入参数为需要转换的目标数据类型的数据,只取其类型,具体值没有意义。数据输出参数为转换之后与类型输入有相同类型的数据。

　　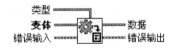

图6-84　转换为变体函数的节点图标和端口　　　图6-85　变体至数据类型转换函数的节点图标和端口

（3）平化至字符串变体转换函数是指使平化数据转换为变体数据。其节点图标和端口如图 6-86 所示。

（4）变体至平化字符串转换函数是指将变体数据转换为平化字符串和表示数据类型的整数数组。ActiveX 变体数据无法平化,其节点图标和端口如图 6-87 所示。

175

（5）获取变体属性函数的节点图标，其节点图标和端口如图 6-88 所示。获取变体属性函数获取变体类型输入数据的属性值。变体输入参数为要想获得的变体类型，名称输入参数为想要获取的属性的名字，默认值（空变体）定义了属性值的类型和默认值。若没有找到目标属性，则在值中返回默认值，输出参数值为找到的属性值。

图 6-86　平化至字符串函数的节点图标和端口　图 6-87　变体至平化字符串转换函数的节点图标和端口

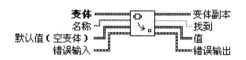

图 6-88　获取变体属性函数的节点图标和端口

（6）设置变体属性函数的节点图标和端口如图 6-89 所示。设置变体属性函数为变体类型输入数据添加或修改属性。变体输入参数为变体类型，名称输入参数为字符串类型的属性名，值输入参数为任意类型的属性值。若名为名称的属性已经存在，则完成对该属性的修改，并且替换输出值为真，否则完成新属性的添加工作，替换输出值为假。

任何数据都可以转化为变体类型，类似于簇，可以转换为不同的类型，所以在遇到变体时应注意事先定义其类型。如图 6-90 所示，当直接创建常量时，将弹出一个框图（图中棕色的正方形），这时需要向其中填充所要的数据类型。图 6-91 所示为向其中填充了字符串类型数据。

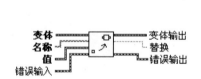 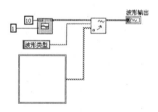

图 6-89　设置变体属性函数的节点图标和端口　　图 6-90　变体的创建第一步

下面对时间标识类型进行介绍。

时间标识常量可以在"函数"选板的"定时"子选板中获得，时间标识输入控件和时间标识显示控件在控件选板→"数值"子选板中可以获得。如图 6-92 所示，左边为时间标识常量，中间为时间标识输入控件，右边为时间标识显示控件，中间的小图标为时间浏览按钮。

图 6-91　变体的创建第二步　　　　　　　　图 6-92　时间标识

时间标识对象默认显示的时间值为 0。在时间标识输入控件上单击时间浏览按钮可以弹出"设置时间和日期"对话框,在这个对话框中可以手动修改时间和日期,如图 6-93 所示。

下面介绍波形数据类型。

如图 6-94 所示,通常情况下,波形数据包含 4 个组成部分:"t0"是一个时间标识类型,标识波形数据的时间起点;"dt"为双精度浮点数据类型,标识波形相邻数据点之间的时间距离,以秒为单位;"Y"为双精度浮点数组,按照时间先后顺序给出整个波形的所有数据点;"属性"为变体类型,用于携带任意的属性信息。

波形类型控件位于"函数"选板的"编程"→"波形"子选板中。默认情况下显示三个元素:t0、dt 和 Y。在波形控件上右击,弹出快捷菜单选择"显示项"→"属性",可以打开波形控件的变体类型元素"属性"的显示。

图 6-93 "设置时间和日期"对话框

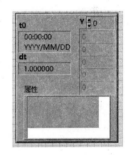

图 6-94 波形类型控件

6.5.2 波形数据的使用

在 LabVIEW 中,与处理波形数据相关的函数主要位于"函数"选板的"波形"子选板和"信号处理"子选板中,如图 6-95 和图 6-96 所示。

下面将主要介绍一些基本波形数据运算函数的使用方法。

1. 获取波形成分

获取波形成分函数可以从对一个已知波形获取其中的一些内容,包括波形的起始时刻 t、采样时间间隔 dt、波形数据 Y 和属性。获取波形成分函数的图标和端口如图 6-97 所示。

如图 6-98 所示,使用基本函数发生器产生正弦信号,并且获得这个正弦波形的起时刻、波形采样时间间隔和波形数据。由于要获取波形的信息,所以可使用获取波形成分函数,由一个正弦波形产生一个局部变量接入获取成分函数中,其前面板如图 6-99 所示,其部分程序框图如图 6-98 所示。

2. 创建波形

创建波形函数用于建立或修改已有的波形,当上方的波形端口没有连接数据时,该函数创建一个新的波形数据。当波形端口连接了一个波形数据时，函数根据输入的值来修改这个波形数据中的值，并输出修改后的波形数据。创建波形函数的节点图标和端口如图 6-100 所示。

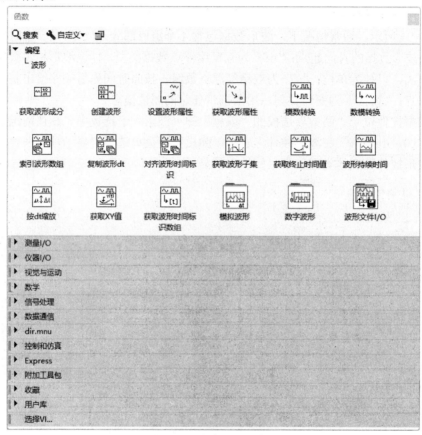

图 6-95　"波形"子选板

图 6-96　"信号处理"子选板

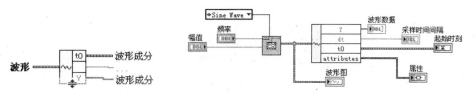

图 6-97　获取波形成分函数的图标和端口　　图 6-98　获取波形成分函数的程序框图

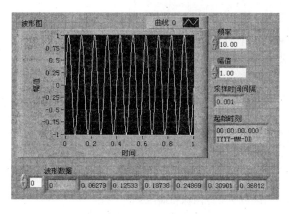

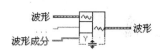

图 6-99　获取波形成分函数的前面板　　　图 6-100　创建波形函数的节点图标和端口

图 6-100 所示的创建波形的程序框图，其具体功能为：创建一个正弦波形，并输出该波形的波形成分。具体的程序框图如图 6-101 所示。注意要在第一个设置变体属性上创建一个空常量。

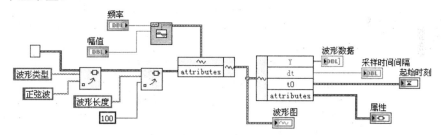

图 6-101　创建波形并获取波形成分的程序框图

当加入属性波形类型和长度时，需要使用设置变体属性函数，也可以使用后面将讲到的设置波形属性函数。相应的前面板如图 6-102 所示。需要注意的是：对于创建的波形，其属性的显示一开始是隐藏的，在默认状态下只显示波形数据中的前三个元素（波形数据、初始时间、采样间隔时间），可以在前面板的输出波形上右击，在弹出的快捷菜单里选择显示项中的属性。

3. 设置波形函数和获取波形函数

设置波形函数是指为波形数据添加或修改属性。该函数的图标和端口如图 6-103 所示。当"名称"输入端口指定的属性已经在波形数据的属性中存在时，函数将根据"值"端口的输入来修改这个属性；当"名称"端口指定的属性名称不存在时，函数将根据这个名称以及"值"端口输入的属性值为波形数据添加一个新的属性。

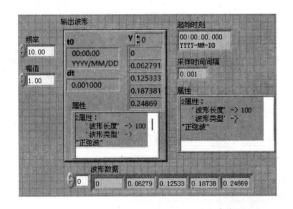

图 6-102 创建波形并获取波形成分的前面板

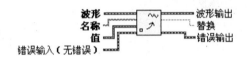

图 6-103 设置波形函数的节点图标和端口

获取波形属性函数是从波形数据中获取属性名称和相应的属性值，在输入端的名称端口输入一个属性名称后，若函数找到了"名称"输入端口的属性名称，则从值端口返回该属性的属性值（即在"值"端口创建显示控件）。返回值的类型为变体型，需要用变体至数据函数将其转化为属性值所对应的数据类型之后才可以使用和处理。获取波形属性函数的节点图标和端口如图 6-104 所示。

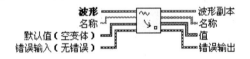

图 6-104 获取波形属性函数的节点图标和端口

例 6-3 创建波形数据并获取其属性

本实例将创建一个锯齿波形数据，并添加和获取其属性。其中使用了两个"设置波形属性"函数和两个"获取波形属性"函数。首先使用"设置波形函数"添加其属性，数字类型分别为字符串和整型，再使用"获取波形属性"函数，分别用于获得波形数据中的波形长度和波形数据名称。由于输出的属性值是变体类型，所以需要用变体至数据函数将其转化为相应的数据类型。本实例的程序框图如图 6-105 所示，程序的前面板及运行结果如图 6-106 所示。

4. 索引波形数组函数

索引波形数组函数是从波形数据数组中取出，由索引输入端口指定的波形数据。当从索引端口输入一个数字时，此时的功能与数组中的索引数组功能类似，即通过输入的数字就可以索引到想得到的波形数据；当输入一个字符串时，索引函数按照波形数据的属性来搜索波形数据。索引波形数组函数的节点图标和端口如图 6-107 所示。

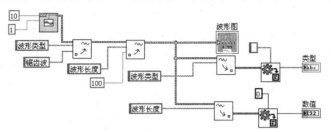

图 6-105　程序框图

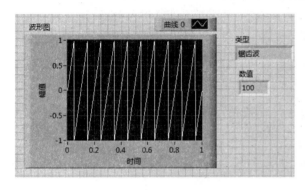

图 6-106　前面板及运行结果

图 6-107　索引波形数组函数的节点图标和端口

例 6-4　提取指定的波形数据

本实例将使用索引波形数组函数来从一个已知波形数组（包括正弦波、三角波、方波）中提取一个指定的波形数据。

波形数组可以使用创建数组函数来将各波形数据合成。假设取其中的三角波，由于三角波是波形数组的第二个元素，所以可以直接输入 1，如图 6-108 所示。另外，可以通过输入字符串来索引，但此时建立波形数组属性的时候不能像使用输入数字来索引那样可以随意命名，而必须标为 NI_ChannelName，否则不能成功地索引波形，如图 6-109 所示。其前面板显示都如图 6-110 所示。

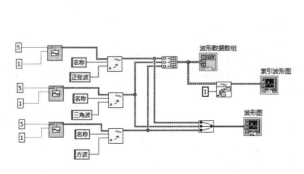

图 6-108　方法一的程序框图

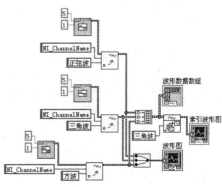

图 6-109　方法二的程序框图

5. 获取波形子集函数

起始采样/时间端口用于指定子波形的起始位置，持续期端口用于指定子波形的长度；开始/持续期格式端口用于指定取出子波形时采用的模式，当选择相对时间模式时表示按照波形中数据的相对时间取出时间，当选择采样模式时按照数组的波形数据(Y)中的元素的索引取出数据。获取波形子集函数的节点图标和端口如图 6-111 所示。

如图 6-112 所示，采用相对时间模式对一个已知波形取其子集，注意要在在输出的波形图的属性中选择不忽略时间标识。

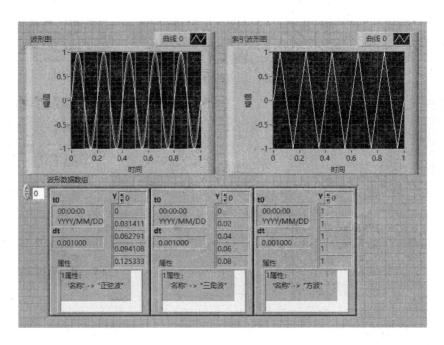

图 6-110　前面板

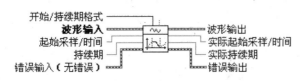

图 6-111　获取波形子集的节点图标和端口　　图 6-112　取已知波形的子集的程序框图

6.6　综合演练——简单正弦波形

本实例演示的目的使用正弦函数得到正弦数据的过程。其不是简单的正弦输出，而是通过 For 循环将处理后的波形数据经过捆绑操作输出到结果中。

绘制完成的前面板如图 6-113 所示，程序框图如图 6-114 所示。

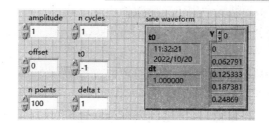

图 6-113 前面板

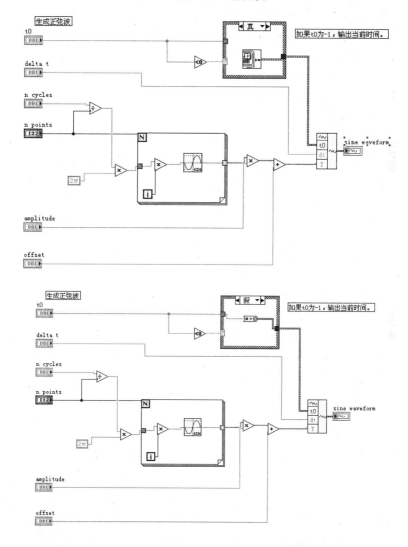

图 6-114 程序框图

（1）新建一个 VI，在前面板中打开"控件"选板，在"新式"子选板下"数值"选板中选取"数值输入控件"，连续放置六个控件，同时按照图 6-115 修改控件名称"amplitude""n cycles""offset""t0""n points"和"deltat"。

（2）打开程序框图，新建一个 For 循环。

（3）在"函数"选板中"数学"→"初等与特殊函数"→"三角函数"子选板中选

取"正弦"函数，在 For 循环中用正弦函数产生正弦数据。

（4）在"编程"→"数值"选板下选取集合运算符号乘、除，按照图 6-114 所示放置在适当位置，以方便正弦输入输出数据的运算。

（5）在"编程"→"数值"→"数学与科学常量"子选板中选取"2π"，放置在乘函数输入端。

（6）在程序框图中新建一个条件结构循环。

（7）在"编程"→"比较"子选板中选取"小于 0？"函数，放置在条件结构循环的"分支选择器"输入端。

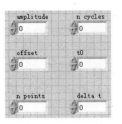

图 6-115　放置数值输入控件

（8）在条件结构循环中选择"真"条件，并在"编程"→"定时"子选板中选取"获取日期/时间"函数，将获取的日期输出到结果中。

（9）在条件结构循环中选择"假"条件，并在"编程"→"数值"→"转换"子选板中选取"转换为时间标识"函数，将输出数据添加到输出到结果中。

（10）在"编程"→"波形"子选板中选取"创建波形"函数，并将循环后处理的数据结果连接到输出端，同时根据输入数据的数量调整函数的输入端口的大小。

（11）将光标放置在函数及控件的输入输出端口，光标变为连线状态，按照图 6-114 所示连接程序框图。

（12）在"创建波形"函数的输出端右击，在弹出的快捷菜单中选择"创建"→"显示控件"命令，如图 6-116 所示，创建输出波形控件"sine waveform"。

（13）按住<Shift>键并右击，弹出文本编辑器工具栏，单击"文本"按钮 **A**，在程序框图中输入文字注释"生成正弦波"及"如果 t0 为-1，输出当前时间"。

（14）整理程序框图，结果如图 6-114 所示。

（15）在数值输入控件中输入如图 6-113 所示的数值，同时利用菜单命令"编辑"→"当前值设置为默认值"，保存当前输入的参数值，如图 6-117 所示。

图 6-116　快捷命令

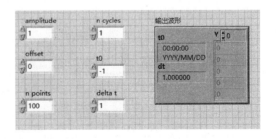

图 6-117　输入参数值

（16）单击"运行"按钮 ，运行程序，在输出波形控件"sine waveform"中显示的输出结果如图 6-117 所示。

（17）打开前面板，在前面板右上角接线端口图标上右击，在弹出的快捷菜单中选择"模式"命令，再选择接线端口模式，如图 6-118 所示。

（18）分别按照图 6-119 所示建立端口与控件的对应关系。

提示：

在程序框图中显示的所有控件，一般设置为取消"显示为图标"，即在新建的空间上右击，在弹出的快捷菜单中选择✓显示为图标命令，然后取消此命令的选中。

在实例绘制步骤中不再赘述此过程。

图 6-118　接线端口模式

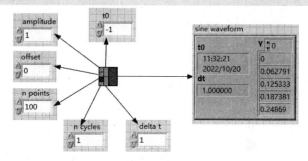

图 6-119　接线端口关系

波形显示

　　LabVIEW 强大的显示功能增强了用户界面的表达能力，极大地方便了用户对虚拟仪器的学习和掌握，本章将介绍波形显示的相关内容。

- 波形图和波形图表
- XY 图、强度图和强度图表
- 三维图形
- 极坐标图

7.1 波形图

波形图用于将测量值显示为一条或多条曲线。波形图仅绘制单值函数，即在 y=f(x) 中，各点沿 X 轴均匀分布。波形图可显示包含任意个数据点的曲线。波形图接收多种数据类型，从而最大限度地降低了数据在显示为图形前进行类型转换的工作量。波形图显示波形是以成批数据一次刷新的方式进行的，数据输入基本形式是数据数组（一维或二维数组）、簇或波形数据。

图 7-1 所示为使用波形图输出一个正弦函数和一个余弦函数。

图 7-2 所示为使用波形图显示 40 个随机数的程序框图和前面板。

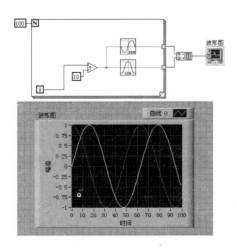 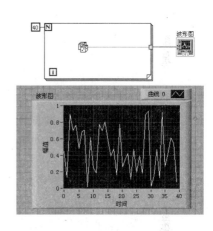

图7-1 使用波形图输出一个正弦函数和一个余弦函数　图7-2　使用波形图显示40个随机数的程序框图和前面板

波形图是一次性完成显示图形刷新的，所以其输入数据必须是完成一次显示所需的数据数组，而不能把测量结果一次一次地输入，因此不能把随机数函数的输出节点直接与波形图的端口相连。

下面将通过一些简单的示例来说明波形图的使用。

波形图的使用（1）如图 7-3 所示，使随机数函数产生的波形从 20ms 后开始，每隔 5ms 采样一次，共采集 40 个点。图中使用了簇的捆绑函数来将需要延迟的时间、间隔采样时间及原始输出波形捆绑在一起，可以看出 X 轴的起始位置为 20。需要注意的是，在默认情况下，X 轴的标度总是根据起始位置、步长及数据数组的长度自动适应调整的，并且数据捆绑的顺序不能错，必须以起始位置、步长、数据数组的顺序进行。在 Y 轴上，如果配置为默认配置，Y 轴将根据所有显示数据的最大、最小值之间的范围进行自动标度，一般情况来说，默认设置可满足大多数的应用。

波形图的使用（2）如图 7-4 所示，其输出的是一个随机函数产生的波形图，即由每个采样点和其前三个点的平均值产生的波形图。

图 7-4 所示为 VI 要在一个波形图上显示两个波形曲线，此时若没有特殊要求，则只要把两组数据波形组成一个二维数组，再把这个二维数组送入到波形显示控件即可，这

是多波形曲线在同一波形图中显示的最简单的方法。

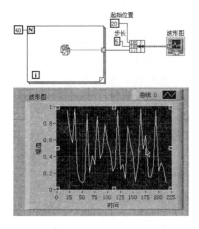

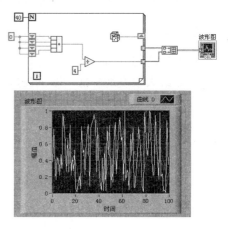

图 7-3　波形图的使用（1）　　　　　　　图 7-4　波形图的使用（2）

波形图显示的每条波形，其数据都必须是一个一维数组，这是波形图的特点，所以要显示 n 条波形就必须有 n 组数据。至于这些数据数组如何组织，用户可以根据不同的需要来确定。

波形图的使用（3）结合了波形图的使用（1）和波形图的使用（2），如图 7-5 所示。

波形图的使用（4）在同一时间内，两个随机函数发生器产生了两组数据，一组采集了 20 个点，另一组采集了 40 个点。用波形图来显示结果。

LabVIEW 在构建一个二维数组时，若两个数组的长度不一致，整个数组的存储长度将以较长的那个数组的长度为准，而数据较少的那组在所有的数据存储完后，余下的空间将被 0 填充，所以若直接使用创建数组函数将出现下面的情况（见图 7-6）。

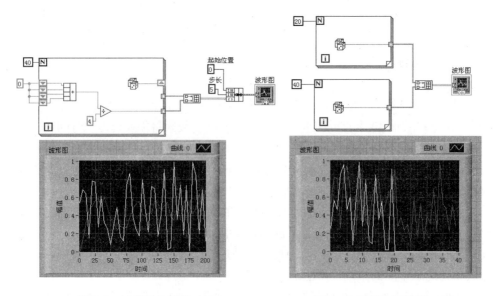

图 7-5　波形图的使用（3）　　　　　　　图 7-6　波形图的使用（4）

在图 7-6 中可以看出，白线在采集点超过 20 时变为了值为 1 的直线。为了解决这个问题，可以使用捆绑函数，先把数据数组打包，然后再组成显示时所需的一个二维数组，其程序框图和前面板如图 7-7 所示。

从图 7-7 中可以看出，波形图已正确显示。这种改进的方法可以这样理解，因为这个二维数组中的元素不是两个一维数组而是两个包，所以程序不会对数组直接进行处理，而是单独处理每个包，在处理包元素时，包里是一个一维数组，所以 LabVIEW 会将其处理为一条单独的波形。

波形图的使用(5)如图 7-8 所示，假设两个随机函数采集时都有相同的起始采样位置和相同的步长，要求 X 轴刻度能显示出实际的开始采样位置和相应的步长。本例的做法与上一例类似，将形成的二维数组进行打包，然后送入波形。

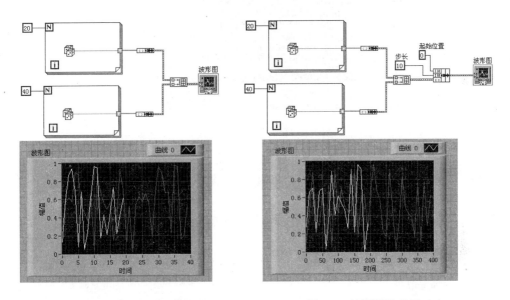

图 7-7　波形图的使用（4）的改进　　　　图 7-8　波形图的使用（5）

应当注意的是，如果不同曲线间的数据量或数据的大小差距太大，并不适合用一个波形图来进行显示，这是因为波形图总是要在一个屏内把一个数组的数据完全显示出来，如果一组数据与另一组数据的数据量相差太大，长度长的波形将被压缩，影响显示效果。

除了数组和簇，波形图还可以显示波形数据。波形数据是 LabVIEW 的一种数据类型，本质上还是簇。

例 7-1　求稳定状态时的曲线

假设一组数起始值为 0.2，满足差分方程 $X_{k+10} = R \times X_k \times (1-X_k)$，其中 R 为变化率，由输入控件中的值来控制，X 的初始值为 0.02，要求通过波形图中能显示出 Y 达到稳定状态时的曲线。其程序框图和前面板如图 7-9 所示。从图中运行情况可以看出，左侧的 For 循环连续给 R 输入了 0.1～4 的值，增量为 0.1。当 R 在 1～3 之间时，Y 的值比较稳定，稳态值在两个值之间振荡。若将程序框图左侧的 For 循环的值设置大于 40，可以发现，当 R 大于 4 时，执行结果无规律可言，随着参数的不断增加，执行结果进入混沌状态。

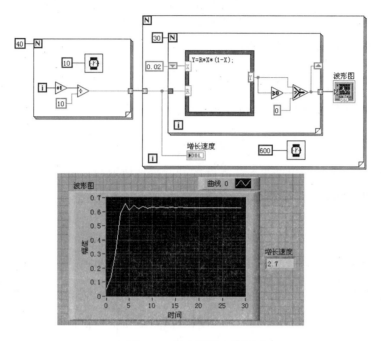

图 7-9 程序框图和前面板

波形图表是一种特殊的指示器，在"图形"子选板中，将其选中后拖入前面板即可，如图 7-10 所示。

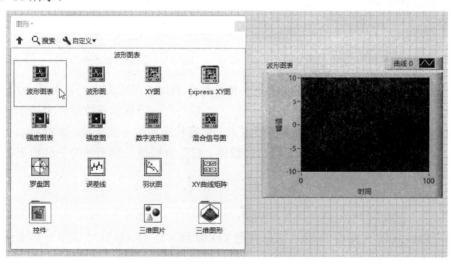

图 7-10 波形图表位于"图形"子选板中

波形图表在交互式数据显示中有三种刷新模式：示波器图表、带状图表、扫描图。用户在右键快捷菜单中的"高级"中选择"刷新模式"即可，如图 7-11 所示。

示波器图表、带状图表和扫描图在处理数据时略有不同。带状图表有一个滚动显示屏，当新的数据到达时，整个曲线会向左移动，最原始的数据点移出视野，而最新的数据则会添加到曲线的最右端。这一过程与实验中常见的纸带记录仪的运行方式非常相似，如图 7-12 所示。

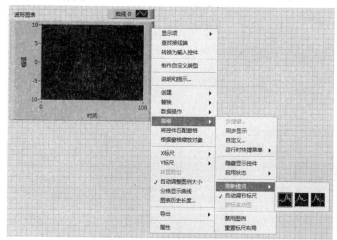
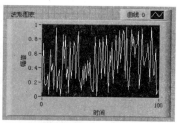

图 7-11　改变波形图表的模式：示波器图表、带状图表、扫描图　　图 7-12　带状图表

示波器图表、扫描图和示波器的工作方式十分相似。当数据点多到足以使曲线到达示波器图表绘图区域的右边界时，将清除整个曲线，并从绘图区的左侧开始重新绘制。扫描图和示波器图表非常类似，不同之处在于当曲线到达绘图区的右边界时，不是将旧曲线消除，而是用一条移动的红线标记新曲线的开始，并随着新数据的不断增加在绘图区中逐渐移动，如图 7-13 所示。示波器图表和扫描图比带状图表运行得快。

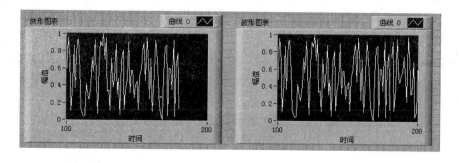

图 7-13　示波器图表和扫描图

波形图表和波形图的不同之处是：波形图表保存了旧的数据，所保存旧数据的长度可以自行指定。新传给波形图表的数据被接续在旧数据的后面，这样就可以在保持一部分旧数据显示的同时显示新数据。也可以把波形图表的这种工作方式想象为先进先出的队列，新数据到来之后，会把同样长度的旧数据从队列中挤出去。波形图表和波形图的比较图 7-14 所示。

波形图表和波形图显示的运行结果是一样的，但实现方法和过程不同。在流程图中可以看出，波形图表产生在循环内，每得到一个数据点，就立刻显示一个；而波形图在循环之外，50 个数都产生之后，跳出循环，然后一次显示出整数据曲线。从运行过程可以清楚地看到这一点。

值得注意的还有，For 循环执行 50 次，产生的 50 个数据存储在一个数组中，这个数组创建于 For 循环的边界上（使用自动索引功能）。在 For 循环结束之后，该数组就将被传送到外面的波形图。仔细观察流程图，穿过循环边界的连线在内、外两侧粗细不同，内侧表示浮点数，外侧表示数组。

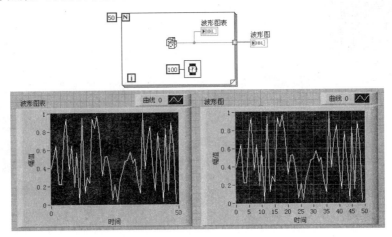

图 7-14 波形图表和波形图的比较

波形图表模拟的是现实生活中的波形记录仪、心电图等的工作方式。波形图表内置了一个显示缓冲器，用来保存一部分历史数据，并接收新数据。这个缓冲区的数据存储按照先进先出的规则管理，它决定了该控件的最大显示数据长度。在默认情况下，这个缓冲大小为 1KB，即最大的数据显示长度为 1024 个，缓冲区容不下的旧数据将被舍弃。波形图表适合实时测量中的参数监控，而波形图适合在事后数据显示和分析。即波形图表是实时趋势图，波形图是事后记录图。

当绘制单曲线时，波形图表可以接收的数据格式有两种：标量和数组。标量数据和数组被连续在旧数据的后面显示。当输入标量时，曲线每次向前推进一个点。当输入数组数据时，曲线每次推进的点数等于数组长度。如图 7-15 所示，使用波形图表，生成两组随机数。由于时间延迟函数在 While 循环中，而 For 循环是一次产生 10 个随机数，相当于缩短了延迟时间，所以产生的波形图是不一样的，如图 7-16 所示。

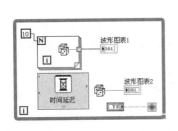

图 7-15 使用波形图表生成两组随机数

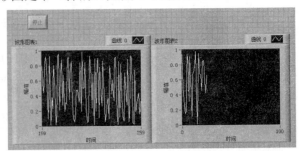

图 7-16 While 循环和 For 循环产生的波形图

当绘制多曲线时，可以接收的数据格式也有两种：第一种是将每条曲线的一个新数据点（数据类型）打包成簇，即把每种测量的一个点打包在一起，然后输入到波形图表中，这时波形图表为所有曲线同时推进一个点，这是最简单也是最常用的方法，如图 7-17 所示。第二种是将每条曲线的一个数据点打包成簇，若干个这样的簇作为元素构成数组，再把数组传送到波形图表中，如图 7-18 所示。两种方法的前面板显示如图 7-19 所示。

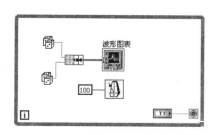

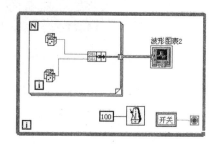

图 7-17　创建多曲线的程序框图方法一　　　　图 7-18　创建多曲线的程序框图方法二

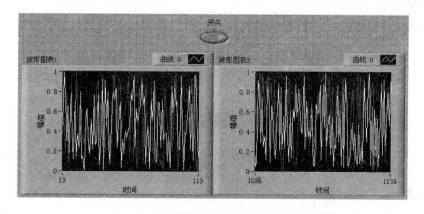

图 7-19　创建多曲线的前面板显示

7.3　设置波形图和波形图表

波形图和波形图表都可以对曲线的显示样式等属性进行设置，本节将介绍如何对某些重要的个性化参数进行设置。

7.3.1　调整坐标刻度区间

可以把波形图和波形图表中的 X 轴和 Y 轴设置都设置为自动调整刻度区间，以反映曲线数据的取值区间。如图 7-20 所示，使用右键快捷菜单中"X 标尺"或"Y 标尺"子菜单中的"自动调整 X 标尺"或"自动调整 Y 标尺"选项就可以激活或取消自动调整坐标刻度区间的功能。需要注意的是，使用自动调整坐标刻度区间的功能会使图表和图形的更新速度变得较慢。

在"X 标尺"和"Y 标尺"的子菜单中都有"格式化..."选项，选定该选项，弹出"图形属性波形图"对话框，如图 7-21 所示。在该对话框中可以对波形图或波形图表的各种组件进行设置。

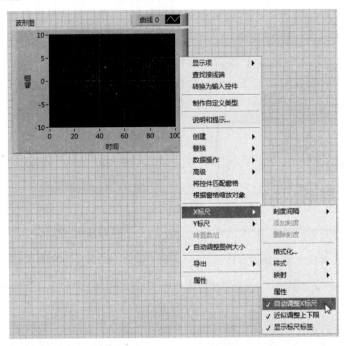

图 7-20　自动调整标尺

图 7-21　"图形属性波形图"对话框

在"图形波形图属性"对话框中可以单独修改 X 轴或 Y 轴的特性。包括以下选择：

1）"外观"选项卡用于指明对象中哪些元素是可视的，它提供了一种选择显示图形选项板、曲线图注，滚动条、刻度图注及光标图注的方法。也可以通过在图形上弹出的快捷菜单，在显示项的下拉菜单中选择这些项。

在格式与精度区域中可以改变数字对象的格式和精度。可以改变坐标轴刻度的数字精度和坐标轴刻度的符号，相关选项包括浮点型、科学记数法、国际单位制符号、十六进制、八进制、绝对时间和相对时间，这些选项都依赖于对格式的选择。

2）"曲线"选项卡用于配置波形图和波形图表中曲线的外观，可以选择线型、点标记和刻度。

3）"标尺"选项卡可以设置波形图和波形图表的坐标轴刻度和栅格的形式，如可以设置坐标起点和坐标增量。栅格类型和颜色用于控制栅格线，包括无栅格、仅在主刻度标记处有栅格以及主次刻度标记处有栅格。还可以指明坐标是线性坐标还是对数坐标。

4）"游标"选项卡用于在波形图和波形图表中添加光标和配置光标的外观。

7.3.2 标尺图例和图形工具选板

使用波形图或波形图表快捷菜单中的"显示项"的子菜单可便于分析波形图中显示的数据，如图 7-22 所示。默认目录下为"标签""图例""X 标尺"和"Y 标尺"。本节将对其中的"标尺图例"和"图形工具选板"进行介绍。

1. 标尺图例

"标尺图例"包括坐标轴标签、锁定开关、刻度格式按钮，如图 7-23 所示。坐标轴标签包括 X 轴控件和 Y 轴控件。锁定开关将自动调整坐标刻度区间锁定为开。刻度格式按钮允许在运行时分别控制 X 轴和 Y 轴刻度标记的格式和精度。用户可以控制坐标刻度标记的格式、坐标轴刻度的精度以及映射模式。当运行程序时，波形图和波形图表的刻度图注提供了一种附加功能，可以控制 X 轴和 Y 轴刻度标记的格式和精度。

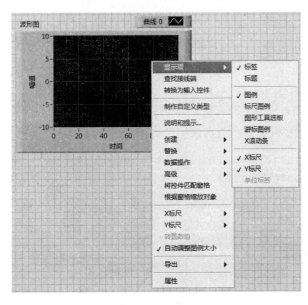

图 7-22 快捷菜单   图 7-23 标尺图例

2. 图形工具选板

"图形工具选板"的三个按钮用于控制波形图和波形图表的操作模式，如图 7-24 所示。当选中左边的带有十字光标的按钮时，就处于通常情况下的标准模式，这表明可以在波形图和波形图表区域来回移动光标。中间的为缩放按钮，单击时会出现 6 种缩放方式，如图 7-25 所示。

6 种缩放方式依次为：

（1）矩形缩放：在该模式下，可以使用光标在想要放大的区域内绘制一个矩形。释放鼠标后，坐标轴将重新调整刻度区间，放大该区域。

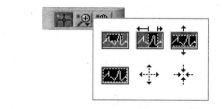

图 7-24　图形工具选板　　　　　　　　　图 7-25　6 种缩放方式

（2）限于 X 轴数据范围的矩形缩放：该模式在功能上与矩形类似，只是 Y 轴保持不变。

（3）限于 Y 轴数据范围的矩形缩放：该模式在功能上与矩形类似，只是保持 X 轴不变。

（4）适合缩放：该模式自动调整波形图和波形图表，以显示所有 X 轴和 Y 轴的刻度区间。

（5）在指定点放大：利用该选项可以在波形图和波形图表中的指定点处按下鼠标持续放大，直到释放鼠标为止。

（6）在指定点缩小：与在指定点放大模式类似，只是持续缩小。图形工具选板最右边是平移按钮，当按下此按钮时，就可以用光标单击并拖动图形中的某一部分，使可见数据移动。

7.3.3　波形图和波形图表的个性化设置

在使用波形图时，为了便于分析和观察，经常使用"显示项"中的"游标图例"，如图 7-26 所示。

游标的创建可以在"游标图例"菜单的"创建游标"子菜单中创建，如图 7-27 所示。

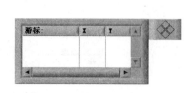

图 7-26　游标图例　　　　　　　　　图 7-27　游标的创建

图 7-28 所示为添加了游标图例的波形图。

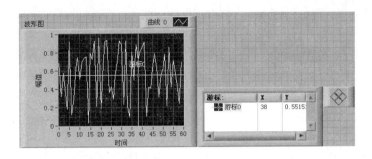

图 7-28　添加了游标图例的波形图

波形图表除了具有与波形图相同的个性特征外，还有两个附加选项：滚动条和数字显示。

波形图表中的滚动条可以用于显示已经移出图表的数据，如图 7-29 所示。

数字显示也在"显示项"中添加，添加了数字显示后，在波形图表的右上方将出现数字显示，内容为最后一个数据点的值，如图 7-30 所示。

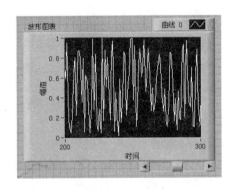

图 7-29　使用了滚动条的波形图表

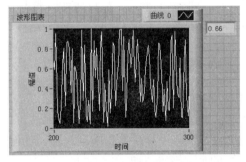

图 7-30　添加了数字显示的波形图表

对于多曲线图表，则可以选择层叠或重叠模式，即层叠显示曲线或分格显示曲线。如图 7-31 和图 7-32 所示。

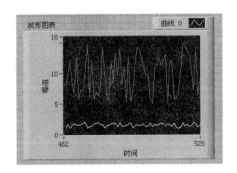

图 7-31　层叠显示曲线

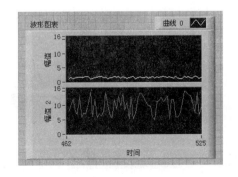

图 7-32　分格显示曲线

7.4 XY 图

波形图和波形图表只能用于显示一维数组中的数据或是一系列单点数据，对于需要显示横、纵坐标对的数据就无能为力了。前面讲述的波形图的 Y 值对应实际的测量数据，X 值对应测量点的序号，适合显示等间隔数据序列的变化，如按照一定采样时间采集数据的变化，但是它不适合描述 Y 值随 X 值变化的曲线，也不适合绘制两个相互依赖的变量（如 Y/X）。对于这种曲线，LabVIEW 专门设计了 XY 图。

与波形图相同的是 XY 图也一次性完成波形显示刷新，不同的是 XY 图的输入数据类型是由两组数据打包构成的簇，簇的每一对数据都对应一个显示数据点的 X、Y 坐标。

使用 XY 图绘制单曲线有两种方法，如图 7-33 所示。

图 7-33 的左图中为把两组数据数组打包后送到 XY 图，此时两个数据数组里具有相同序号的两个数组组成一个点，而且必定是包里的第一个数组对应 X 轴，第二个数组对应 Y 轴。使用这种方法来组织数据要确保数据长度相同。如果两个数据的长度不一样，XY 图将以长度较短的那组为参考，而长度较长的那组多出来的数据将被抛弃。

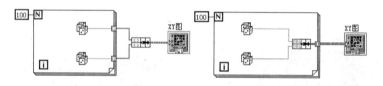

图 7-33 使用 XY 图绘制单曲线

图 7-33 的右图中为先把每一对坐标点 (X, Y) 打包，然后用这些点坐标形成的包组成一个数组，再送到 XY 图中显示。这种方法可以确保两组数据的长度一致。

当绘制多条曲线时，也有两种方法，如图 7-34 所示。

图 7-34 的左图中为程序先把两个数组的各个数据打包，然后分别在两个 For 循环的边框通道上形成两个一维数组，再把这两个一维数组组成一个二维数组送到 XY 图中显示。

图 7-34 的右图中为程序先将两组的输入输出在 For 循环的边框通道上形成数组，然后打包，用一个二维数组送到 XY 图中显示，这种方法比较直观。

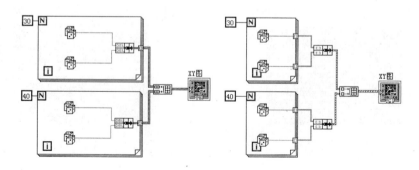

图 7-34 使用 XY 图绘制多曲线

用 XY 图时，也要注意数据类型的转换。图 7-35 所示为绘制一个半径为 1 的圆（单位圆）。这个程序框图使用了 Express 中的 ExpressXY 图，当 For 循环输出的两个数组接入 X 输入和 Y 输入时，自动生成了转换为动态数据函数的调用，若数据源提供的数据是波形数据类型，则不需要调用转换至数据函数，而是直接连接到其输入端子。

对于 Express XY 图，可以双击打开其属性对话框，如图 7-36 所示，在该对话框中可以设置是否在每次调用时清除数据。

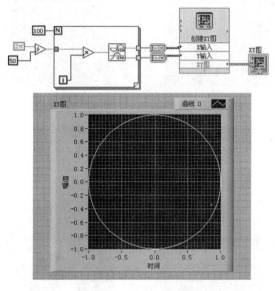

图 7-35　绘制单位圆

对于图 7-35 所示的示例，也可将正弦函数和余弦函数分开来做，使用两个正弦波来实现，其程序框图如图 7-37 所示。

图 7-36　Express XY 图属性对话框

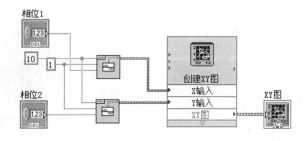

图 7-37　程序框图

当输入相位1的值和相位2的值相差为90°或270°时,输出波形与图7-35所示的示例相同,显示了单位圆,如图7-38所示。

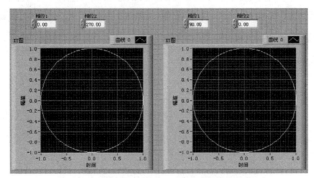

图7-38 单位圆的显示

当相位差为0°时,绘制的图形为直线,当相位差不为0°、90°、270°时,图形为椭圆,如图7-39所示。

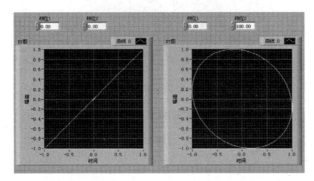

图7-39 直线和椭圆的显示

例7-2 产生两个函数曲线

已知两个函数 Y=X(1+iN) 和 Y=X(1+i)N,X 为初始值,i 为变化率,N 表示次数(N 为1~20之间的数)。要求使用 XY 图绘制出两者随次数增加的变化曲线。程序框图如图7-40所示,前面板如图7-41所示。

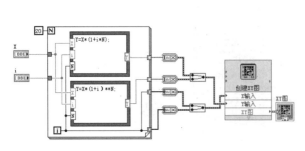

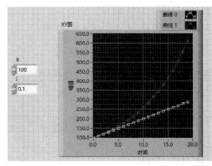

图7-40 程序框图   图7-41 前面板

需要注意的是，次数 N 在输出时要分成两个数来输出，否则将无法建立正确的 XY 图，不能一一对应。在如图 7-42 所示的程序框图中，N 只输出了一个，显示的结果如图 7-43 所示。

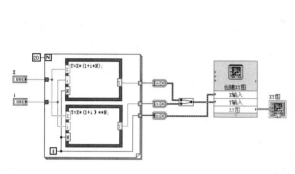

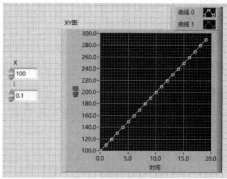

图 7-42　错误的程序框图　　　　　　图 7-43　错误的前面板显示

对于前面板中的两个曲线的显示，可以在"图形属性 XY 图"对话框中自行设置，如图 7-44 所示。

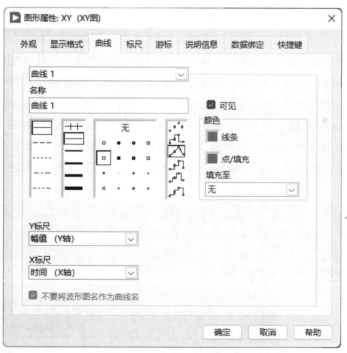

图 7-44　"图形属性 XY 图"对话框

7.5　强度图和强度图表

强度图和强度图表使用一个二维的显示结构来表达一个三维的数据。它们之间的差别主要是刷新方式不同。本节将对强度图和强度图表的使用方法进行介绍。

📖 7.5.1 强度图

强度图是 LabVIEW 提供的另一种波形显示，它用一个二维强度图表示一个三维的数据类型。典型的强度图如图 7-45 所示。

从图中可以看出，强度图与前面介绍过的曲线显示工具在外形上的最大区别是，强度图具有标签为幅值的颜色控制组件。如果把标签为时间和频率的坐标轴分别理解为 X 轴和 Y 轴，则幅值组件相当于 Z 轴的刻度。

在使用强度图前先介绍一下"颜色梯度"，"颜色梯度"在控制选板中的"经典"→"经典数值"子选板中，当把这个控件放在前面板时，默认建立一个指示器，如图 7-46 所示。

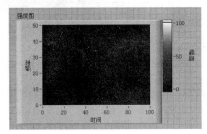

图 7-45　强度图　　　　　　　图 7-46　前面板上的"颜色梯度"指示器

可以看到"颜色梯度"指示器的左边有个颜色条，颜色条上有数字刻度，当指示器得到数值输入数据时，输入值作为刻度在颜色条上对应的颜色显示在控件右侧的颜色框中。若输入值不在颜色条边上的刻度值范围内，则当超过 100 时，显示颜色条上方小矩形内的颜色，默认时为白色；当超过下界时，显示颜色条下方小矩形内的颜色，默认时为红色。当输入为 100 和-1 时，分别显示为白色和红色，如图 7-47 所示。

在编辑和运行程序时，用户可单击上下两个小矩形，这时会弹出颜色拾取器，在里面可定义超界颜色，如图 7-48 所示。

实际上，颜色梯度只包含 5 个颜色值：0 对应黑色，50 对应蓝色，100 对应白色。0~50 之间和 50~100 之间的颜色都是插值的结果。在颜色条上弹出的快捷菜单中选择增加刻度可以增加新的刻度，如图 7-49 所示。增加刻度之后，可以改变新刻度对应的颜色，这样就为颜色梯度增加了一个数值颜色对。

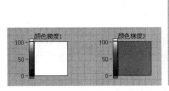
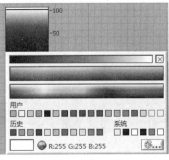
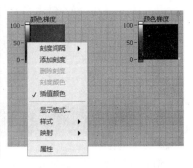

图 7-47　默认超界时的颜色　　　　图 7-48　定义超界颜色　　　　图 7-49　增加刻度

在使用强度图时，要注意其排列顺序，如图 7-50 所示。原数组的第 0 行在强度图中对应于最左面的一列，而且元素对应色块按从下到上的顺序排列。值为 100 时，对应的白色在左上方；值为 0 时，对应的黑色在底端的中间。

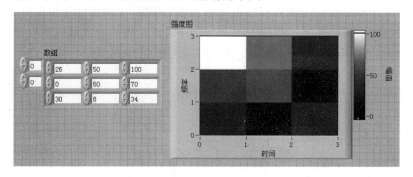

图 7-50　原数组在强度图中的排序

图 7-51 所示为设置一个简单强度图的程序框图和前面板，在这个程序框图中，利用两个 For 循环构造了一个 5 行 10 列的数组。

创建强度图的颜色也可以通过强度图属性节点中的色码表来实现，这个节点的输入是一个大小为 256 的整数数组，这个数组其实是一张颜色列表，它与 Z 轴的刻度一起决定了颜色映射条上数值颜色的对应关系。在颜色条上可以定义上溢出和下溢出的数值大小，颜色表数组中序号为 0 的单元里的数据对应为下溢出的颜色，序号为 255 的单元里的数据对应为上溢出的颜色，而序号为 1~254 中的数据在颜色条中最大、最小值之间按插值的方法进行对应。

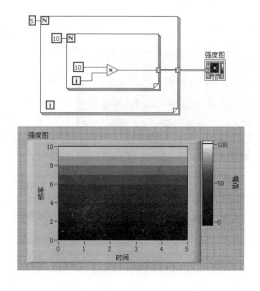

图 7-51　设置简单强度图的程序框图和前面板

例 7-3　设计一个颜色表

本设计的颜色表要求有上、下溢出的颜色显示。

在本例中，调用了前面板中的颜色盒函数，用来指定基本色和上下溢出的颜色。程序框图中的一个 For 循环用来定义一张颜色表，For 循环产生大小为 1～254 的 254 个颜色值，这些值与上、下溢出颜色构成了一个容量为 256 的数组送到色码表属性节点中，这个表中的第一个和最后一个颜色值分别对应 Z 轴（幅值）上溢出和下溢出时的颜色值。当色码属性节点有赋值操作时，颜色表被激活。此时，Z 轴的数值颜色对应关系由颜色表来决定。具体的程序框图和前面板显示如图 7-52 和图 7-53 所示。

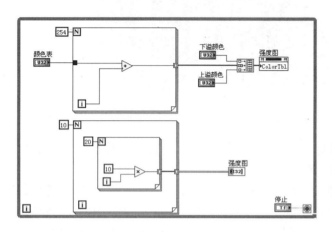
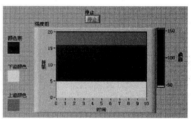

图 7-52 程序框图   图 7-53 前面板显示

在强度图中，若想设置幅值属性，可以在其幅值上右击，从弹出的快捷菜单中选择"格式化"来设置，如图 7-54 所示。选择后将弹出如图 7-55 所示的对话框。

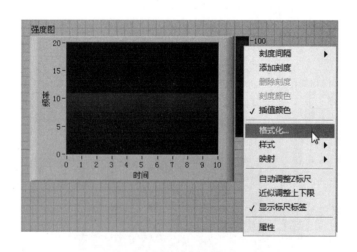

图 7-54 幅值的格式化

幅值（即 Z 轴）也可以直接在强度图的右键快捷菜单中设置，如图 7-56 所示。

Z 轴的设置与 X、Y 轴的设置项目有些不同，因为它是以颜色来表示数据的，同时它还是一个坐标轴，所以它除了有颜色设置项目外，还有通用坐标轴的设置项目和一些颜色条的设置项目。

图 7-55　"强度图属性：强度图"对话框　　　　图 7-56　幅值的设置

强度图这种显示三维的方法很简单，不同的颜色表示了不同数值的大小，用它来表示一个平面里的某种量的强度变化是最合适的，如一个平面的温度场、电磁场。但其局限性也是很明显的，由于 X 和 Y 这两维的数据是固定的整数，所以不具有三维数据的代表性，它的显示结果只能看到 Z 轴的数据变化情况，并不具有三维立体感。

7.5.2　强度图表

与强度图一样，强度图表也是用一个二维的显示结构来表达一个三维的数据类型，它们之间的主要区别在于图像的刷新方式不同，强度图接收到新数据时会自动清除旧数据的显示，而强度图表会把新数据的显示接续到旧数据的后面。这也是波形图表和波形图的区别。

7.5.1 节介绍了强度图的数据格式为一个二维的数组，它可以一次性把这些数据显示出来。虽然强度图表也接收和显示一个二维的数据数组，但它显示的方式不一样。它可以一次性显示一列或几列图像，它在屏幕及缓冲区保存一部分旧的图像和数据，每次接收到新的数据时，新的图像紧接着在原有图像的后面显示，当下一列图像将超出显示区域时，将有一列或几列旧图像移出屏幕。数据缓冲区同波形图表一样，也是先进先出，大小可以自己定义，但结构与波形图表（二维）不一样，强度图表的缓冲区结构是一维的。这个缓冲区的大小是可以设定的，默认为 128 个数据点。若想改变缓冲区的大小，可以在强度图表上右击，从弹出的快捷菜单中选择"图表历史长度"，即可改变缓冲区的大小，如图 7-57 所示。

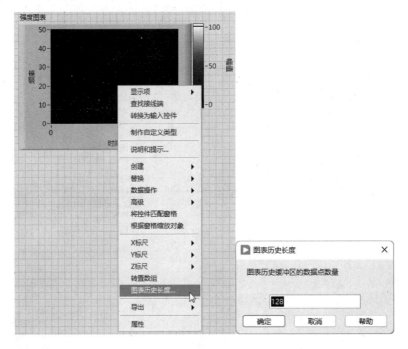

图 7-57 设置图表历史长度

强度图表的使用如图 7-58 所示。在这个程序中，首先正弦函数在循环的边框通道上形成一个一维数组，然后再形成一个列数为 1 的二维数组并送到控件中去显示。因为二维数组是强度图表所必需的数据类型，所以即使只有一行，这一步骤也是必要的。

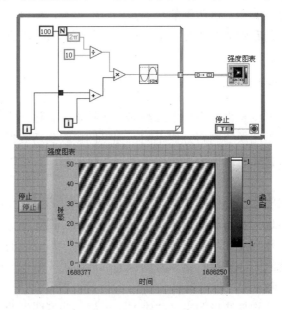

图 7-58 强度图表的使用

7.6 三维图形

在很多情况下，把数据绘制在三维空间里会更形象和更有表现力。大量实际应用中的数据，如某个平面的温度分布、联合时频分析、飞机的运动等，都需要在三维空间中可视化显示数据。三维图形可令三维数据可视化，修改三维图形属性可改变数据的显示方式。

LabVIEW 中包含以下三维图形（见图 7-59）：

➢ 散点图：显示两组数据的统计趋势和关系。

➢ 杆图：显示冲激响应并按分布组织数据。

➢ 彗星图：创建数据点周围有圆圈环绕的动画图。

➢ 曲面图：在相互连接的曲面上绘制数据。

➢ 等高线图：绘制等高线图。

➢ 网格图：绘制有开放空间的网格曲面。

➢ 瀑布图：绘制数据曲面和 y 轴上低于数据点的区域。

➢ 箭头图：生成速度曲线。

➢ 带状图：生成平行线组成的带状图。

➢ 条形图：生成垂直条带组成的条形图。

➢ 饼图：生成饼状图。

➢ 三维曲面图形：在三维空间绘制一个曲面。

➢ 三维参数图形：在三维空间中绘制一个参数图。

➢ 三维线条图形：在三维空间绘制线条。

 注意：

只有安装了 LabVIEW 完整版和专业版开发系统才可使用三维图片控件。

➢ ActiveX 三维曲面图形：使用 ActiveX 技术，在三维空间绘制一个曲面。

➢ ActiveX 三维参数图形：使用 ActiveX 技术，在三维空间绘制一个参数图。

➢ ActiveX 三维曲线图形：使用 ActiveX 技术，在三维空间绘制一条曲线。

前 14 项位于"控件"选板中的"新式"→"图形"→"三维图形"子选板中，如图 7-59 左图；后三项位于"经典"→"经典图形"子选板中，如图 7-59 右图第三行。

 注意：

ActiveX 三维图形控件仅在 Windows 平台上的 LabVIEW 完整版和专业版开发系统上可用。

与其他 LabVIEW 控件不同，这三个三维图形模块不是独立的。实际上，这三个三维图形模块都是包含了 ActiveX 控件的 ActiveX 容器与某个三维绘图函数的组合。

图 7-59　三维图形

📖7.6.1　三维曲面图

三维曲面图用于显示三维空间的一个曲面。在前面板选择"经典"→"经典图形"→"ActiveX 三维曲面图形"，放置一个三维曲面图时，程序框图将出现两个图标，如图 7-60 所示。在左图中可以看出，三维曲面图相应的程序框图由两部分组成：3D Surface 和三维曲面。其中 3D Surface 只负责图形显示，作图则由三维曲面来完成。

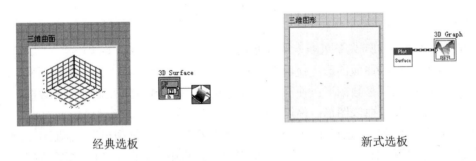

经典选板　　　　　　　　　　　新式选板

图 7-60　经典选板中的 ActiveX 三维曲面图和新式选板中的三维曲面图

三维曲面的图标和端口如图 7-61 所示。三维图形输入端口是 activex 控件输入端，该端口的下面是两个一维数组输入端，用以输入 x、y 坐标值。z 矩阵端口的数据类型为二维数组，用以输入 z 坐标。三维曲面在作图时采用的是描点法，即根据输入的 x、y、z 坐标在三维空间确定一系列数据点，然后通过插值得到曲面。在作图时，三维曲面根据 x 和 y 的坐标数组在 xy 平面上确定一个矩形网络，每个网格结点都对应着三维曲线上的一个点在 xy 坐标平面的投影。z 矩阵数组给出了每个网格节点所对应的曲面点的 z 坐标，三维曲面根据这些信息就能够完成作图。三维曲面不能显示三维空间的封闭图形，如果显示封闭图形应使用三维参数曲面。

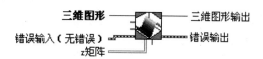

图7-61   三维曲面的图标和端口

图7-62所示为使用三维曲面图输出的正弦信号。

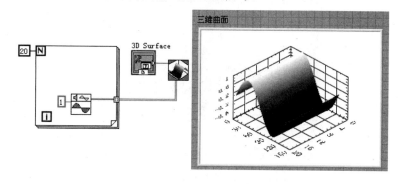

图7-62   使用三维曲面图输出的正弦信号

需要注意的是，此时的用的是信号处理子选板中的信号生成的正弦信号，而不是波形生成中的正弦波形，因为正弦波形函数输出的是簇数据类型，而z矩阵输入端口接收的是二维数组。图7-63所示为三维曲面图的错误使用。

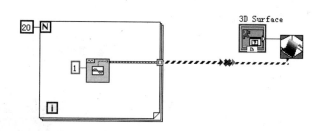

图7-63   三维曲面图的错误使用

图7-64所示为用三维曲面图显示的曲面 z=sin(x)cos(y)。其中，x和y都在 $0\sim2\pi$ 的范围内，x、y坐标轴上的步长为 $\pi/50$。

程序框图中的For循环边框的自动索引功能将z坐标组成了一个二维数组。但对于输入x向量和y向量来说，由于要求不是二维数组，所以程序框图中的For循环的自动索引应禁止使用，否则将出错，如图7-65所示。

对于前面板的三维曲面图，按住鼠标左键并移动鼠标可以改变视点位置，使三维曲面图发生旋转，松开鼠标后将显示新视点的观察图形，如图7-66所示。

在LabVIEW中可以更改三维曲面图的显示方式，方法是在三维曲面图上右击，从弹出的快捷菜单中选择"CWGraph3D"，从下一级菜单中选择"属性"，如图7-67所示，弹出属性设置对话框，同时会出现一个小的CWGraph3D控件面板，如图7-68所示。

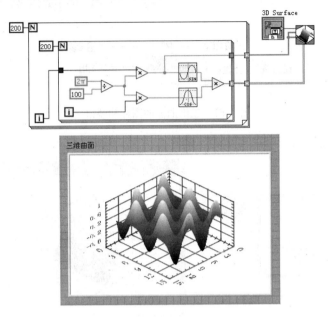

图 7-64   曲面 z=sin(x)cos(y)

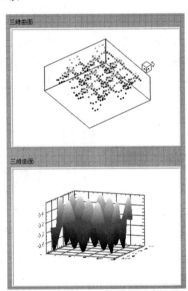

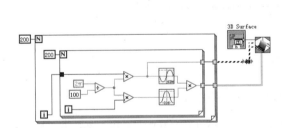

图 7-65   三维曲面图的错误使用   图 7-66   三维曲面图的旋转操作

属性设置对话框中共有 7 个分项，包括：Graph、Plots、Axes、Value Pairs、Format、Cursors、About。下面对常用的几项进行介绍，其他各项属性的设置方法相似。

Graph 中包含 General、3D、Light、Grid Planes 四部分，即常规属性设置、三维显示设置、灯光设置、网格平面设置。

常规属性设置用来设置 CWGraph3D 控件的标题。其中"Font"用来设置标题的字体；"Graph frame Visible"用来设置图像边框的可见性；"Enable dithering"用来设置是否开启抖动，开启抖动可以使颜色过渡更为平滑；"Use 3D acceleration"用来设置是否使用 3D 加速；"Caption color"用来设置标题颜色；"Background color"用来设置标题的背景色；"Track mode"用来设置跟踪的时间类型。

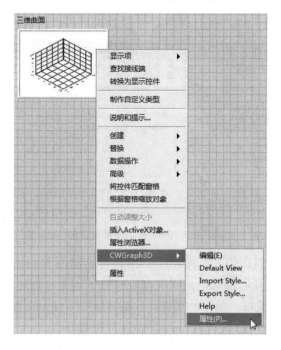

图 7-67   快捷菜单

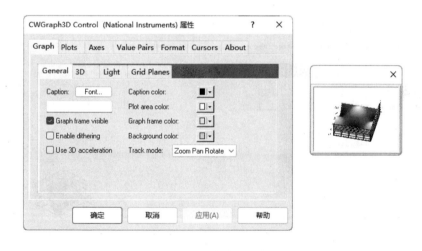

图 7-68   CWGraph3D 控件的属性设置对话框

　　三维显示设置中的"Projection"用来设置投影类型，有正交投影（Orthographic）和透视（Perspective）两种类型。"Fast Draw for Pan/Zoom/Rotate"用来设置是否开启快速画法，此项开启时，在进行移动、缩放、旋转时只将用数据点来代替曲面，以提高作图速度，默认值为"True"；"Clip Data to Axes Ranges"用来设置是否剪切数据，当此项为"True"时只显示坐标轴范围内的数据，默认值为"True"；"View Direction"用来设置视角；"User Defined View Direction"用来设置用户视角，共有纬度、精度和视点距离三个参数：、，如图 7-69 所示。

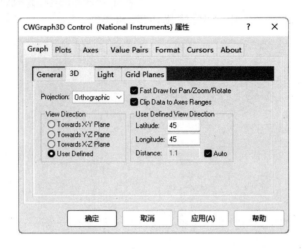

图 7-69　二维显示设置对话框

在灯光设置里，除了默认的光照，CWGraph3D 控件还提供了 4 个可控制的灯。"Enable Lighting"用来设置是否开启辅助灯光照明；"Ambient"用来设置环境光的颜色；"Enable Light"用来设置具体设置每一盏灯的属性，包括纬度（Latitude）、精度（Longitude）、距离（Distance）和衰减（Attenuation），如图 7-70 所示。

例如，若想添加光影效果，可单击"Enable Light"图标。添加光影效果后的正弦曲面如图 7-71 所示。

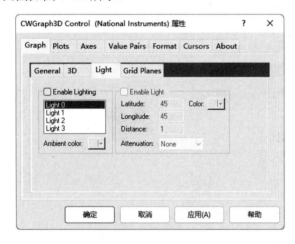

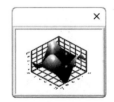

图 7-70　灯光设置对话框　　　　　图 7-71　添加了光影效果的正弦曲面

在网格平面设置里，"Show Grid Plane"用来设定显示网格的平面，"Smooth grid line"用来选中该项以平滑网格线；"Grid frame color"用来设置网格边框的颜色，如图 7-72 所示。

在 CWGraph3D 的"Plots"选项中，可以更改图形的显示风格。"Plots"项对话框如图 7-73 所示。

若要改变图形的显示风格，可单击"Plot style"，将显示 9 种风格，如图 7-74 所示。默认时为"Surface"，如若选择"Surf+Line"将出现新的显示风格，如图 7-75 所示。

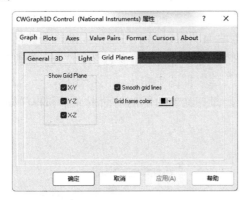

图 7-72　网格平面设置对话框

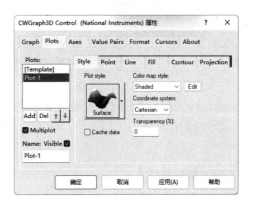

图 7-73　"Plots" 对话框

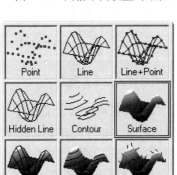

图 7-74　图形的显示风格

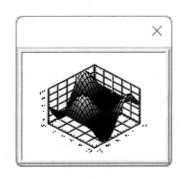

图 7-75　"Surf+Line" 显示风格

在三维曲面图中，经常会使用到光标，用户可在 CWGraph3D 的 "Cursor" 选项中选择。添加方法是单击 "Add"，设置需要的坐标即可，如图 7-76 所示。添加了光标的三维曲面图如图 7-77 所示。

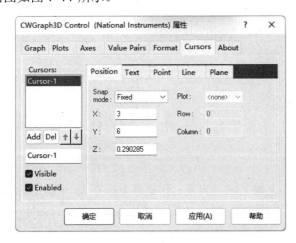

图 7-76　光标的添加

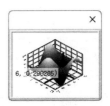

图 7-77　添加了光标的三维曲面图

7.6.2 三维参数图

7.6.1 节介绍了三维曲面图的使用方法，三维曲面图可以显示三维空间的一个曲面，但在显示三维空间的封闭图形时则无能为力，这时就需要用到三维参数图。选择"经典"→"经典图形"→"ActiveX 三维参数图形"，在其程序框图中将出现两个图标，一个是 3D Parametric Surface，另一个是三维参数曲面，即三维参数图的前面板显示和程序框图，如图 7-78 所示。

经典选板　　　　　　　　　　　　　　　新式选板

图 7-78　经典选板中的 ActiveX 三维参数图、新式选板中的三维参数图的

图 7-79 所示为三维参数曲面的图标和端口。三维参数曲面各端口的含义是："三维图形"表示 3D Parametric 输入端，"x 矩阵"表示参数变化时 x 坐标所形成的二维数组，"y 矩阵"表示参数变化时 y 坐标所形成的二维数组，"z 矩阵"表示参数变化时 z 坐标所形成的二维数组。三维参数曲面的使用较为复杂，但借助参数方程的形式则容易理解，需要三个方程：x=fx(i, j)；y=fy(i, j)；z=fz(i, j)。其中，x、y、z 是图形中点的三维坐标，i、j 是两个参数。

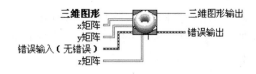

图 7-79　三维参数曲面的图标和端口

例 7-4　绘制单位球面

球面的参数方程为

$$x=\cos\alpha\cos\beta \tag{7-1}$$
$$y=\cos\alpha\sin\beta \tag{7-2}$$
$$z=\sin\beta \tag{7-3}$$

其中，α 为球到球面任意一点的矢径与 z 轴之间的夹角；β 是该矢径在 xy 平面上的投影与 x 轴的夹角。令 α 从 0 变化到 π，步长为 π/24，β 从 0 变化到 2π，步长为 π/12，通过球面的参数方程将确定一个球面。程序框图如图 7-80 所示，前面板如图 7-81 所示。前面板显示时要将特性中"Plots"的"Plot Style"设置为"Surf+Line"，以利于观察。

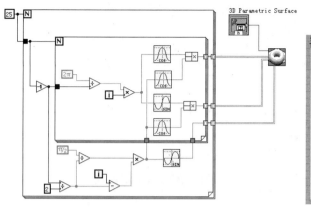

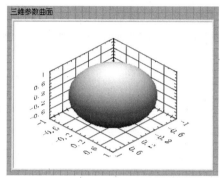

图 7-80　程序框图　　　　　　　　　　图 7-81　前面板

7.6.3　三维曲线图

三维曲线图是用于显示三维空间中的一条曲线。选择"经典"→"经典图形"→"ActiveX 三维曲线图形"，程序框图中将出现两个图标，一个是 3D Curve 图标，另一个是三维曲线的图标，如图 7-82 所示。

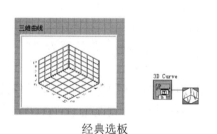

经典选板　　　　　　　　　　　　　　新式选板

图 7-82　经典选板中的 ActiveX 三维曲线图、新式选板中的三维曲线图

如图 7-83 所示，三维曲线有三个重要的输入数据端口，分别是 x 向量、y 向量和 z 向量，分别对应曲线的三个坐标向量。在编写程序时，只要分别在三个坐标向量上连接一维数组数据就可以显示三维曲线。

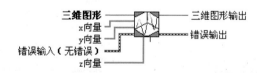

图 7-83　三维曲线的图标及其端口

图 7-84 所示为使用三维曲线图显示的三维余弦曲线。

三维曲线图在绘制三维的数学图形时是比较方便的，如绘制螺旋线：$x=\cos\theta$，$y=\sin\theta$，$z=\theta$。其中 θ 在 $0\sim2\pi$ 的范围内，步长为 $\pi/12$。具体的程序框图如图 7-85 所示。

相应的前面板如图 7-86 所示。

215

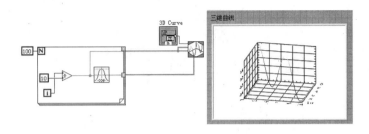

图 7-84　三维的余弦曲线

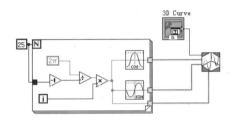

图 7-85　绘制螺旋线的程序框图

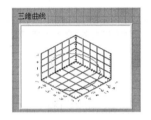

图 7-86　绘制螺旋线的前面板

从图 7-86 中可以看出，特性若不加设置则直接输出效果不好，所以要进行特性设置。三维曲线的特性设置与三维曲面图的设置类似。对于特性对话框中的 "General" 选项，将其中的 "Plot area color" 设置为黑色，将 "Grid planes" 中的 "Grid frame color" 设置为红色；对于 "Axes" 选项，将其中的 "Grid" 的子选项 "Major Grid 的 Color" 设置为绿色；对于 "Plots" 选项，将 "Style" 的 "Color map style" 设置为 "Color Spectrum"。经过特性设置后的前面板如图 7-87 所示。

三维曲线图有属性浏览器窗口，通过属性浏览器窗口用户可以很方便地浏览并修改对象的属性。在三维曲线图上右击，从弹出的快捷菜单中选择属性浏览器，将弹出三维曲线 "属性浏览器"，如图 7-88 所示。

图 7-87　经过特性设置后的前面板

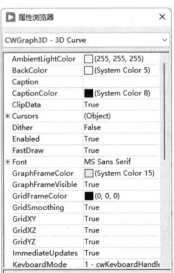

图 7-88　属性浏览器

7.7 极坐标图

极坐标图实际上是一个图片控件,极坐标的使用相对简单,极坐标图的前面板和程序框图如图 7-89 所示。

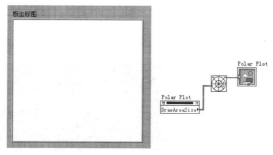

图 7-89 极坐标图的前面板和程序框图

在使用极坐标图时,需要提供以极径、极角方式表示的数据点的坐标。极坐标图的图标和端口如图 7-90 所示。数据数组[大小、相位(度)]端口连接点的坐标数组,尺寸(宽度、高度)端口设置极坐标图的尺寸。在默认设置下,该尺寸等于新图的尺寸。极坐标属性端口用于设置极坐标图的图形颜色、网格颜色和显示象限等属性。

图 7-90 极坐标图的图标和端口

图 7-91 所示所示为数学函数 $\rho = \sin 3\alpha$ 的极坐标图。在极坐标属性端口创建簇输入控件创建极坐标图属性,为了方便观察,可以将其中的网格颜色设置为红色。

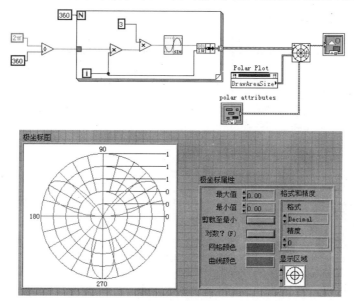

图 7-91 使用极坐标图绘制 $\rho = \sin 3\alpha$

217

7.8 综合演练——混合信号图

本实例通过使用数字波形发生器函数与仿真信号经过捆绑函数得到混合信号图的过程，显示控件如何在一个控件中显示多个信号。

绘制完成的前面板如图 7-92 所示，程序框图如图 7-93 所示。

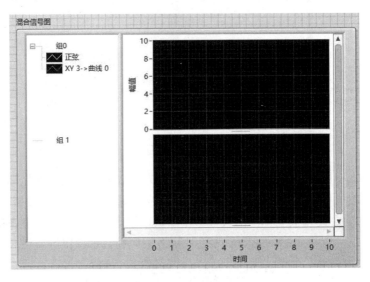

图 7-92　前面板

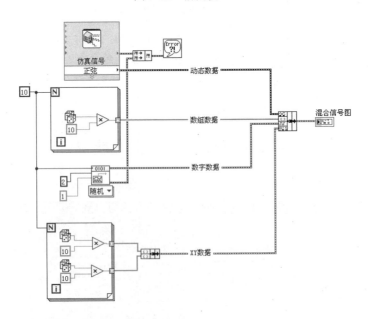

图 7-93　程序框图

（1）新建一个 VI。

（2）在"控件"选板的"银色"→"图形"子选板中选取"混合信号图"控件，放置在前面板中，如图 7-94 所示。

（3）在"混合信号图"控件上右击，在弹出的快捷菜单中选择"添加绘图区域"命令，增加一个绘图区域，同时手动调整控件，结果如图 7-95 所示。

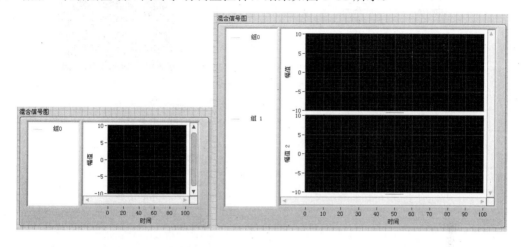

图 7-94　放置"混合信号图"控件　　　　　图 7-95　添加绘图区域

（4）在"组1"刻度上右击，在弹出的快捷菜单中选择如图 7-96 所示的刻度样式，然后依次修改图表中的标尺刻度，结果如图 7-97 所示。

（5）双击控件，打开程序框图。

（6）在"函数"选板的"编程"→"簇、类与变体"子选板上选取"捆绑"函数，将不同的数据类型（这些信号通常显示在不同的波形图控件中）捆绑。

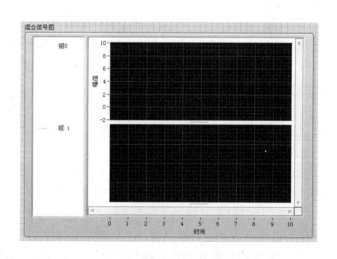

图 7-96　快捷菜单　　　　　　　　　　　图 7-97　修改标尺刻度

（7）在"函数"选板的"编程"→"波形"→"模拟波形"→"波形生成"子选板中选取"仿真信号"，放置在程序框图中，自动弹出"配置仿真信号"对话框，设置"频率"为 0.5、"采样率"为 10，取消"采样数"右侧"自动"复选框的勾选，如图 7-98 所示，使仿真信号输出的动态数据连接到捆绑函数输入端。

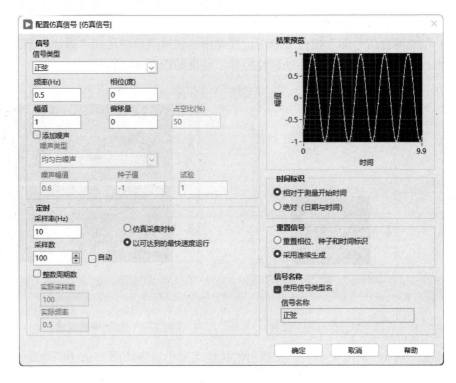

图 7-98　设置仿真信号参数

（8）新建循环次数为 10 的一个 For 循环。

（9）在"编程"→"数值"选板中选取集合运算符号"乘"函数，放置在 For 循环内部，生成数组数据。

（10）在"编程"→"数值"子选板中选取"随机数（0-1）"函数，创建随机数，放置在 For 循环内"乘"函数输入端，同时在"乘"函数另一输入端创建另一常量 10。

（11）采用同样的方法，创建包含两个随机数函数的 For 循环，并利用"捆绑"函数，将两组数据合并成 XY 数据。

（12）在"函数"选板的"编程"→"波形"→"数字波形"子选板中选取"数字波形发生器"VI，选择"随机"信号，创建"信号数"为 2、"采样率"为 1 的随机数字波形，生成数字数据。

（13）在"函数"选板的"编程"→"对话框与用户界面"子选板中选取"合并错误"函数，放置在仿真信号与数字信号的错误输出端，

（14）在"函数"选板的"编程"→"对话框与用户界面"子选板中选取"简单错误处理器"函数，放置在"合并错误"函数输出端，

（15）将光标放置在函数及控件的输入输出端口，光标变为连线状态，按照图 7-93 所示连接程序框图。

（16）在"捆绑"函数的输入端连线上右击，在弹出的快捷菜单中选择"显示项"→"标签"命令，依次输入数据注释"动态数据""数组数据""数字数据"和"XY 数据"。

（17）整理前面板与程序框图，结果如图 7-92 和图 7-93 所示。

（18）单击"运行"按钮 ，运行程序，在输出波形控件"混合信号图"中显示的

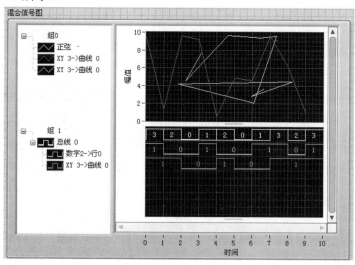

运行结果如图 7-99 所示。

图 7-99　运行结果

第 **8** 章

文件 I/O

文件操作与管理是测试系统软件开发的重要组成部分，数据存储、参数输入、系统管理都离不开文件的建立、操作和维护。LabVIEW 为文件的操作与管理提供了一组高效的 VI 集。

本章首先介绍了文件 I/O 的一些基础知识，如路径、引用及文件 I/O 格式的选择等，然后在此基础上对 LabVIEW 中相关 VI 和函数及其使用方法进行了介绍，最后在文件 I/O 操作的实践部分使用具体实例讲解了文件 I/O 函数和 VI 的使用方法。

学 习 要 点

◎ 文件 I/O 基础

◎ 文件 I/O 操作的 VI 和函数

◎ 文件操作与管理

8.1 文件 I/O 基础

典型的文件 I/O 操作包括以下流程:

1) 创建或打开一个文件,文件打开后,引用句柄(即代表该文件的唯一标识符)。

2) 文件 I/O VI 或函数从文件中读取或在文件写入数据。

3) 关闭该文件。

文件 I/O VI 和某些文件 I/O 函数,如读取文本文件和写入文本文件可执行一般文件 I/O 操作的全部三个步骤。执行多项操作的 VI 和函数可能在效率上低于执行单项操作的函数。

8.1.1 路径

任何一个文件的操作(如文件的打开、创建、读写、删除、复制等)都需要确定文件在磁盘中的位置。LabVIEW 与 C 语言一样,也是通过文件路径(Path)来定位文件的。不同的操作系统对路径的格式有不同的规定,但大多数的操作系统都支持所谓的树状目录结构,即有一个根目录(Root),在根目录下可以存在文件和子目录(Sub Directory),子目录下又可以包含各级子目录及文件。

在 Windows 系统下,一个有效的路径格式如下:

drive :\<dir…>\<file or dir>

其中,<drive:>是文件所在的逻辑驱动器盘符,<dir…>是文件或目录所在的各级子目录,file or dir 是所要操作的文件或目录名。LabVIEW 的路径输入必须满足这种格式要求。

在由 Windows 操作系统构造的网络环境下,LabVIEW 的文件操作节点支持 UNC(通用命名约定)文件定位方式,可直接用 UNC 路径来对网络中的共享文件进行定位。可在路径控制中直接输入一个网路,在路径中只是返回一个网络路径,或者直接在文件对话框中选择一个共享的网络文件(文件对话框参见本节后续内容)。只要权限允许,对用户来说网络共享文件的操作与本地文件操作并无区别。

一个有效的 UNC 文件名格式为:

\\<machine>\<share name>\<dir>\...\<file or dir>

其中,<machine>是网络中机器名,<share name>是该机器中的共享驱动器名,<dir>\...为文件所在的目录,<file or dir >即为选择的文件。

LabVIEW 用路径控制(Path Control)输入一个路径,用路径指示(Path Indicator)显示下一个路径。路径输入和输出如图 8-1 所示。

路径名的输入操作与字符串的输入完全相同。路径名实际就是一种符合一定格式的字符串。路径值可以是一个有效的路径名、一个空值或"非法路径"。单击路径控件上的标志🔒,可以从其下拉菜单中选择"非法路径",此时控件上的路径标志🔒将变成"非法路径"标志🔒,并且<非法路径>将出现在路径文本显示区,如图 8-2 所示。

在一些文件 I/O 节点中,如果节点要求有一个路径输入,而这个路径的值是空路径

223

或非法路径，则在运行时它将通过一个标准的 Windows 对话框来选择所要操作的文件。

图 8-1　路径输入和输出控件　　　　　　　　　图 8-2　设置路径控件属性

当一个文件节点有一个路径输出，且这个输出通过路径显示控件显示时，如果该节点操作失败，则路径显示控件将显示"非法路径"值，且其路径标志[■]将变成"非法路径"标志[■]。

8.1.2　引用句柄

位于"引用句柄"和"经典引用句柄"选板上的引用句柄控件可用于对文件、目录、设备和网络连接进行操作。控件引用句柄用于将前面板对象信息传送给子 VI。LabVIEW 中使用的"引用句柄"控件如图 8-3 所示，它位于"控件"选板的"新式"→"引用句柄"子选板中，在新式及经典引用句柄位于"控件"选板的"经典"→"经典引用句柄"子选板中。

a）新式

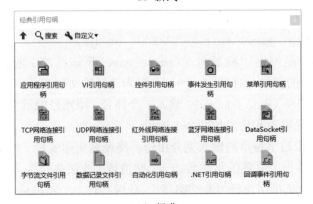

b）经典

图 8-3　"引用句柄"控件

引用句柄是对象的唯一标识符，这些对象包括文件、设备或网络连接等。打开一个文件、设备或网络连接时，LabVIEW 会生成一个指向该文件、设备或网络连接的引用句柄。对打开的文件、设备或网络连接进行的所有操作均使用引用句柄来识别每个对象。引用句柄控件用于将一个引用句柄传进或传出 VI。例如，引用句柄控件可在不关闭或不重新打开文件的情况下修改其指向的文件内容。

由于引用句柄是一个打开对象的临时指针，因此它仅在对象打开期间有效。如果关闭对象，LabVIEW 会将引用句柄与对象分开，引用句柄即失效。如果再次打开对象，LabVIEW 将创建一个与第一个引用句柄不同的新引用句柄。LabVIEW 将为引用句柄所指的对象分配内存空间。关闭引用句柄，该对象则会从内存中释放出来。

由于 LabVIEW 可以记住每个引用句柄所指的信息，如果读取或写入的对象的当前地址和用户访问情况，因此可以对单一对象执行并行但相互独立的操作。如果一个 VI 多次打开同一个对象，那么每次的打开操作都将返回一个不同的引用句柄。VI 结束运行时，LabVIEW 会自动关闭引用句柄，但如果用户在结束使用引用句柄时就将其关闭将可以最有效地利用内存空间和其他资源，这是一个良好的编程习惯。关闭引用句柄的顺序与打开时相反。例如，对象 A 获得了一个引用句柄，然后在对象 A 上调用方法以获得一个指向对象 B 的引用句柄，在关闭时应先关闭对象 B 的引用句柄然后再关闭对象 A 的引用句柄。

如果在 For 循环或 While 循环内部打开一个引用句柄，每次重复循环时请关闭该引用句柄，因为 LabVIEW 将重复为句柄分配内存直至 VI 运行结束后才释放该内存。

📖8.1.3　文件 I/O 格式的选择

采用何种文件 I/O 选板上的 VI 取决于文件的格式。LabVIEW 可读写的文件格式有文本文件、二进制文件和数据记录文件三种。使用何种格式的文件取决于采集和创建的数据及访问这些数据的应用程序。

可根据以下标准确定使用文件的格式：

➢ 如果需在其他应用程序（如 Microsoft Excel）中访问这些数据，使用最常见且便于存取的文本文件。

➢ 如果需随机读写文件或读取速度及磁盘空间有限，使用二进制文件。在磁盘空间利用和读取速度方面二进制文件优于文本文件。

➢ 如果需在 LabVIEW 中处理复杂的数据记录或不同的数据类型，使用数据记录文件。如果仅从 LabVIEW 访问数据，而且需存储复杂数据结构，数据记录文件是最好的方式。

1. 何时使用文本文件

如果磁盘空间、文件 I/O 操作速度和数字精度不是主要考虑因素，或无需进行随机读写，应使用文本文件存储数据，以方便其他用户和应用程序读取文件。

文本文件是最便于使用和共享的文件格式，几乎适用于任何计算机。许多基于文本的程序可读取基于文本的文件。多数仪器控制应用程序使用文本字符串。

如果需要通过其他应用程序访问数据，如文字处理或电子表格应用程序，可将数据存储在文本文件中。如果需将数据存储在文本文件中，使用字符串函数可将所有的数据转换为文本字符串。文本文件可包含不同数据类型的信息。

如果数据本身不是文本格式（如图形或图表数据），由于数据的 ASCII 码表示通常要比数据本身大，因此文本文件要比二进制和数据记录文件占用更多内存。例如，将 -123.4567 作为单精度浮点数保存时只需 4 个字节，如果使用 ASCII 码表示，则需要 9 个字节，每个字符占用一个字节。

另外，很难随机访问文本文件中的数值数据。尽管字符串中的每个字符占用一个字节的空间，但是将一个数字表示为字符串所需要的空间通常是不固定的。如需查找文本文件中的第 9 个数字，LabVIEW 须先读取和转换前面 8 个数字。

将数值数据保存在文本文件中，可能会影响数值精度。计算机将数值保存为二进制数据，而通常情况下数值以十进制的形式写入文本文件。因此将数据写入文本文件时，可能会丢失数据精度。二进制文件中并不存在这种问题。

文件 I/O VI 和函数可在文本文件和电子表格文件中读取或写入数据。

2. 何时使用二进制文件

磁盘用固定的字节数保存包括整数在内的二进制数据。例如，以二进制格式存储 0～40 亿之间的任何一个数，如 1、1000 或 1000000，每个数字占用 4 个字节的空间。

二进制文件可用来保存数值数据并访问文件中的指定数字，或随机访问文件中的数字。与人可识别的文本文件不同，二进制文件只能通过机器读取。二进制文件是存储数据最为紧凑和快速的格式。在二进制文件中可使用多种数据类型，但这种情况并不常见。

二进制文件占用较少的磁盘空间，且存储和读取数据时无需在文本表示与数据之间进行转换，因此二进制文件效率更高。二进制文件可在 1 字节磁盘空间上表示 256 个值。除扩展精度和复数外，二进制文件中含有数据在内存中存储格式的映像。因为二进制文件的存储格式与数据在内存中的格式一致，无需转换，所以读取文件的速度更快。

文本文件和二进制文件均为字节流文件，以字符或字节的序列对数据进行存储。

文件 I/O VI 和函数可在二进制文件中进行读取写入操作。如果需在文件中读写数字数据，或创建在多个操作系统上使用的文本文件，可考虑用二进制文件函数。

3. 何时使用数据记录文件

数据记录文件可访问和操作数据（仅在 LabVIEW 中），并可快速方便地存储复杂的数据结构。

数据记录文件以相同的结构化记录序列存储数据（类似于电子表格），每行均表示一个记录。数据记录文件中的每条记录都必须是相同的数据类型。LabVIEW 会将每个记录作为含有待保存数据的簇写入该文件。每个数据记录可由任何数据类型组成，并可在创建该文件时确定数据类型。

例如，创建一个数据记录，若其记录数据的类型是包含字符串和数字的簇，则该数据记录文件的每条记录都是由字符串和数字组成的簇。第一个记录可以是（"abc"，1），而第二个记录可以是（"xyz"，7）。

数据记录文件只需进行少量处理，因而其读写速度更快。数据记录文件将原始数据块作为一个记录来重新读取，无需读取该记录之前的所有记录，因此使用数据记录文件简化了数据查询的过程。数据记录文件仅需记录号就可访问记录，因此可更快、更方便地随机访问数据记录文件。创建数据记录文件时，LabVIEW 按顺序给每个记录分配一个记录号。

从前面板和程序框图可访问数据记录文件。

每次运行相关的 VI 时，LabVIEW 会将记录写入数据记录文件。LabVIEW 将记录写入数据记录文件后将无法覆盖该记录。读取数据记录文件时，可一次读取一个或多个记录。

如果开发过程中系统要求更改或需在文件中添加其他数据，则可能需要修改文件的相应格式。修改数据记录文件格式将导致该文件不可用。存储 VI 可避免该问题。

前面板数据记录可创建数据记录文件，记录的数据可用于其他 VI 和报表中。

4．波形文件

波形文件是一种特殊的数据记录文件，它记录了发生波形的一些基本信息，如波形发生的起始时间和采样的时间间隔等。

8.2　文件 I/O 操作的 VI 和函数

LabVIEW 的文件 I/O 操作是通过其 I/O 节点来实现的，这些 VI 和函数节点位于 I/O 子选板中。本节将对这些 VI 和函数及其使用方法进行介绍。

8.2.1　用于常用文件 I/O 操作的 VI 和函数

"函数"选板中"文件 I/O"选板上的 VI 和函数可用于常见文件 I/O 操作，如读写以下类型的数据：在电子表格文本文件中读写数值，在文本文件中读写字符，从文本文件读取行，在二进制文件中读写数据。

可将读取文本文件、写入文本文件函数配置为可执行常用文件 I/O 操作。这些执行常用操作的 VI 和函数可打开文件或弹出提示对话框要求用户打开文件，执行读写操作后关闭文件，节省了编程时间。如果文件 I/OVI 和函数被设置为执行多项操作，则每次运行时都将打开和关闭文件，所以尽量不要将它们放在循环中。执行多项操作时可将函数设置为始终保持文件打开。

"文件 I/O"选板如图 8-4 所示。

下面对"文件 I/O"选板中的节点进行介绍。

1．写入带分隔符电子表格 VI

使字符串、带符号整数或双精度数的二维或一维数组转换为文本字符串，写入字符串至新的字节流文件或添加字符串至现有文件。带入分隔符电子表格文件 VI 的节点图标和端口如图 8-5 所示。

➤ 格式：指定如何使数字转化为字符。 如果格式为"%.3f（默认）"，VI 可创建包含数字的字符串，小数点后有三位数字。如果格式为"%d"，VI 可使数据转换为整数，使用尽可能多的字符包含整个数字。如果格式为"%s"，VI 可复制输入字符串，使用格式字符串语法。

➤ 文件路径：表示文件的路径名。如果文件路径为空（默认值）或为〈非法路径〉，VI 可显示用于选择文件的文件对话框。如果在对话框内选择取消，可发生错误 43。

➢ 二维数据：指定一维数据未连线或为空时写入的数据。

图 8-4 "文件 I/O"选板

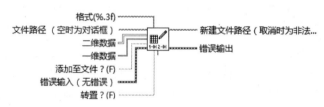

图8-5 写入带分隔符电子表格文件VI的节点图标及端口

➢ 一维数据：指定输入不为空时要写入文件的数据。 VI 在开始运算前可使一维数组转换为二维数组。

➢ 添加至文件？：为"TRUE"时，添加数据至现有文件。如果添加至文件？的值为 FALSE（默认），VI 可替换已有文件中的数据。如果不存在已有文件，VI 可创建新文件。

➢ 错误输入（无错误）：表明节点运行前发生的错误。该输入将提供标准错误输入功能。

➢ 转置？：指定将数据从字符串转换后是否进行转置。 默认值为"FALSE"。如果转置？的值为"FALSE"，则对 VI 的每次调用都在文件中创建新的行。

2．读取带分隔符电子表格

在数值文本文件中从指定字符偏移量开始读取指定数量的行或列，并使数据转换为双精度的二维数组，数组元素可以是数字、字符串或整数。读取带分隔符电子表格 VI 的节点图标和端口如图 8-6 所示。

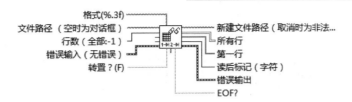

图8-6 读取带分隔符电子表格VI的节点图标和端口

> 行数：VI读取的最大行数。对于该VI，一行使用回车换行符或换行符隔开，或到了文件尾部。如果输入小于0，则VI读取整个文件。默认为-1。
> 新建文件路径：返回文件的路径。
> 所有行：是从文件读取的数据。
> 第一行：是所有行数组中的第一行。 可使用该输入使一行数据读入一维数组。
> 读后标记：返回文件中读取操作终结字符后的字符（字节）。
> EOF?：如果需读取的内容超出文件结尾，则值为TRUE。

3．写入测量文件

写入测量文件Express VI用于将数据写入基于文本的测量文件(.lvm)和二进制测量文件(.tdm或.tdms)。写入测量文件 Express VI 的初始图标和端口如图 8-7 所示。

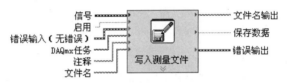

图 8-7 写入测量文件 Express VI 的初始图标和端口

将写入测量文件 Express VI 放到程序框图中时，会弹出"配置写入测量文件"对话框，如图 8-8 所示。

下面对"配置写入测量文件"对话框中的选项进行介绍。

（1）文件名。显示被写入数据文件的完整路径。仅在文件名输入端未连线时，该Express VI 才将数据写入该参数所指定的文件。如果文件名输入端已连线，则数据将被该 Express VI 写入该输入端所指定的文件。

（2）文件格式。

> 文本(LVM)：将文件格式设置为基于文本的测量文件(.lvm)，并在文件名中设置文件扩展名为.lvm。
> 二进制(TDMS)：将文件格式设置为二进制测量文件(.tdms)，并在文件名中将文件扩展名设置为.tdms。如果选择该选项，则不可使用分隔符部分以及数据段首部分的无段首选项。
> 带 XML 头的二进制(TDM)：将文件格式设置为二进制测量文件(.tdm)，并在文件名中将文件扩展名设置为.tdm。如果选择该选项，则不可使用分隔符部分以及数据段首部分的无段首选项。

当选择该文件格式时，可勾"选锁定文件以提高访问速度"复选框。勾选该复选框可明显加快读写速度，但将影响对某些任务的多任务处理能力。通常情况下推荐使用该选项。

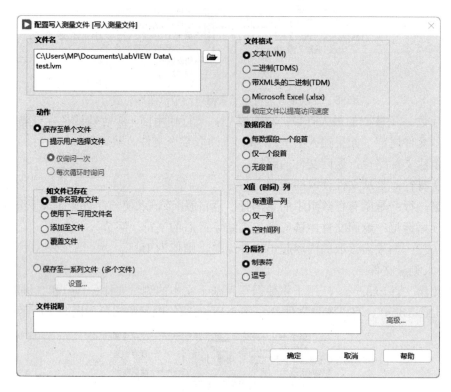

图 8-8 "配置写入测量文件"对话框

　　启用该选项后,当两个 Express VI 中的一个正在写一系列文件时,两个 Express VI 不能同时访问同一个文件。

　　(3)动作。

➢ 保存至单个文件:将所有数据保存至一个文件。

➢ 提示用户选择文件:显示对话框,提示用户选择文件。

➢ 仅询问一次:提示用户选择文件,仅提示一次。只有勾选"提示用户选择文件"复选框时,该选项才可用。

➢ 每次循环时询问:每次 Express VI 运行时都提示用户选择文件。只有勾选"提示用户选择文件"复选框时,该选项才可用。

➢ 保存至一系列文件(多个文件):将数据保存至多个文件。如果重置为"TRUE",则 VI 将从序列中的第一个文件开始写入。当指定文件已经存在时,将采取何种措施由配置多文件设置对话框现有文件选项的值决定。如果 test_001.lvm 被保存为 test_004.lvm,则 test_001.lvm 可能已经被重命名、覆盖或者跳过。

➢ 设置:显示配置多文件设置对话框。只有勾选了"保存至一系列文件(多个文件)"复选框,才可使用该选项。

　　(4)如文件已存在。

➢ 重命名现有文件:如果重置为"TRUE",则重命名现有文件。

➢ 使用下一可用文件名:如果重置为"TRUE",则向文件名添加下一个顺序数字。例如,当 test.lvm 已存在时,LabVIEW 将文件保存为 test1.lvm。

➢ 添加至文件：将数据添加至文件。如果选中该选项，则 VI 将忽略重置的值。

➢ 覆盖文件：如果重置为"TRUE"，将覆盖现有文件的数据。

（5）数据段首。

➢ 每数据段一个段首：在被写入文件的每个数据段创建一个段首。适用于数据采
样率因时间而改变、以不同采样率采集两个或两个以上信号、被记录的一组信
号随时间而变化的情况。

➢ 仅一个段首：在被写入文件中仅创建一个段首。适用于以相同的恒定采集率采
集同一组信号的情况。

➢ 无段首：不在被写入的文件中创建段首。

只有选择了文件格式部分的"文本(LVM)"，该选项才可用。

（6）X 值（时间）列。

➢ 每通道一列：为每个通道产生的时间数据创建单独的列。对于每列 y 轴的值，
都会生成一列相应 x 轴的值。适用于采集率不恒定或采集不同类型信号的情况。

➢ 仅一列：仅为所有通道生成的时间数据创建一个列。仅包括一列 x 轴的值。适
用于以相同的恒定采集率采集一组信号的情况。

➢ 空时间列：为所有通道生成的时间数据创建一个空列。不包括 x 轴的数据。

只有选择了文件格式部分的"文本(LVM)"选项，才可使用该选项。

（7）分隔符。

➢ 制表符：用制表符分隔文本文件中的字段。

➢ 逗号：用逗号分隔文本文件中的字段。

只有选择了文件格式部分的"文本(LVM)"选项，才可使用该选项。

（8）文件说明。包含.lvm、.tdm 或.tdms 文件的说明。LabVIEW 将文本框中输入的
文本添加到文件的段首中。

高级：显示配置用户定义属性对话框。只有选择了"二进制(TDMS)"或"带 XML（可
扩展标记语言）头的二进制(TDM)"才可使用该选项。

4．读取测量文件

读取测量文件 Express VI 用于从基于文本的测量文件(.lvm)和二进制测量文件
(.tdm 或.tdms)中读取数据。如果安装了 Multisim9.0 或更高版本，也可使用该 VI 读取
Multisim 数据。读取测量文件 Express VI 的初始图标和端口如图 8-9 所示。

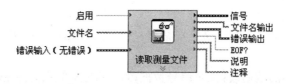

图 8-9 读取测量文件 Express VI 的初始图标和端口

将读取测量文件 Express VI 放到程序框图中时，会弹出"配置读取测量文件"对话
框，如图 8-10 所示。

下面对"配置读取测量文件"对话框中的选项进行介绍。

（1）文件名。显示希望读取其数据的文件的完整路径。仅在文件名输入端未连线时，
Express VI 从参数所指定的文件读取数据。如果文件名输入端已连线，则 Express VI

将从输入端所指定的文件读取数据。

（2）文件格式。

➤ 文本(LVM)：将文件格式设置为基于文本的测量文件(.lvm)，并在文件名中设置文件扩展名为.lvm。

➤ 二进制(TDMS)：将文件格式设置为二进制测量文件(.tdms)，并在文件名中将文件扩展名设置为.tdms。

➤ 带 XML 头的二进制(TDM)：将文件格式设置为二进制测量文件(.tdm)，并在文件名中将文件扩展名设置为.tdm。当选择该文件格式时，可勾选"锁定文件以提高访问速度"复选框。勾选该复选框可明显加快读写速度，但将影响对某些任务的多任务处理能力。通常情况下推荐使用该选项。

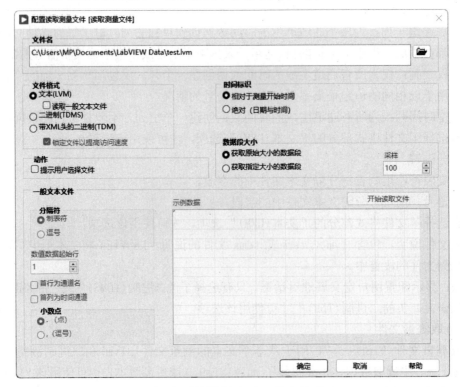

图 8-10 "配置读取测量文件"对话框

（3）动作。

➤ 提示用户选择文件：显示文件对话框，提示用户选择一个文件。

（4）数据段大小。

➤ 获取原始大小的数据段：按照信号数据段原来的大小从文件读取信号的数据段。

➤ 获取指定大小的数据段：按照采样中指定的大小从文件读取信号的数据段。

➤ 采样：指定在从文件读取的数据段中，希望包含的采样数量。默认值为 100。只有选择了"获取指定大小的数据段"，该选项才可用。

（5）时间标识。

➤ 相对于测量开始时间：显示数值对象从 0 起经过的小时、分钟及秒数。例如，十进制 100 等于相对时间 1：40。

> 绝对（日期与时间）：显示数值对象从格林尼治标准时间 1904 年 1 月 1 号零点至今经过的秒数。

（6）一般文本文件。

> 数值数据起始行：表示数值数据的起始行。Express VI 从该行开始读取数据。默认值为 1。

> 首行为通道名：指明位于数据文件第一行的是通道名。

> 首列为时间通道：指明位于数据文件的第一列的是每个通道的时间数据。

> 开始读取文件：将数据从文件名中指定的文件导入至采样数据表格。

（7）分隔符。

> 制表符：用制表符分隔文本文件中的字段。

> 逗号：用逗号分隔文本文件中的字段。

（8）小数点。

> .（点）：使用点号作为小数点分隔符。

> ,（逗号）：使用逗号作为小数点分隔符。

5．打开/创建/替换文件

使用编程方式或对话框的交互方式打开一个存在的文件、创建一个新文件或替换一个已存在的文件。可以选择使用对话框的提示或使用复制文件名。打开/创建/替换文件函数的节点图标和端口如图 8-11 所示。

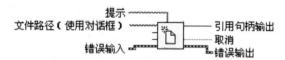

图 8-11　打开/创建/替换文件函数的节点图标和端口

6．关闭文件

关闭一个引用句柄指定的打开的文件，并返回文件的路径及应用句柄。这个节点不管是否有错误信息输入，都要执行关闭文件的操作，所以必须从错误输出中判断关闭文件操作是否成功。关闭文件函数的节点图标和端口如图 8-12 所示。关闭文件要进行下列操作：

1）把文件写在缓冲区里的数据写入物理存储介质中。

2）更新文件列表的信息，如大小、最后更新日期等。

3）释放引用句柄。

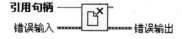

图 8-12　关闭文件函数的节点图标和端口

7．格式化写入文件

将字符串、数值、路径或布尔型数据格式化为文本格式并写入文本文件中。格式化写入文件函数的节点图标和端口如图 8-13 所示。

在格式化写入文件节点图标上双击，或者在节点图标上右键快捷菜单中选择"编辑格式字符串"命令，显示"编辑格式字符串"对话框，如图 8-14 所示。该对话框用于将数字转换为字符串。

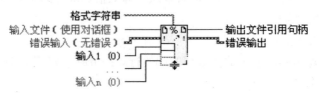

图 8-13 格式化写入文件函数的节点图标和端口

该对话框包括以下部分：

➢ 当前格式顺序：表示将数字转换为字符串的已选操作格式。

● 添加新操作：将已选操作列表框中的一个操作添加到当前格式顺序列表框。

● 删除本操作：将选中的操作从当前格式顺序列表框中删除。

● 对应的格式字符串：显示已选格式顺序或格式操作的格式字符串。该选项显示为只读。

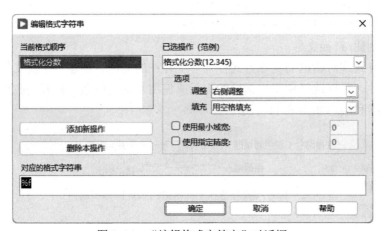

图 8-14 "编辑格式字符串"对话框

➢ 已选操作（范例）：列出可选的转换操作。

➢ 选项：指定以下格式化选项：

● 右侧调整：设置输出字符串为右侧调整或左侧调整。

● 用空格填充：设置以空格或零对输出字符串进行填充。

● 使用最小域宽：设置输出字符串的最小域宽。

● 使用指定精度：根据指定的精度将数字格式化。本选项仅在选中已选操作下拉菜单的格式化分数(12.345)、格式化科学计数法数字(1.234E1)或格式化分数/科学计数法数字(12.345)后才可用。

➢ 对应的格式字符串：指定输出与文本框中输入的内容完全相同。该选项仅当在已选操作下拉列表中选择"输出精确字符串(abc)"后有效。

8．扫描文件

在一个文件的文本中扫描字符串、数值、路径和布尔数据，将文本转换成一种数据类型，并返回引用句柄的副本及按顺序输出扫描到的数据。可以使用该函数节点读取文件中的所有文本。但是使用该函数节点不能指定扫描的起始点。扫描文件函数的节点图标和端口如图 8-15 所示。

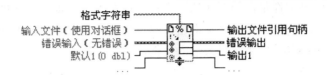

图 8-15 扫描文件函数的节点图标和端口

在扫描文件节点图标上双击，或者在节点图标上右键快捷菜单中选择"编辑扫描字符串"，显示"编辑扫描字符串"对话框，如图 8-16 所示。该对话框用于指定将输入的字符串转换为输出参数的方式。

该对话框包括以下部分：

➢ 当前扫描顺序：表示已选的将数字转换为字符串的扫描操作。

➢ 已选操作（范例）：列出可选的转换操作。

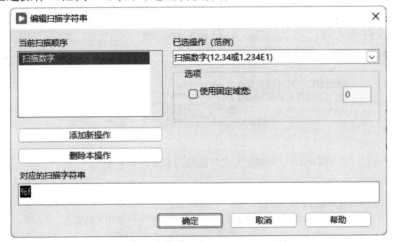

图 8-16 "编辑扫描字符串"对话框

➢ 添加新操作：将已选操作列表框中的一个操作添加到当前扫描顺序列表框。

➢ 删除本操作：将选中的操作从当前扫描顺序列表框中删除。

➢ 使用固定域宽：设置输出参数的固定域宽。

➢ 对应的扫描字符串：显示已选扫描顺序或格式操作的格式字符串。该选项显示为只读。

9．写入文本文件

以字母的形式将一个字符串或行的形式将一个字符串数组写入文件。如果将文件地址连接到对话框窗口输入端，在写之前 VI 将打开或创建一个文件，或者替换已有的文件。如果将引用句柄连接到文件输入端，将从当前文件位置开始写入内容。写入文本文件函数的节点图标和端口如图 8-17 所示。

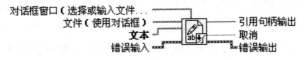

图 8-17 写入文本文件函数的节点图标和端口

➢ 对话框窗口：在对话框窗口中显示的提示。

➢ 文件：文件路径输入。可以直接在"对话框窗口"端口中输入一个文件路径和文件名，如果文件是已经存在的，则打开这个文件，如果输入的文件不存在，则创建这个新文件。如果对话框窗口端口的值为空或非法的路径，则调用对话框窗口，通过对话框来选择或输入文件。

10. 读取文本文件

从一个字节流文件中读取指定数目的字符或行。默认的情况下，读取文本文件函数读取文本文件中所有的字符。将一个整数输入到计数输入端，指定从文本文件中读取以第一个字符为起始的多少个字符。在图标的右键快捷菜单中选择"读取行"，计数输入端输入的数字是所要读取的以第一行为起始的行数。如果计数输入端输入的值为-1，将读取文本文件中所有的字符和行。读取文本文件函数的节点图标和端口如图 8-18 所示。

11. 写入二进制文件

将二进制数据写入一个新文件或追加到一个已存在的文件。如果连接到文件输入端的是一个路径，函数将在写入之前打开或创建文件，或者替换已存在的文件。如果将引用句柄连接到文件输入端，将从当前文件位置开始追加写入内容。写入二进制文件函数的节点图标和端口如图 8-19 所示。

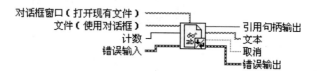

图 8-18　读取文本文件函数的节点图标和端口

图 8-19　写入二进制文件函数的节点图标和端口

12. 读取二进制文件

从一个文件中读取二进制数据并从数据输出端返回这些数据。数据怎样被读取取决于指定文件的格式。读取二进制文件函数的节点图标和端口如图 8-20 所示。

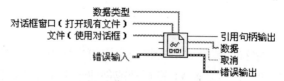

图 8-20　读取二进制文件函数的节点图标和端口

数据类型：函数从二进制文件中读取数据所使用的数据类型。函数从当前文件位置开始以选择的数据类型来翻译数据。如果数据类型是一个数组、字符串或包含数组和字符串的簇，那么函数将认为每一该数据实例包含大小信息。如果数据实例中不包含大小信息，那么函数将曲解这些数据。如果 LabVIEW 发现数据与数据类型不匹配，它将数据置为默认数据类型并返回一个错误。

13. 创建路径

创建路径节点用于在一个已经存在的基路径后添加一个字符串输入，构成一个新的路径名。创建路径的节点图标和端口如图8-21所示。

在实际应用中，可以把基路径设置为工作目录，每次存取文件时就不用在路径输入控件中输入很长的一个目录名，而只需输入相对路径或文件名。

14. 拆分路径

拆分路径节点用于把输入路径从最后一个反斜杠的位置分成两部分，分别从拆分的路径输出端和名称输出端口输出。因为一个路径的后面常常是一个文件名，所以这个节点可以用来把文件名从路径中分离出来。如果要写一个文件重命名的VI，就可以使用这个节点。拆分路径函数的节点图标和端口如图8-22所示。

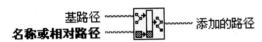

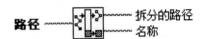

图8-21　创建路径的节点图标和端口　　　　图8-22　拆分路径的节点图标和端口

📖8.2.2　文件常量

使用"文件常量"子选板中的节点与文件 I/O 函数和VI配合使用。"文件常量"子选板如图8-23所示。

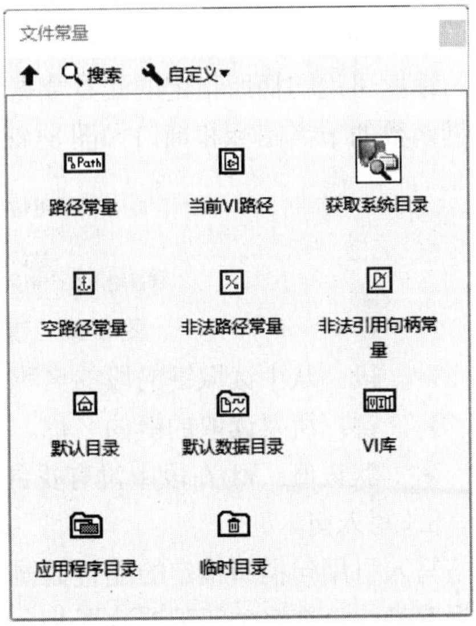

- ➢ 路径常量：使用路径常量在程序框图中提供一个常量路径。
- ➢ 空路径常量：该节点返回一个空路径。
- ➢ 非法路径常量：返回一个值为"非法路径"的路径。当发生错误而不想返回一个路径时，可以使用该节点。
- ➢ 非法引用句柄常量：该节点返回一个值为"非法引用句柄"的引用句柄。当发生错误时，可使用该节点。
- ➢ 当前 VI 路径：返回当前 VI 所在文件的路径。如果当前 VI 没有保存过，将返回一个非法路径。
- ➢ VI 库：返回当前所使用的 VI 库的路径。
- ➢ 默认目录：返回目录默认的路径。
- ➢ 临时目录：返回临时目录路径。
- ➢ 默认数据目录：所配置的 VI 或函数所产生的数据存储的位置。

图8-23　"文件常量"子选板

📖8.2.3　配置文件 VI

配置文件 VI 可读取和创建标准的 Windows 配置(.ini)文件，并以独立于平台的格式写入特定平台的数据（如路径），从而可以跨平台使用 VI 生成的文件。对于配置文件，

"配置文件"VI 不使用标准义件格式。通过"配置文件"VI 可在任何平台上读写由 VI 创建的文件。配置文件VI 子选板如图 8-24 所示。

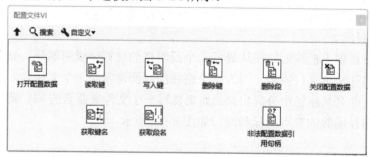

图 8-24　"配置文件 VI"子选板

1．打开配置数据

打开配置文件的路径所指定的配置数据的引用句柄。打开配置数据函数的节点图标和端口如图 8-25 所示。

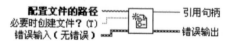

图 8-25　打开配置数据函数的节点图标和端口

2．读取键

读取引用句柄所指定的配置数据文件的键数据。如果键不存在，将返回默认值。读取键函数的节点图标和端口如图 8-26 所示。

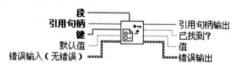

图 8-26　读取键函数的节点图标和端口

➢ 段：从中读取键的段的名称。
➢ 键：所要读取的键的名称。
➢ 默认值：VI 在段中没有找到指定的键或者发生错误时的 VI 的默认返回值。

3．写入键

写入引用句柄所指定的配置数据文件的键数据。该 VI 修改内存中的数据。如果想将数据存盘，可使用关闭配置数据 VI。写入键函数的节点图标和端口如图 8-27 所示。

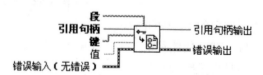

图 8-27　写入键函数的节点图标和端口

4．删除键

删除由引用句柄指定的配置数据中由段输入端指定的段中的键。删除键函数的节点图标和端口如图 8-28 所示。

5．删除段

删除由引用句柄指定的配置数据中的段。删除段函数的节点图标和端口如图 8-29

所示。

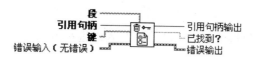

图 8-28　删除键函数的节点图标和端口

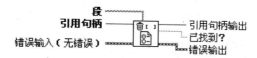

图 8-29　删除段函数的节点图标和端口

6．关闭配置数据

将数据写入由引用句柄指定的独立于平台的配置文件，然后关闭对该文件的引用。关闭配置数据函数的节点图标和端口如图 8-30 所示。

➢ 写入配置文件？（T）：如果为"TRUE"（默认值），VI 将配置数据写入独立与平台的配置文件。配置文件由打开配置数据函数选择。如果为 FALSE，配置数据不被写入。

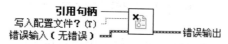

图 8-30　关闭配置数据函数的节点图标和端口

7．获取键名

获取由引用句柄指定的配置数据中特定段的所有键名。获取键名函数的节点图标和端口如图 8-31 所示。

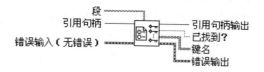

图 8-31　获取键名函数的节点图标和端口

8．获取段名

获取由引用句柄指定的配置数据文件的所有段名。获取段名函数的节点图标和端口如图 8-32 所示。

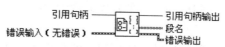

图 8-32　获取段名函数的节点图标和端口

9．非法配置数据引用句柄

判断配置数据引用是否有效。非法配置数据引用句柄函数的节点图标和端口如图 8-33 所示。

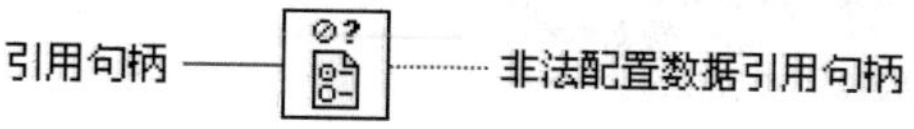

引用句柄 ——————— 非法配置数据引用句柄

图 8-33　非法配置数据引用句柄函数的节点图标和端口

8.2.4 TDMS

使用 TDMS VI 和函数将波形数据和属性写入二进制测量文件。"TDMS"子选板如图 8-34 所示。

图 8-34　"TDMS"子选板

1. TDMS 打开

打开一个扩展名为.tdms 的文件。也可以使用该函数新建一个文件或替换一个已存在的文件。TDMS 打开函数的节点图标和端口如图 8-35 所示。

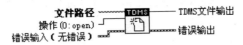

图 8-35　TDMS 打开函数的节点图标和端口

操作：选择操作的类型。可以指定为下列 5 种类型之一：

➢ open（0）：打开一个要写入的.tdms 文件。

➢ open or create（1）：创建一个新的或打开一个已存在的要进行配置的.tdms 文件。

➢ create or replace（2）：创建一个新的或替换一个已存在的.tdms 文件。

➢ create（3）：创建一个新的.tdms 文件。

➢ open（read-only）（4）：打开一个只读类型的.tdms 文件。

2. TDMS 写入

将数据流写入指定.tdms 数据文件。所要写入的数据子集由组名称输入和通道名输入指定。TDMS 写入函数的节点图标和端口如图 8-36 所示。

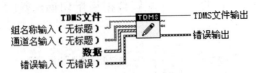

图 8-36　TDMS 写入函数的节点图标和端口

➢ 组名称输入：指定要进行操作的组名称。如果该输入端没有连接，默认为无标题。

➤ 通道名输入：指定要进行操作的通道名。如果该输入端没有连接，通道将自动
命名。如果数据输入端连接波形数据，则 LabVIEW 使用波形的名称。

3．TDMS 读取

打开指定的.tdms 文件，并返回由数据类型输入端指定的类型的数据。TDMS 读取函
数的节点图标和端口如图 8-37 所示。

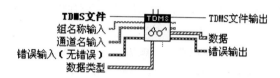

图 8-37　TDMS 读取函数的节点图标和端口

4．TDMS 关闭

关闭一个使用 TDMS 打开函数打开的.tdms 文件。TDMS 关闭函数的节点图标和端口如
图 8-38 所示。

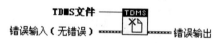

图 8-38　TDMS 关闭函数的节点图标和端口

5．TDMS 列出内容

列出由 TDMS 文件输入端指定的.tdms 文件中包含的组和通道名称。TDMS 列出内容函
数的节点图标和端口如图 8-39 所示。

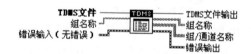

图 8-39　TDMS 列出内容函数的节点图标和端口

6．TDMS 设置属性

设置指定.tdms 文件的属性、组名称或通道名。如果组名称或通道名输入端有输入，
属性将被写入组或通道。如果组名称或通道名无输入，属性将变为文件标识。TDMS 设置
属性函数的节点图标和端口如图 8-40 所示。

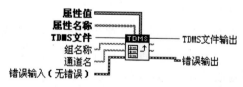

图 8-40　TDMS 设置属性函数的节点图标和端口

7．TDMS 获取属性

返回指定.tdms 文件的属性。如果组名称或通道名输入端有输入，函数将返回组或
通道的属性。如果组名称和通道名无输入，函数将返回特定.tdms 文件的属性。TDMS 获
取属性函数的节点图标和端口如图 8-41 所示。

8．TDMS 刷新

刷新系统内存中的.tdms 文件数据，以保持数据的安全性。TDMS 刷新函数的节点图

标和端口如图 8-42 所示。

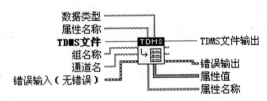

图 8-41 TDMS 获取属性函数的节点图标和端口

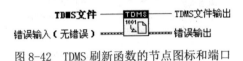

图 8-42 TDMS 刷新函数的节点图标和端口

9. TDMS 文件查看器

打开由文件路径输入端指定的.tdms 文件，并将文件数据在 TDMS 查看器窗口中显示出来。TDMS 文件查看器函数的节点图标和端口如图 8-43 所示。

图 8-43 TDMS 文件查看器函数的节点图标和端口

10. TDMS 碎片整理

整理由文件路径指定的.tdms 文件的数据。如果.tdms 数据很乱，可以使用该函数进行清理，从而提高性能。TDMS 碎片整理函数的节点图标和端口如图 8-44 所示。

图 8-44 TDMS 碎片整理函数的节点图标和端口

11. 高级 TDMS

高级 TDMS VI 和函数可用于对.tdms 文件进行高级 I/O 操作（如异步读取和写入）。通过此类 VI 和函数可读取已有.tdms 文件中的数据，写入数据至新建的.tdms 文件，或替换已有.tdms 文件的部分数据。也可使用此类 VI 和函数转换.tdms 文件的格式版本，或新建未换算数据的换算信息。

高级"TDMS"子选板如图 8-45 所示。

（1）高级 TDMS 打开。按照主机使用的字节顺序打开用于读写操作的.tdms 文件。该 VI 也可用于创建新文件或替换现有文件。不同于 TDMS 打开函数，高级 TDMS 打开函数不创建.tdms 文件。如使用该函数打开.tdms 文件，且该文件已有对应的.tdms_index 文件，该函数可删除.tdms_index 文件。高级 TDMS 打开函数的节点图标和端口如图 8-46 所示。

（2）高级 TDMS 关闭。关闭通过高级 TDMS 打开函数打开的.tdms 文件，释放 TDMS 预留文件大小保留的磁盘空间。高级 TDMS 关闭的节点图标和端口如图 8-47 所示。

（3）TDMS 设置通道信息。定义要写入指定.tdms 文件的原始数据中包含的通道信息。通道信息包括数据布局、组名、通道名、数据类型和采样数。TDMS 设置通道信息的节点图标和端口如图 8-48 所示。

（4）TDMS 创建换算信息。创建.tdms 文件中未缩放数据的缩放信息。该 VI 将缩放信息写入.tdms 文件。必须手动选择所需多态实例。

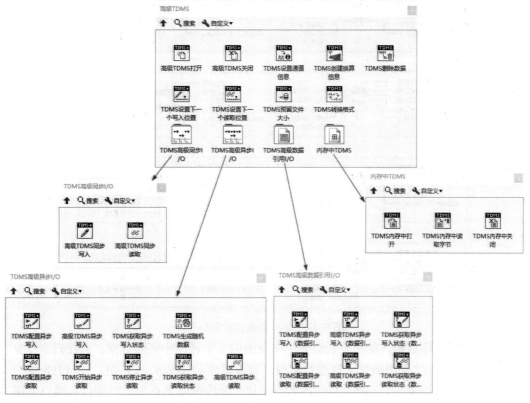

图 8-45   "高级 TDMS"子选板

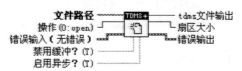

图 8-46   高级 TDMS 打开函数的节点图标和端口

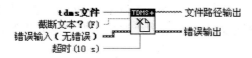

图 8-47   高级 TDMS 关闭的节点图标和端口

TDMS 创建换算信息(线性、多项式、热电偶、RTD、表格、应变等)如图 8-49 所示。

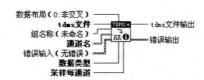

图 8-48   TDMS 设置通道信息的节点图标和端口

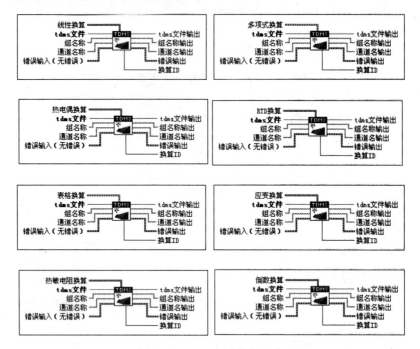

图 8-49　TDMS 创建换算信息

（5）TDMS 删除数据。从一个通道或一个组中的多个通道中删除数据。函数删除该数据后，如果.tdms 文件中数据采样的数量少于通道属性 wf_samples 的值，LabVIEW 将把 wf_samples 的值设置为.tdms 文件中的数据采样。TDMS 删除数据的节点图标和端口如图 8-50 所示。

图 8-50　TDMS 删除数据的节点图标和端口

（6）TDMS 设置下一个写入位置。配置高级 TDMS 异步写入或高级 TDMS 同步写入函数开始重写.tdms 文件中已有的数据。如果高级 TDMS 打开的"禁用缓冲？"输入为"TRUE"，则设置的下一个写入位置必须为磁盘扇区大小的倍数。TDMS 设置下一个写入位置节点的图标和端口如图 8-51 所示。

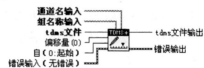

图 8-51　TDMS 设置下一个写入位置的节点图标和端口

（7）TDMS 设置下一个读取位置。配置高级 TDMS 异步读取函数读取.tdms 文件中数据的开始位置。如果高级 TDMS 打开的"禁用缓冲？"输入为"TRUE"，则设置的下一个读取位置必须为磁盘扇区大小的倍数。TDMS 设置下一个读取位置的节点图标和端口如图 8-52 所示。

（8）TDMS 预留文件大小。为写入操作预分配磁盘空间，防止文件系统碎片，函数使用.tdms 文件时，其他进程无法访问该文件。TDMS 预留文件大小的节点图标和端口如图 8-53 所示。

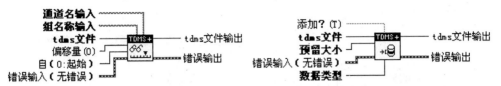

图 8-52　TDMS 设置下一个读取位置的节点图标和端口　图 8-53　TDMS 预留文件大小的节点图标和端口

（9）TDMS 转换格式。将.tdms 文件的格式从 1.0 转换为 2.0，或者相反。该 VI 依据目标版本中指定的新文件格式版本指定重写.tdms 文件，如图 8-54 所示。

（10）TDMS 高级同步 I/O。用于同步读取和写入.tdms 文件。

1）高级 TDMS 同步写入.tdms 文件。同步写入数据至指定的.tdms 文件。高级 TDMS 同步写入的节点图标和端口如图 8-55 所示。

图 8-54　TDMS 转换格式的节点图标和端口　图 8-55　高级 TDMS 同步写入的节点图标和端口

2）高级 TDMS 同步读取。读取指定的.tdms 文件并以数据类型输入端指定的格式返回数据。高级 TDMS 同步读取的节点图标和端口如图 8-56 所示。

（11）TDMS 高级异步 I/O。用于异步读取和写入.tdms 文件。

1）TDMS 配置异步写入（函数）。为异步写入操作分配缓冲区并配置超时值。写超时的值适用于所有后续异步写入操作。TDMS 配置异步写入的节点图标和端口如图 8-57 所示。

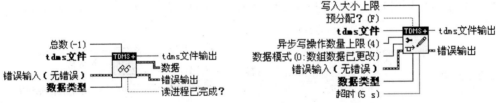

图 8-56　高级 TDMS 同步读取的节点图标和端口　图 8-57　TDMS 配置异步写入的节点图标和端口

2）高级 TDMS 异步写入（函数）。异步写入数据至指定的.tdms 文件。该函数可同时执行多个在后台执行的异步写入操作。使用 TDMS 获取异步写入状态函数可查询暂停的异步写入操作的数量。高级 TDMS 异步写入的节点图标和端口如图 8-58 所示。

3）TDMS 获取异步写入（函数）。获取高级 TDMS 异步写入函数创建的尚未完成的异步写入操作的数量。TDMS 获取异步写入的节点图标和端口如图 8-59 所示。

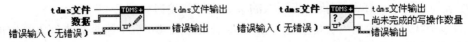

图 8-58　高级 TDMS 异步写入的节点图标和端口　图 8-59　TDMS 获取异步写入的节点图标和端口

4）TDMS 生成随即数据。可以使用生成的随机数据去测试高级 TDMS VI 或函数的性能。在标记测试时利用从数据获取装置中生成的数据，使用该 VI 进行仿真。TDMS 生成随即数据的节点图标和端口如图 8-60 所示。

5) TDMS 配置异步读取（函数）。为异步读取操作分配缓冲区并配置超时值。读超时的值适用于所有后续异步读取操作。TDMS 配置异步读取的节点图标和端口如图 8-61 所示。

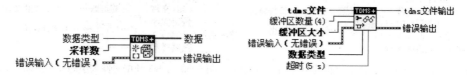

图 8-60　TDMS 生成随即数据的节点图标和端口　　图 8-61　TDMS 配置异步读取的节点图标和端口

6) TDMS 开始异步读取（函数）：开始异步读取过程。此前异步读取过程完成或停止前，无法配置或开始异步读取过程。通过 TDMS 停止异步读取函数可停止异步读取过程。TDMS 开始异步读取的节点图标和端口如图 8-62 所示。

7) TDMS 停止异步读取（函数）：停止新的异步读取。该函数不忽略完成的异步读取或取消尚未完成的异步读取操作。通过该函数停止异步读取后，可通过高级 TDMS 异步读取函数读取完成的异步读取操作。TDMS 停止异步读取节点图标和端口如图 8-63 所示。

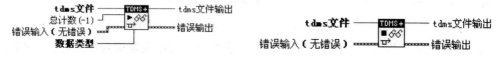

图 8-62　TDMS 开始异步读取的节点图标和端口　　图 8-63　TDMS 停止异步读取的节点图标和端口

8) TDMS 获取异步读取状态（函数）：获取包含高级 TDMS 异步读取函数要读取数据的缓冲区的数量。TDMS 获取异步读取状态节点图标和端口如图 8-64 所示。

9) 高级 TDMS 异步读取（函数）：读取指定的.tdms 文件并以数据类型输入端指定的格式返回数据。该函数可返回此前读入缓冲区的数据。缓冲区通过 TDMS 配置异步读取函数配置。该函数可同时执行多个异步读取操作。高级 TDMS 异步读取节点图标和端口如图 8-65 所示。

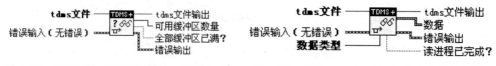

图 8-64　TDMS 获取异步读取状态（函数）的　　图 8-65　高级 TDMS 异步读取的节点图标和端口
　　　　　　节点图标和端口

（12）TDMS 高级数据引用 I/O。用于与数据交互，也可使用这些函数从 ".tdms" 文件异步读取数据并将数据直接置于 DMA 缓存中。

1) TDMS 配置异步写入（数据引用）。配置异步写入操作的最大数量以及超时值。超时的值适用于所有后续写入操作。使用 TDMS 高级异步写入（数据引用）之前，必须使用该函数配置异步写入。TDMS 配置异步写入的节点图标和端口如图 8-66 所示。

2) 高级 TDMS 异步写入（数据引用）。该数据引用输入端指向的数据异步写入指定的 ".tdms" 文件。该函数可以在后台执行异步写入的同时发出更多异步写入指令。还可以查询挂起的异步写入操作的数量。高级 TDMS 异步写入（数据引用)的节点图标和端口如图 8-67 所示。

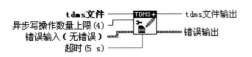

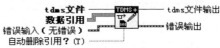

图 8-66 TDMS 配置异步写入的节点图标和端口   图 8-67   高级 TDMS 异步写入（数据引用）的
                                                          节点图标和端口

3）TDMS 获取异步写入状态（数据引用）。返回高级 TDMS 异步写入(数据引用)函数创建的尚未完成的异步写入操作的数量。节点图标和端口如图 8-68 所示。

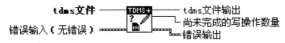

图 8-68   TDMS 获取异步写入状态（数据引用）的节点图标和端口

4）TDMS 配置异步读取（数据引用）。配置异步读取操作的最大数量、待读取数据的总量以及异步读取的超时值。使用 TDMS 高级异步读取（数据引用)之前，必须使用该函数配置异步读取。TDMS 获取异步写入状态（数据引用）的节点图标和端口如图 8-69 所示。

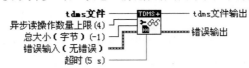

图 8-69   TDMS 配置异步读取（数据引用）的节点图标和端口

5）高级 TDMS 异步读取（数据引用）。从指定的".tdms"文件中异步读取数据，并将数据保存在 LabVIEW 之前的存储器中。该函数在后台执行异步读取的同时发出更多异步读取指令。高级 TDMS 异步读取 (数据引用)的节点图标和端口如图 8-70 所示。

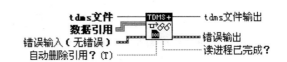

图 8-70   高级 TDMS 异步读取（数据引用）的节点图标和端口

6）TDMS 获取异步读取状态（数据引用）。返回高级 TDMS 异步读取（数据引用）函数创建的尚未完成的异步读取操作的数量。其节点图标和端口如图 8-71 所示。

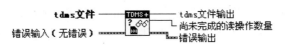

图 8-71   TDMS 获取异步读取 状态(数据引用) 的节点图标和端口

文件格式版本 2.0 包括文件格式 1.0 的所有特性以及下列特性：

➤ 可写入间隔数据至.tdms 文件。
➤ 在.tdms 文件中写入数据可使用不同的 endian 格式或字节顺序。
➤ 不使用操作系统缓冲区写入.tdms 数据，可导致性能提高，特别是在冗余磁盘阵列(RAID)中。
➤ 也可使用 NI-DAQmx 在.tdm 文件中写入带换算信息的元素数据。
➤ 通过位连续数据的多个数据块使用单个文件头，文件格式版本 2.0 可优化连续数据采集的写入性能，可改进单值采集的性能。
➤ 文件格式版本 2.0 支持.tdms 文件异步写入，可使应用程序在写入数据至文件的同时处理内存中的数据，无需等待写入函数结束。

（13）内存中 TDMS。用于与数据交互，也可使用这些函数从“.tdms”文件异步读取数据并将数据直接置于 DMA 缓存中。

1）TDMS 内存中打开。在内存中创建一个空的.tdms 文件进行读取或写入操作。也可使用该函数基于字节数组或磁盘文件创建一个文件。使用内存中 TDMS 关闭函数可关闭对该文件的引用。TDMS 内存中打开的节点图标和端口如图 8-72 所示。

2）TDMS 内存中读取字节。读取内存中的.tdms 文件，返回不带符号 8 位整数数组。TDMS 内存中读取字节节点图标和端口如图 8-73 所示。

图 8-72　TDMS 内存中打开的节点图标和端口　　图 8-73　TDMS 内存中读取字节的节点图标和端口

3）TDMS 内存中关闭。关闭内存中的.tdms 文件，该文件用内存中 TDMS 打开函数打开。如果文件路径输入指定了路径，该函数还将写入磁盘上的.tdms 文件。TDMS 内存中关闭节点图标和端口如图 8-74 所示。

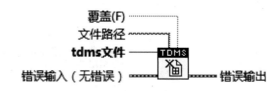

图 8-74　TDMS 内存中关闭的节点图标和端口

📖8.2.5　存储/数据插件

“函数”选板上的“存储/数据插件”VI 可在二进制测量文件(.tdm)中读取和写入波形及波形属性。通过.tdm 文件可在 NI 软件（如 LabVIEW 和 DIAdem）间进行数据交换。

“存储/数据插件”VI 将波形和波形属性组合，从而构成通道。通道组可管理一组通道。一个文件中可包括多个通道组。如果按名称保存通道，则可从现有通道中快速添加或获取数据。除数值之外，“存储/数据插件”VI 还支持字符串数组和时间标识数组。在程序框图上，引用句柄可代表文件、通道组和通道。“存储/数据插件”VI 也可查看文件以获取符合条件的通道组或通道。

如果开发过程中系统要求发生改动，或需要在文件中添加其他数据，则“存储/数据插件”VI 可修改文件格式且不会导致文件不可用。“存储/数据插件 VI”子选板如图 8-75 所示。

1. 打开数据存储

打开 NI 测试数据格式交换文件（.tdm）以用于读写操作。该 VI 也可以用于创建新文件或替换现有文件。通过“关闭数据存储”可以关闭文件引用。

2. 写入数据

添加一个通道组或单个通道至指定文件。也可以使用这个 VI 来定义被添加的通道组或者单个通道的属性。

3. 读取数据

返回用于表示文件中通道组或通道的引用的句柄数组。如果选择通道作为配置对话框中的读取对象类型,该 VI 就会读出这个通道中的波形。该 VI 还可以根据指定的查询条件返回符合要求的通道组或者通道。

图 8-75　存储 VI 子选板

4. 关闭数据存储

对文件进行读写操作后,将数据保存至文件并关闭文件。

5. 设置多个属性

对已经存在的文件、通道组或单个通道定义属性。如果在将句柄连接到存储引用句柄之前配置这个 VI,根据所连接的句柄,可能会修改配置信息。例如,如果配置 VI 用于单通道,然后连接通道组的引用句柄,由于单个通道属性不适用于通道组,VI 将在程序框图上会显示断线。

6. 获取多个属性

从文件、通道组或者单个通道中读取属性值。如果在将句柄连接到存储引用句柄之前配置这个 VI,根据所连接的句柄,可能会修改配置信息。例如,如果配置 VI 用于单通道,然后连接通道组的引用句柄,由于单个通道属性不适用于通道组,VI 将在程序框图上会显示断线。

7. 删除数据

删除一个通道组或通道。如果选择删除一个通道组,该 VI 将删除与该通道组相关联的所有通道。

8. 数据文件查看器

连线数据文件的路径至数据文件查看器 VI 的文件路径输入,运行 VI,可显示数据文件查看器对话框。该对话框用于读取和分析数据文件。

9. 转换至 TDM 或 TDMS

将指定文件转换成.tdm 格式的文件或.tdms 格式的文件。

10. 管理数据插件

将所选择的.tdms 格式的文件转换成.tdm 格式的文件。

11. 高级存储

使用高级存储 VI 进行程序运行期间的数据的读取、写入和查询。

📖 8.2.6　Zip

可使用 Zip VI 创建新的 Zip 文件,向 Zip 文件添加文件及关闭 Zip 文件。Zip VI 子选板如图 8-76 所示。

1．新建 Zip 文件

创建一个由目标路径指定的 Zip 空白文件。根据确认覆盖输入端的输入值，新文件将覆盖一个已存在的文件或出现一个确认对话框。新建 Zip 文件 VI 的节点图标和端口如图 8-77 所示。

目标：指定新 Zip 文件或已存在 Zip 文件的路径。VI 将删除或重写已存在的文件。不能在 Zip 文件后面追加数据。

2．添加文件至 Zip 文件

将源文件路径输入端所指定的文件添加到 Zip 文件中。Zip 文件目标路径输入端指定已压缩文件的路径信息。添加文件至 Zip 文件 VI 的节点图标和端口如图 8-78 所示。

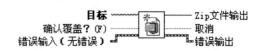

图 8-76　"ZipVI"子选板　　　　图 8-77　新建 Zip 文件 VI 的节点图标和端口

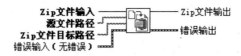

图 8-78　添加文件至 Zip 文件 VI 的节点图标和端口

3．关闭 Zip 文件

关闭 Zip 文件输入端指定的 Zip 文件。关闭 Zip 文件 VI 的节点图标和端口如图 8-79 所示。

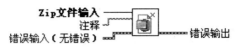

图 8-79　关闭 Zip 文件 VI 的节点图标和端口

4．解压缩

使解压缩的内容解压缩至目标目录。该 VI 无法解压缩有密码保护的压缩文件。解压缩的节点图标和端口如图 8-80 所示。

图 8-80　解压缩的节点图标和端口

8.2.7　XML

XML VI 和函数用于操作 XML 格式的数据，可扩展标记语言(XML)是一种独立于平台的标准化统一标记语言(SGML)，可用于存储和交换信息。使用 XML 文档时，可使用解析器提取和操作数据，而不必直接转换 XML 格式。例如，文档对象模型(DOM)核心规范定义了创建、读取和操作 XML 文档的编程接口。DOM 核心规范还定义了 XML 解析器必须支持的属性和方法。"XML VI"子选板如图 8-81 所示。

1. LabVIEW 模式 VI 和函数

LabVIEW 模式 VI 和函数用于操作 XML 格式的 LabVIEW 数据。"LabVIEW 模式"子选板如图 8-82 所示。

（1）平化至 XML。将连接至任何的数据类型根据 LabVIEW XML 模式转换为 XML 字符串。例如，任何含有<、>或 &等字符，该函数将分别把这些字符转换为<、>或&。使用转换特殊字符至 XML VI 可将其他字符（如"）转换为 XML 语法。平化至 XML 函数的节点图标和端口如图 8-83 所示。

图 8-81　"XML VI"子选板　　图 8-82　"LabVIEW 模式"子选板

（2）从 XML 还原。依据 LabVIEW XML 模式将 XML 字符串转换为 LabVIEW 数据类型。例如，XML 字符串含有<、>或&等字符，该函数将分别把这些字符转换为<、>或&。使用从 XML 还原特殊字符 VI 转换其他字符（如"）。从 XML 还原函数的节点图标和端口如图 8-84 所示。

图 8-83　平化至 XML 函数的节点图标和端口　　图 8-84　从 XML 还原函数的节点图标和端口

（3）写入 XML 文件。将 XML 数据的文本字符串与文件头标签同时写入文本文件。通过将数据连线至 XML 输入端可确定要使用的多态实例，也可手动选择实例。所有 XML 数据必须符合标准的 LabVIEW XML 模式。写入 XML 文件函数的节点图标和端口如图 8-85 所示。

（4）读取 XML 文件。读取并解析 LabVIEW XML 文件中的标签。将该 VI 放置在程序框图上时，多态 VI 选择器可见。通过该选择器可选择多态实例。所有 XML 数据必须符合标准的 LabVIEW XML 模式。读取 XML 文件 VI 的节点图标和端口如图 8-86 所示。

（5）转换特殊字符至 XML。依据 LabVIEW XML 模式将特殊字符转换为 XML 语法。平化至字符串函数可将<、>或&等字符分别转换为<、>或&。但如果需将其他字符（如"）转换为 XML 语法，则必须使用"转换特殊字符至 XML."。转换特殊字符至 XML VI 的节点图标和端口如图 8-87 所示。

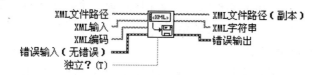

图 8-85　写入 XML 文件函数的节点图标和端口

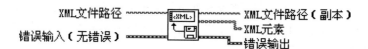

图 8-86　读取 XML 文件 VI 的节点图标和端口

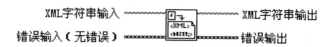

图 8-87　转换特殊字符至 XML VI 的节点图标和端口

（6）从 XML 还原特殊字符。依据 LabVIEW XML 模式将特殊字符的 XML 语法转换为特殊字符。从 XML 还原函数可将<、>或&等字符分别转换为<、>或&。但如果需转换其他字符（如"），则必须使用"从 XML 还原特殊字符"函数。从 XML 还原特殊字符 VI 的节点图标和端口如图 8-88 所示。

图 8-88　从 XML 还原特殊字符 VI 的节点图标和端口

2. XML 解析器

XML 解析器可配置为确定某个 XML 文档是否有效。如果文档与外部词汇表相符合，则该文档为有效文档。在 LabVIEW 解析器中，外部词汇表可以是文档类型定义(DTD)或模式(Schema)。有的解析器只解析 XML 文件，但是加载前不会验证 XML。LabVIEW 中的解析器是一个验证解析器。验证解析器根据 DTD 或模式检验 XML 文档，并报告找到的非法项。必须确保文档的形式和类型是已知的。使用验证解析器可省去为每种文档创建自定义验证代码的时间。

XML 解析器在加载文件方法的解析错误中报告验证错误。

注意：

　　XML 解析器在 LabVIEW 加载文档或字符串时验证文档或 XML 字符串。如果对文档或字符串进行了修改，并要验证修改后的文档或字符串，请使用加载文件或加载字符串方法重新加载文档或字符串。解析器会再一次验证内容。XML 解析器子选板如图 8-89 所示。

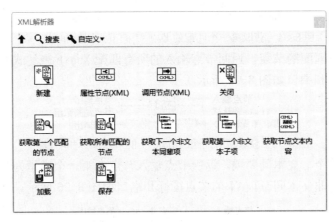

图 8-89　"XML 解析器"子选板

（1）新建(VI)。通过该 VI 可新建 XML 解析器会话句柄。新建(VI)的节点图标和端口如图 8-90 所示。

图 8-90　新建（VI）的节点图标和端口

（2）属性节点(XML)。获取（读取）和/或设置（写入）XML 引用的属性。该节点的操作与属性节点的操作相同。属性节点(XML) VI 的节点图标和端口如图 8-91 所示。

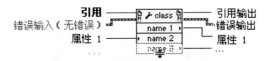

图 8-91　属性节点(XML) VI 的节点图标和端口

（3）调用节点(XML)。调用 XML 引用的方法或动作。该节点的操作与调用节点的操作相同。调用节点(XML) VI 的节点图标和端口如图 8-92 所示。

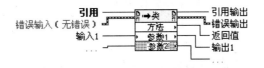

图 8-92　调用节点(XML)VI 的节点图标和端口

（4）关闭。关闭对所有 XML 解析器类的引用。通过该多态 VI 可关闭对 XML_指定节点映射类、XML_节点列表类、XML_实现类和 XML_节点类的引用句柄。XML_节点类包含其他 XML 类。关闭 VI 的节点图标和端口如图 8-93 所示。

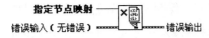

图 8-93　关闭 VI 的节点图标和端口

（5）获取第一个匹配的节点。返回节点输入的第一个匹配 Xpath 表达式的节点。获取第一个匹配的节点图标和端口如图 8-94 所示。

253

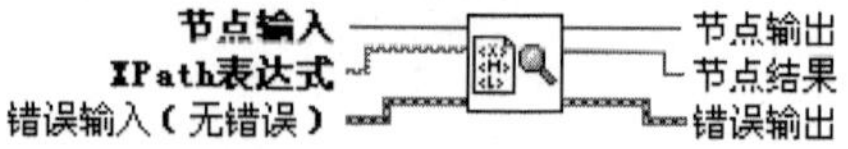

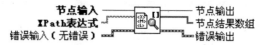

图 8-94　获取第一个匹配的节点 VI 的节点图标和端口

（6）获取所有匹配的节点。返回节点输入的所有匹配 Xpath 表达式的节点。获取所有匹配的节点图标和端口如图 8-95 所示。

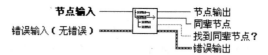

图 8-95　获取所有匹配的节点 VI 的节点图标和端口

（7）获取下一个非文本同辈项。返回节点输入节点中第一个类型为 Text_Node 的同辈项。获取下一个非文本同辈项 VI 的节点图标和端口如图 8-96 所示。

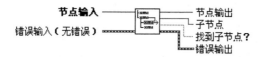

图 8-96　获取下一个非文本同辈项 VI 的节点图标和端口

（8）获取第一个非文本子项。返回节点输入节点中第一个类型为 Text_Node 的子项。获取第一个非文本子项 VI 的节点图标和端口如图 8-97 所示。

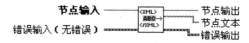

图 8-97　获取第一个非文本子项 VI 的节点图标和端口

（9）获取节点文本内容。返回结点输入结点包含的 Text_Node 的子项。获取节点文本内容 VI 的节点图标和端口如图 8-98 所示。

图 8-98　获取节点文本内容 VI 的节点图标和端口

（10）加载。打开 XML 文件并配置 XML 解析器依据模式或 DTD（文档类型定义）对文件进行验证。加载 VI 的节点图标和端口如图 8-99 所示。

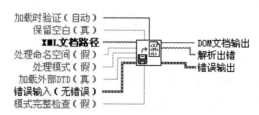

图 8-99　加载 VI 的节点图标和端口

（11）保存。保存 XML 文档。保存 VI 的节点图标和端口如图 8-100 所示。

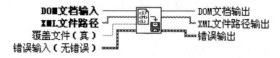

图 8-100　保存 VI 的节点图标和端口

8.2.8 波形文件 I/O 函数

波形文件 I/O 选板上的函数用于从文件读取写入波形数据。"波形文件 I/O"子选板如图 8-101 所示。

1. 写入波形至文件函数

创建新文件或添加至现有文件，在文件中写入指定定数量的记录，然后关闭文件，检查是否发生错误。写入波形至文件函数的节点图标和端口如图 8-102 所示。

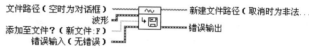

图 8-101 "波形文件 I/O"子选板 图 8-102 写入波形至文件函数的节点图标和端口

2. 从文件读取波形函数

打开使用写入波形至文件 VI 创建的文件，每次从文件中读取一条记录。该 VI 可返回记录中所有波形和记录中的第一波形，单独输出。从文件读取波形函数的节点图标和端口如图 8-103 所示。

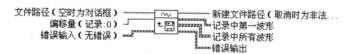

图 8-103 从文件读取波形函数的节点图标和端口

3. 导出波形函数至电子表格文件

使波形转换为文本字符串，然后使字符串写入新字节流文件或添加字符串至现有文件。导出波形函数至电子表格文件节点图标和端口如图 8-104 所示。

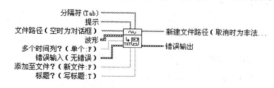

图 8-104 导出波形函数至电子表格文件的节点图标和端口

8.2.9 高级文件 I/O 函数

文件 I/O 选板上的函数可控制单个文件 I/O 操作，这些函数可创建或打开文件，向文件读写数据及关闭文件。上述 VI 可实现以下任务：

➢ 创建目录。

➢ 移动、复制或删除文件。

➢ 列出目录内容。

➢ 修改文件特性。

➢ 对路径进行操作。

使用高级文件 VI 和函数对文件、目录及路径进行操作。"高级文件函数"子选板如图 8-105 所示。

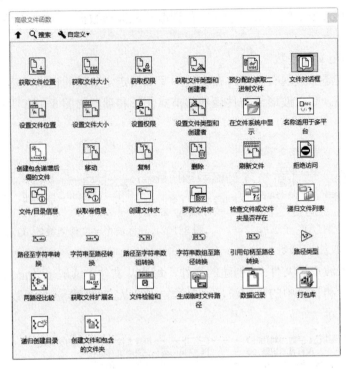

图 8-105　高级文件函数子选板

1．获取文件位置

返回引用句柄指定的文件的相对位置。获取文件位置函数的节点图标和端口如图 8-106 所示。

2．获取文件大小

返回文件的大小。获取文件大小函数的节点图标和端口如图 8-107 所示。

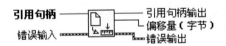

图 8-106　获取文件位置函数的节点图标和端口

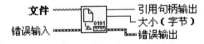

图 8-107　获取文件大小函数的节点图标和端口

➢ 文件：该输入可以是路径也可以是引用句柄。如果是路径，节点将打开文件路径所指定的文件。

➢ 引用句柄输出：函数读取的文件的引用句柄。根据所要对文件进行的操作，可以将该输出连接到另外的文件操作函数上。如果文件输入为一个路径，则操作完成后节点默认将文件关闭。如果文件输入端输入一个引用句柄，或者如果将引用句柄输出连接到另一个函数节点，则 LabVIEW 认为文件仍在使用，直到使用关闭函数将其关闭。

3. 获取权限

返回由路径指定文件或目录的所有者、组和权限。获取权限函数的节点图标和端口如图 8-108 所示。

➢ 权限：函数执行完成后输出将包含当前文件或目录的权限设置。

➢ 所有者：函数执行完成后输出将包含当前文件或目录的所有者设置。

4. 获取文件类型和创建者

获取有路径指定的文件的类型和创建者。类型和创建者有 4 种类型。如果指定文件名后有 LabVIEW 认可的字符，如.vi 和.llb，那么函数将返回相应的类型和创建者。如果指定文件包含未知的 LabVIEW 文件类型，函数将在类型和创建者输出端返回????。获取文件类型和创建者函数的节点图标和端口如图 8-109 所示。

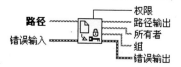 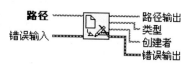

图 8-108　获取权限函数的节点图标和端口　　　图 8-109　获取文件类型和创建者函数的
　　　　　　　　　　　　　　　　　　　　　　　　　　　　　节点图标和端口

5. 预分配的读取二进制文件

从文件读取二进制数据，并将数据放置在已分配的数组中，不另行分配数据的副本空间。预分配的读取二进制文件的节点图标和端口如图 8-110 所示。

图 8-110　预分配的读取二进制文件的节点图标和端口

6. 设置文件位置

将引用句柄所指定的文件根据模式自（0：起始）移动到偏移量的位置。设置文件位置函数的节点图标和端口如图 8-111 所示。

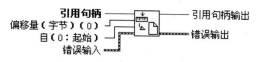

图 8-111　设置文件位置函数的节点图标和端口

7. 设置文件大小

将文件结束标记设置为文件起始处到文件结束位置的大小字节，从而设置文件的大小。该函数不可用于 LLB 中的文件。设置文件大小函数的节点图标和端口如图 8-112 所示。

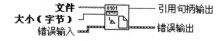

图 8-112　设置文件大小函数的节点图标和端口

8. 设置权限

设置由路径指定的文件或目录的所有者、组和权限。该函数不可用于 LLB 中的文件。设置权限函数的节点图标和端口如图 8-113 所示。

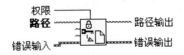

图 8-113　设置权限函数的节点图标和端口

9. 设置文件类型和创建者

设置由路径指定的文件类型和创建者。类型和创建者均为含有四个字符的字符串。该函数不可用于 LLB 中的文件。设置文件类型和创建者函数的节点图标和端口如图 8-114 所示。

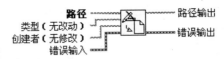

图 8-114　设置文件类型和创建者函数的节点图标和端口

10. 创建包含递增后缀的文件 VI

如果文件已经存在，则创建一个文件并在文件名的末尾添加递增后缀。如文件不存在，VI 创建文件，但是不在文件名的末尾添加递增的后缀。创建包含递增后缀的文件 VI 的节点图标和端口如图 8-115 所示。

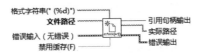

图 8-115　创建包含递增后缀的文件 VI 的节点图标和端口

8.3　文件操作与管理

8.2 节主要对 LabVIEW 中的 I/O 函数和节点的功能和端口进行了介绍，本节将在 8.2 节的基础上以实例的形式对典型 I/O 函数的用法进行介绍，还将对前面板数据的记录以及数据与 XML 数据格式之间的转换方法进行介绍。

📖 8.3.1　文本文件的写入与读取

要将数据写入文本文件，必须首先将数据转化为字符串。

由于大多数文字处理应用程序读取文本时并不要求格式化的文本，因此将文本写入文本文件无需进行格式化。如果需将文本字符串写入文本文件，可用写入文本文件函数自动打开和关闭文件。

由于文字处理应用程序采用了"文件 I/O" VI 无法处理的字体、颜色、样式和大小不同的格式化文本，因此从文字处理应用程序中读取文本可能会导致错误。

如果需将数字和文本写入电子表格或文字处理应用程序，可使用字符串函数和数组函数格式化数据并组合这些字符串，然后将数据写入文件。

格式化写入文件函数可将字符串、数值、路径和布尔数据格式化为文本，并将格式化以后的文本写入文件。该函数可一次实现多项操作，而无需先用格式化写入文件函数格式化字符串，然后用写入文本文件函数将结果字符串写入文件。

扫描文件函数可扫描文件中的文本获取字符串、数值、路径和布尔值并将该文本转换成某种数据类型。该函数可一次实现多项操作，无需先用读取二进制文件或读取文本文件函数读取数据，然后使用扫描字符串将结果扫描至文件。

例 8-1　文本文件的写入

（1）新建一个 VI。在程序的程序框图新建一个循环次数为 200 的 For 循环。

（2）在 For 循环中用余弦函数产生余弦数据。

（3）使用"格式化写入字符串"函数（位于"函数"选板的"字符串"子选板中）按照小数点后保留四位的精度将余弦数据转换为字符串。

（4）将转换为字符串后的数据索引成为一个数组，一次性存储在 D 盘根目录下的 data 文件中。

本实例的程序框图如图 8-116 所示。

运行程序，可以发现在 D 盘根目录下生成了一个名为 data 的文件，使用 Windows 的记事本程序打开这个文件，可以发现记事本中显示了这 200 个余弦数据，每个数据的精度保证了小数点后有 4 位，如图 8-117 所示。

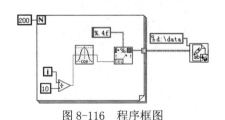

图 8-116　程序框图

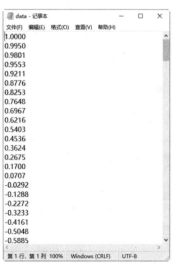

图 8-117　程序存储的余弦数据

可以使用 Microsoft Excel 电子表格程序打开这个数据文件，绘图以观察波形，如图 8-118 所示。可以看到，图中显示了数据的余弦波形。

从本实例中可以发现，使用写入文本文件 VI 可以将文本文件存储成为电子表格文件的格式，也就是说这个实例揭示了电子表格文件其实是一种特殊的文本文件。用写入文本文件 VI 存储的文件同样可以为 Microsoft Excel 这样的电子表格处理软件打开并编辑。

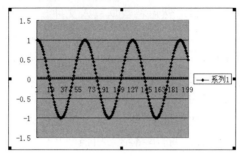

图 8-118　用存储在文本文件中的数据在 Microsoft Excel 中绘图

例 8-2　文本文件的读取

文本文件的读取由读取文本文件 VI 来完成，本实例将演示读取文本文件 VI 的使用方法。

文本文件的读取演示程序的程序框图如图 8-119 所示。程序中，读取文本文件 VI 有两个重要的输入数据端口，分别是文件和计数。两个数据端口分别用以表示读取文件的路径、文件读取数据的字节数（如果值为-1，则表示一次读出所有数据）。在本实例中，读取文本文件 VI 读取 D 盘根目录下的 data 文件，该文件中的数据由实例 8-1 的程序存入，并将读取的结果在文本框中显示出来。程序的前面板及运行结果如图 8-120 所示。

可见，用读取文本文件 VI 可以将文本文件中的数据以字符串的格式读出，并作为一个字符串来存储。

由于计算机中的数据都是以二进制格式来存储的，因而无论是将字符串存储为文本文件，还是从文本文件读取字符串，都要经过二进制格式到文本格式的数据类型转换。这将消耗时间和系统资源，因而对于数据量大、要求存储、读取效率高的场合，文本文件往往是不适用的。这时更为合适的文件格式是二进制文件。

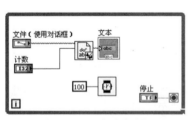

图 8-119　程序框图

图 8-120　程序的前面板及运行结果

8.3.2　带分隔符电子表格文件的写入与读取

要将数据写入电子表格，必须格式化字符串为包含分隔符（如制表符）的字符串。

写入带分隔符电子表格文件 VI 或数组至电子表格字符串转换函数可将来自图形、图表或采样的数据集转换为电子表格字符串。

写入带分隔符电子表格文件 VI 可以将一个一维或二维数组写入文件，如果没有在文件路径输入端口指定文件路径，则程序会弹出一个"文件"对话框，提示用户给出文件名。除了文件路径输入端口以外，此 VI 的二维数据和一维数据输入端口分别用来连接将要存储为文件的二维和一维数组。"添加至文件？（新文件：F）"输入端口用于连接一个布尔变量，如果变量的值为"TRUE"，则输入的数据追加到已有文件的后面，如果是"FALSE"，则输入的数据将覆盖原有的文件。"转置？（否：F）"数据输入端同样也连接一个布尔型变量，如果是"TRUE"，则将输入的数组做转置运算，然后将运算的结果存储为电子表格文件。在格式数据输入端口可以更改数组中数据的格式。

LabVIEW 提供了两个 VI 用于写入和读取电子表格文件，它们分别是写入电子表格文件 VI 和读取电子表格文件 VI。下面以两个实例分别介绍这两个函数存取电子表格文件的方法。

例 8-3 写入带分隔符电子表格文件 VI 的使用

（1）新建一个 VI。从"函数"选板中的"文件 I/O"子选板中选取"写入带分隔符电子表格文件"VI 置于 LabVIEW 的程序框图中。

（2）用 For 循环产生 100 个正弦数据及余弦数据，并分别将两组数据用写入电子表格文件 VI 存储为电子表格文件，文件路径为 D:\data。

程序框图如图 8-121 所示。

上面的程序将 For 循环产生的正弦与余弦数据存储在电子表格文件 data 中，用 Microsoft Excel 打开这个文件，可以发现文件中有两行，第一行为余弦数据，第二行为正弦数据。用 Microsoft Excel 的绘图功能分别汇出这两行数据的散点图，分别如图 8-122 和图 8-123 所示。

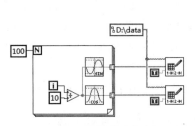

图 8-121 程序框图

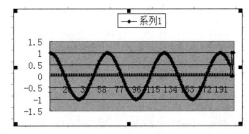

图 8-122 用存储在电子表格文件中的余弦数据绘图

图 8-124 所示的程序可能有些不容易理解，问题在于两个写入带分隔符电子表格文件 VI 的执行次序问题。更容易理解且更常用的方法是将数据合并成一个二维数组，将二维数组一次性写入带分隔符电子表格文件。程序框图如图 8-125 所示。

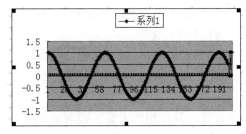

图 8-123 用存储在电子表格文件中
的正弦数据绘图

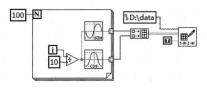

图 8-124 使用写入电子表格文件 VI
写入二维数组

本实例充分印证了电子表格的特性，也是这种文件格式最大的好处。可以用其他电子表格处理软件来处理文件中的数据。

例 8-4　带分隔符电子表格文件的读取

本实例演示了读取电子表格文件 VI 的使用方法。本实例的程序框图如图 8-125 所示，使用读取带分隔符电子表格文件 VI 读取用写入电子表格文件 VI 存储的正弦与余弦波形文件。

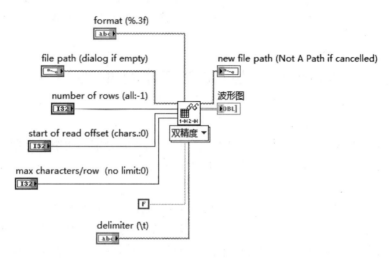

图 8-125　程序框图

如果不在读取带分隔符电子表格文件 VI 的文件路径端口连接任何路径，那么程序将打开"文件路径"对话框，让用户选择存储的电子表格文件的路径。在读取电子表格文件 VI 中另外几个比较重要的端口有：行数（全部：-1）、读取起始偏移量（字符：0）、转置（否：F）。

本实例中，将读取的带分隔符电子表格文件的数据使用波形图控件在前面板上显示，程序的前面板及运行结果如图 8-126 所示。

在程序前面板中，波形图控件显示出了用读取电子表格文件 VI 读取的电子表格中的数据。两条正弦、余弦曲线就是前面用写入电子表格 VI 存储的正弦、余弦数据。

"文件 I/O"函数还可用于流盘操作，它可以减少函数因打开和关闭文件与操作系统交互的次数，从而节省内存资源。流盘是一项在进行多次写操作时保持文件打开的技术，如在循环中使用流盘。如果将路径控件或常量连接至写入文本文件、写入二进制文件或写入电子表格文件函数，则函数将在每次函数或 VI 运行时打开关闭文件，增加了系统占用。避免对同一文件进行频繁地打开和关闭操作，可提高 VI 效率。

在循环之前放置打开/创建/替换文件函数，在循环内部放置读或写函数，在循环之后放置关闭文件函数，即可创建一个典型的流盘操作。此时只有写操作在循环内部进行，从而避免了重复打开关闭文件的系统占用。

对于速度要求高、时间持续长的数据采集，流盘是一种理想的方案。数据采集的同时将数据连续写入文件中。为获取更好的效果，在采集结束前应避免运行其他 VI 和函数（如分析 VI 和函数等）。

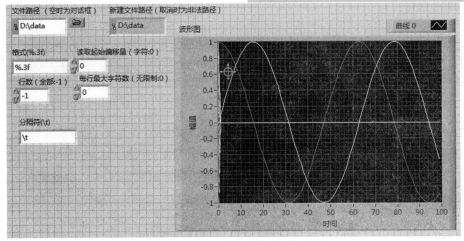

图 8-126　程序的前面板及运行结果

例 8-5　文件 I/O 函数的流盘操作

本实例使用写入带分隔符电子表格文件 VI 演示文件 I/O 函数的流盘操作。操作步骤如下：

（1）使用"打开/替换/创建 VI"打开一个文件，它的操作端口设置为"create or open"，即创建文件或替换已有文件。文件名的扩展名并不重要，但习惯上常取"txt"或"dat"。

（2）利用 While 循环将数据写入带分隔符电子表格文件。

（3）使用关闭文件函数节点关闭文件。

本实例中信号源是一个随机噪声。VI 的前面板和程序框图如图 8-127 和图 8-128 所示。

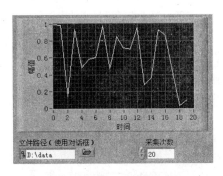

图 8-127　连续写入电子表格文件前面板

可以使用 Windows 操作系统的文本编辑工具查看文件中的数据。图 8-129 所示为用记事本打开的写入电子表格文件中的数据。从图中可以看出，数据共有 1 列 20 行，每一行对应一次数据采集，每次数据采集包含一个数据。

下面使用读取带分隔符电子表格文件 VI 演示数据读取中的流盘操作。本例的步骤如下：

（1）使用"打开/替换/创建 VI"打开一个文件，它的操作端口设置为"open"，即打开已有文件。

263

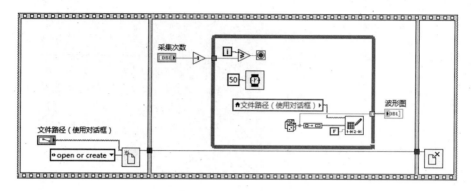

图 8-128　连续写入电子表格文件程序框图

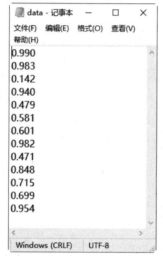

图 8-129　写入电子表格文件中的数据

（2）使用"读取带分隔符电子表格文件 VI"将保存在文件中的数据逐个读出，将这些数据打包成数组送入波形图显示。

（3）使用"关闭文件"函数节点关闭数据文件。

连续读取带分隔符电子表格文件程序的前面板及运行结果如图 8-130 所示，程序框图如图 8-131 所示。

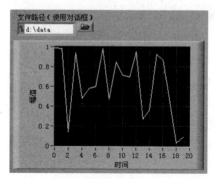

图 8-130　连续读取带分隔符电子表格文件程序的前面板及运行结果

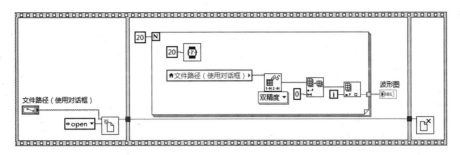

图 8-131 连续读取带分隔符电子表格文件程序框图

8.3.3 二进制文件的写入与读取

尽管二进制文件的可读性比较差，是一种不能直接编辑的文本格式，但是由于它是LabVIEW中格式最为紧凑，存取效率最高的一种文件格式，因而在LabVIEW程序设计中得到了广泛的应用。

 例8-6 二进制文件的写入

本实例使用写入二进制文件函数 VI 演示二进制文件写入的流盘操作。操作步骤如下：

（1）使用文件对话框 VI 打开文件对话框，选择文件路径。
（2）使用打开/创建/替换文件函数节点创建一个新的文件。
（3）通过写入二进制文件函数节点将正弦波 VI 产生的正弦波数据写入文件。
（4）使用关闭文件节点关闭数据文件。

VI 的前面板及运行结果如图 8-132 所示，VI 的程序框图如图 8-133 所示。

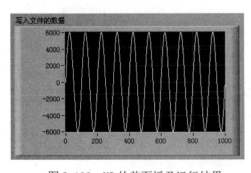

图 8-132 VI 的前面板及运行结果

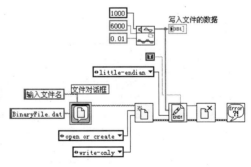

图 8-133 VI 的程序框图

在本例中，信号源是正弦波发生器，输出的是一个正弦波形数组。可以看到，在存储数据时是将双精度数组数据直接写入文件的，而没有经过数据转换，因此写入二进制文件的速度是很快的。

需要注意的是，应该把文件的打开和关闭操作放在 While 循环的外面。如果单独将打开文件的操作放在循环里面，将会重复打开文件；如果单独将关闭文件的操作放在循环内部，在循环第一次运行结束后，文件引用句柄将被关闭，在循环第二次运行时，关闭文件 VI 将试图关闭一个不存在的文件应用句柄，程序会报错；如果同时将文件打开和关闭操作放在循环内，虽然程序能够运行，但数据文件中只能记录最近一次采集的数据。

 例 8-7　二进制文件的读取

读取二进制数据文件时需要注意两点：一是计算数据量；二是必须知道存储文件时使用的数据类型。

本实例的操作步骤如下：

1）使用文件对话框 VI 打开一个文件对话框，选择文件路径。使用打开/创建/替换文件函数将指定的文件打开。

2）利用获取文件大小函数节点计算文件的长度，并根据所使用数据类型的长度计算出数据量。本例中的数据类型为双精度数据，每个双精度数据占用 8 个字节，所以数据量等于文件长度除以 8。使用读取二进制文件 VI 读取数据时，必须指定数据类型，方法是将所需类型的数据连接到读取二进制文件 VI 的数据类型输入端。

3）读取完毕，使用关闭文件函数节点关闭数据文件。

VI 的前面板及运行结果如图 8-134 所示，VI 的程序框图如图 8-135 所示。

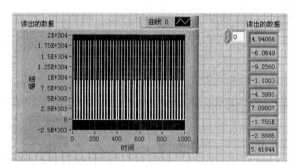

图 8-134　VI 的前面板及运行结果

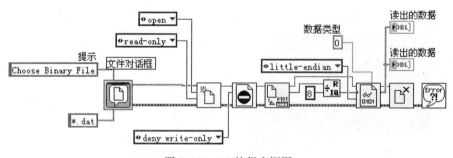

图 8-135　VI 的程序框图

8.3.4　数据记录文件的创建与读取

启用前面板数据记录或使用数据记录函数采集数据并将数据写入文件，从而创建和读取数据记录文件。

无需将数据记录文件中的数据按格式处理，但是读取或写入数据记录文件时，必须首先指定数据类型。例如，采集带有时间和日期标识的温度读数时，将这些数据写入数

据记录文件需要将该数据指定为包含一个数字和两个字符串的簇；读取一个带有时间和
日期记录的温度读数文件，需将要读取的内容指定为包含一个数字和两个字符串的簇。

数据记录文件中的记录可包含各种数据类型。数据类型由数据记录到文件的方式决
定。LabVIEW 向数据记录文件写入数据的类型与"写入数据记录"函数创建的数据记录
文件的数据类型一致。

在通过前面板数据记录创建的数据记录文件中，数据类型为由两个簇组成的簇。第
一个簇包含时间标识，第二个簇包含前面板数据。时间标识中用 32 位无符号整数代表秒，
16 位无符号整数代表毫秒，根据 LabVIEW 系统时间计时。前面板上数据簇中的数据类型
与控件的 Tab 键顺序一一对应。

下面以两个实例介绍数据记录文件的创建和读取。

 例 8-8　数据记录文件的创建

记录文件的创建与二进制文件的创建类似，记录文件在读写时需要指定数据类型。

本实例的操作步骤如下：

（1）使用文件对话框 VI 打开一个文件对话框，选择文件路径。使用打开/创建/替换
数据记录文件函数将指定的文件打开或创建一个记录文件。创建记录文件时，必须指定
数据类型，方法是将所需类型的数据连接到打开/创建/替换数据记录文件函数的记录类
型输入端。指定的数据类型必须和需要存储的数据的类型相同。

（2）使用写入数据记录文件函数节点将数据写入数据记录文件。数据包含当前日期
和时间的簇数据。

（3）使用关闭文件节点关闭数据文件。

本实例的程序前面板及程序框图如图 8-136 和图 8-137 所示。

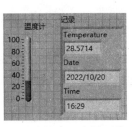

图 8-136　程序前面板

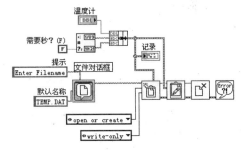

图 8-137　程序框图

 例 8-9　数据记录文件的读取

（1）使用文件对话框 VI 打开一个文件对话框，选择文件路径。使用打开/创建/替换
数据记录文件函数将指定的文件打开。

（2）使用读取记录文件函数将指定的数据记录文件打开。本实例中打开的数据记录
文件为例 8-8 中保存的记录数据。

（3）读取完毕，使用关闭文件函数节点关闭数据文件。

本实例的程序前面板及运行结果如图 8-138 所示，程序框图如图 8-139 所示。

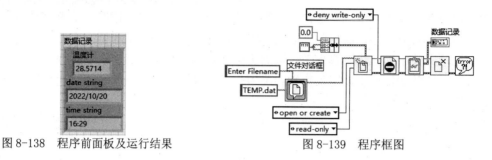

图 8-138　程序前面板及运行结果　　　　　图 8-139　程序框图

📖 8.3.5　测量文件的写入与读取

写入波形至文件和导出波形至电子表格文件 VI 可将波形写入文件。可将波形写入电子表格、文本文件或数据记录文件。

如果只需在 VI 中使用波形，则可将该波形保存为数据记录文件(.log)。

🏷 例 8-10　测量文件的写入

首先使用正弦波发生器产生一个正弦波形，然后使用写入测量文件 Express VI 将该波形写入一个测量文件。写入测量文件 Express VI 的配置如图 8-140 所示。本实例的程序前面板及程序框图如图 8-141 和图 8-142 所示。

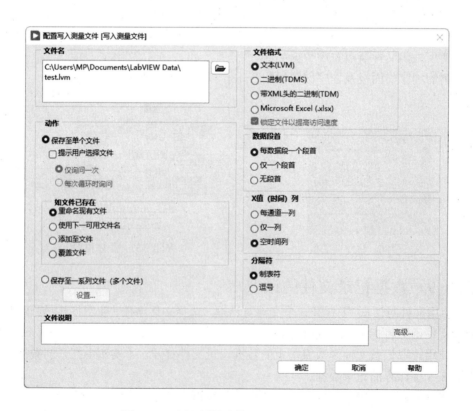

图 8-140　写入测量文件 Express VI 的配置

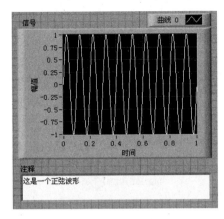

图 8-141　程序前面板

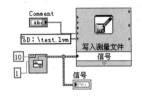

图 8-142　程序框图

 例 8-11　测量文件的读取

可以使用读取测量文件 Express VI 将存储的测量文件读出。下面的例子演示了测量文件的读取方法。

从程序中可以看出，其使用方法非常简单。读取测量文件 Express VI 的配置如图 8-143 所示。本实例的程序前面板及程序框图如图 8-144 和图 8-145 所示。

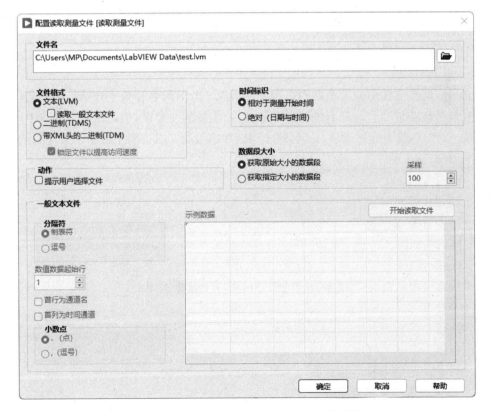

图 8-143　读取测量文件 Express VI 的配置

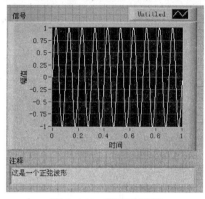

图 8-144　程序前面板

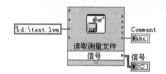

图 8-145　程序框图

📖 8.3.6　配置文件的创建与读取

配置文件 VI 可读取和创建标准的 Windows 配置（.ini）文件，并以独立于平台的格式写入特定平台的数据（如路径），从而可以跨平台使用 VI 生成的文件。"配置文件" VI 不使用标准文件格式。通过"配置文件" VI，可在任何平台上读写由 VI 创建的文件，但无法使用"配置文件" VI 创建或修改 Mac OS 或 Linux 格式的配置文件。

标准的 Windows 配置文件是用于在文本文件中存储数据的特定格式。由于该文件遵循特定的格式，因此可通过编程方便地访问.ini 文件中的数据。

例如，含有以下内容的配置文件：

➢　[Data]

➢　Value=7.2

Windows 配置文件由分节命名的文本文件组成。分节的名称位于方括号中。文件中的每个分节名称必须唯一。分节包括由等号（=）隔开的一对键/值。在每个分节中，键名必须唯一。键名代表配置选项，值名代表该选项的设置。以下例子显示了文件的结构：

➢　[Section 1]

➢　key1=value

➢　key2=value

➢　[Section 2]

➢　key1=value

➢　key2=value

在"配置文件" VI 中，键参数的值部分可用以下数据类型：

➢　字符串

➢　路径

➢　布尔

➢　64 位二进制双精度浮点数

➢　32 位二进制有符号整数

➢　32 位二进制无符号整数

"配置文件" VI 可读写原始或经转换的字符串数据。该 VI 可逐字节读写原始数据，而不需要将数据转换成 ASCII 代码。在已转换的字符串中，LabVIEW 在配置文件中用对等的十六进制转换码保存任何不可显示的文本字符，如\0D 表示回车。此外，LabVIEW 在配置文件中将反斜杠符号存储为双反斜杠符号，即用\\表示\。将"配置文件"VI 的"读取原始字符串？"或"写入原始字符串？"的输入设置为"TRUE"，则输入原始数据，输入设置为"FALSE"，则使用转换后的数据。

当 VI 写配置文件时，可将任何含有空格键的字符串或路径数据加上引号。如果一个字符串含有引号，则 LabVIEW 将其保存为\"。如果用文本编辑器读写配置文件，则 LabVIEW 用\"替换引号。

下面以实例来说明配置文件的具体操作过程。

例 8-12 配置文件的创建

（1）使用"文件对话框 VI"打开一个文件对话框，选择文件路径。使用打开配置文件函数创建一个配置文件，并将打开文件。

（2）使用写入键 VI 在段 1 中写入三个值，在段 2 中写入两个值。

（3）使用关闭配置数据 VI 关闭配置数据文件。

本实例 VI 的程序前面板及程序框图如图 8-146 和图 8-147 所示。

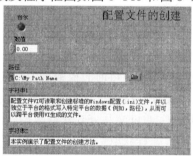

图 8-146　程序前面板

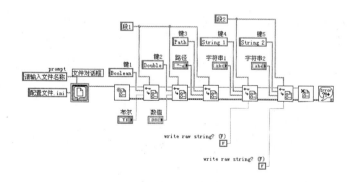

图 8-147　程序框图

例 8-13 配置文件的读取

首先使用文件对话框 VI 打开一个文件对话框，提示选择所要打开的配置数据文件。然后使用读取键值 VI 读取指定文件中的键值。读取完成后，使用关闭配置文件 VI 关闭打开的配置文件。

本实例 VI 的程序前面板及运行结果如图 8-148 所示，实例的程序框图如图 8-149 所示。

图 8-148　程序前面板及运行结果　　　　　图 8-149　程序框图

8.3.7　记录前面板数据

前面板数据记录可记录数据，并将这些数据用于其他 VI 和报表中。例如，先记录图形的数据，并将这些数据用于其他 VI 中的另一个图形中。

每次 VI 运行时，前面板数据记录会将前面板数据保存到一个单独的数据记录文件中，其格式为使用分隔符的文本文件。可通过以下方式获取数据：

➤ 使用与记录数据相同的 VI 通过交互方式获取数据。

➤ 将该 VI 作为子 VI 并通过编程获取数据。

➤ "文件 I/O" VI 和函数可获取数据。

每个 VI 都包括一个记录文件绑定，该绑定包含 LabVIEW 用于保存前面板数据的数据记录文件的位置。记录文件绑定是 VI 和记录该 VI 数据的数据记录文件之间联系的桥梁。

"数据记录"文件所包含的记录均包括时间标识和每次运行 VI 时的数据。访问数据记录文件时，通过在获取模式中运行 VI 并使用前面板控件可选择需查看的数据。在获取模式下运行 VI 时，前面板上部将包括一个数字控件，用于选择相应数据记录。

选择"操作"→"结束时记录"，可启用自动数据记录。第一次记录 VI 的前面板数据时，LabVIEW 会提示为数据记录文件命名。以后每次运行该 VI 时，LabVIEW 都会记录每次运行 VI 的数据，并将新记录追加到该数据记录文件中。LabVIEW 将记录写入数据记录文件后将无法覆盖该记录。

选择"操作"→"数据记录"→"记录"，可交互式记录数据。LabVIEW 会将数据立即追加到数据记录文件中。交互式记录数据可选择记录数据的时间。自动记录数据在每次运行 VI 时记录数据。

波形图表在使用前面板数据记录时每次仅记录一个数据点。如果将一个数组连接到该图表的显示控件，数据记录文件将包含该图表所显示数组的一个子集。

记录数据后，选择"操作"→"数据记录"→"获取"，可交互式查看数据。

　　将第 4 章例 4-1 计算两数之积 VI 作为子 VI 添加到程序框图中,右击一个子 VI 并从快捷菜单中选择启用数据库访问权限时,该子 VI 周围会出现黄色边框,如图 8-150 所示。

　　黄色边框像是一个存放文件的柜子,其中包含了可从数据记录文件访问数据的接线端,如图 8-151 所示。当该子 VI 启用数据库访问时,输入和输出实际上均为输出,并可返回记录数据。"记录#"表示所要查找的记录,"非法记录#"表示该记录号是否存在,"时间标识"表示创建记录的时间,而"前面板数据"是前面板对象簇。将前面板数据簇连接到解除捆绑函数可访问前面板对象的数据。

图 8-150　子 VI 启用数据库访问权限

图 8-151　获取子 VI 前面板记录

📖 8.3.8　数据与 XML 格式间的相互转换

　　可扩展标记语言(XML)是一种用标记描述数据的格式化标准。与 HTML 标记不同,XML 标记不会告诉浏览器如何按格式处理数据,而是使浏览器能识别数据。

　　例如,假定书商要在网上出售图书,库中的图书按以下标准进行分类:

➤　书的类型（小说或非小说）

➤　标题

➤　作者

➤　出版商

➤　价格

➤　体裁

➤　摘要

➤　页数

　　现可为每本书创建一个 XML 文件。书名为《Touring Germany's Great Cathedrals》的 XML 文件大致内容如下:

- ➤ ＜nonfiction＞
- ➤ ＜Title＞Touring Germany's Great Cathedrals＜/Title＞
- ➤ ＜Author＞Tony Walters＜/Author＞
- ➤ ＜Publisher＞Douglas Drive Publishing＜/Publisher＞
- ➤ ＜Price US＞$29.99＜/Price US＞
- ➤ ＜Genre＞Travel＜/Genre＞
- ➤ ＜Genre＞Architecture＜/Genre＞
- ➤ ＜Genre＞History＜/Genre＞
- ➤ ＜Synopsis＞This book fully illustrates twelve of Germany's most inspiring cathedrals with full-color photographs, scaled cross-sections, and time lines of their construction.＜/Synopsis＞
- ➤ ＜Pages＞224＜/Pages＞
- ➤ ＜/nonfiction＞

同样，也可根据名称、值和类型对 LabVIEW 数据进行分类。可使用以下 XML 表示一个用户名称的字符串控件：

- ➤ ＜String＞
- ➤ ＜Name＞User Name＜/Name＞
- ➤ ＜Value＞Reggie Harmon＜/Value＞
- ➤ ＜/String＞

将 LabVIEW 数据转换成 XML 需要格式化数据以便将数据保存到文件时，可从描述数据的标记方便地识别数值、名称和数据类型。例如，如图 8-152 所示，如果将一个温度值数组转换为 XML，并将这些数据保存到文本文件中，则可通过查找用于表示每个温度的＜Value＞标记确定温度值。

平化至 XML 函数可将 LabVIEW 数据类型转换为 XML 格式。如图 8-153 所示的程序框图生成了 100 个模拟温度值，并将该温度数组绘制成图表，同时将数字数组转换为 XML 格式，最后将 XML 数据写入"temperatures.xml"文件中。

从 XML 还原函数可将 XML 格式的数据类型转换成 LabVIEW 数据类型。

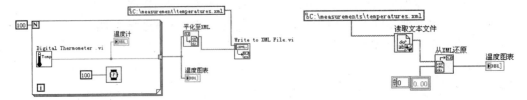

图 8-152　将一个温度值数组转换为 XML　　图 8-153　将 XML 格式的数据还原至温度数组

8.4 综合演练——二进制文件的字节顺序

本实例演示了用"读取二进制文件"函数读取不同类型和字节顺序的数据时需要考虑的参数。来源于不同文件（不同格式）的数据将显示在不同的图中。

绘制完成的前面板如图 8-154 所示，程序框图如图 8-155 所示。

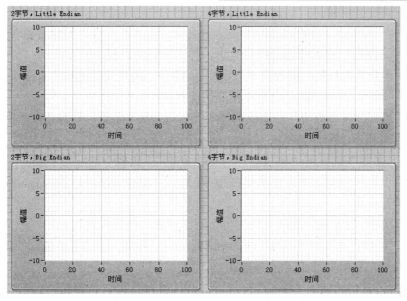

图 8-154　前面板

（1）新建一个 VI。

（2）在前面板中打开"控件"选板，在"银色"字选板下"图形"选板中选取"波形图"，连续放置 4 个波形图，同时按照图 8-156 所示修改控件名称。

（3）打开程序框图。

（4）在"函数"选板的"编程"→"文件 I/O"子选板中选取"创建路径"函数，创建"名称或相对路径"常量。

（5）在"函数"选板的"编程"→"文件 I/O"→"文件常量"子选板中选取"当前 VI 路径"函数，放置在"创建路径"函数"基路径"输入端。

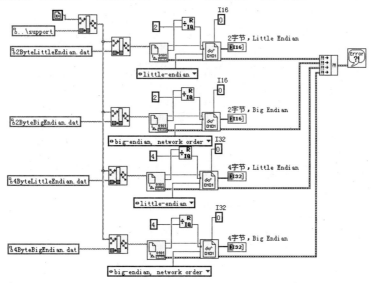

图 8-155　程序框图

（6）在"函数"选板的"编程"→"文件 I/O"→"文件常量"子选板中选取"路径常量"函数，放置在"创建路径"函数"名称或相对路径"输入端，并添加路径，输入绝对路径，即文件名称。

（7）在"创建路径"函数添加的路径输出端继续连接下一级"创建路径"函数，并在"名称或相对路径"输入端创建路径常量，并添加绝对路径。

（8）在"函数"选板的"编程"→"文件 I/O"→"高级文件函数"选板下选取"获取文件大小"函数，获取在默认路径中得到的文件大小。

（9）在"编程"→"数值"子选板中选取"商与余数"函数，计算读取的文件数据，创建的数值常量表示法为"I64"。

（10）在"函数"选板的"编程"→"文件 I/O"子选板下选取"读取二进制文件"函数，创建字节顺序常量、对应的数据类型（I16 或 I32），读取经过四则运算的余数数据，输出到波形图中。

（11）采用同样的方法，绘制另外三个不同字节的文件获取过程。

（12）在"函数"选板的"编程"→"对话框与用户界面"子选板下选取"合并错误"函数，连接四组二进制文件错误输出端。

（13）在"函数"选板的"编程"→"对话框与用户界面"子选板下选取"简单错误处理器"VI，综合处理合并的错误数据。

（14）将光标放置在函数及控件的输入输出端口，光标变为连线状态，按照图 8-155 所示连接程序框图。

（15）单击"运行"按钮 ⇨，运行程序，在四个输出波形图中显示出运行结果，如图 8-156 所示。

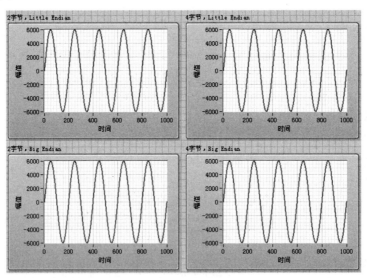

图 8-156　运行结果

第 **9** 章

信号分析与处理

　　LabVIEW 在信号发生、分析和处理方面有明显的优势，它为用户提供了非常丰富的信号发生，以及对信号进行采集、分析、显示和处理的函数、VIs 及 Express VIs，这些工具使得用户使用在 LabVIEW 进行信号发生、分析和处理时变得游刃有余。

　　本章将主要介绍 LabVIEW 中信号发生、分析和处理的函数节点及使用方法。

学　习　要　点

- ◎ 信号和波形生成
- ◎ 波形调理和波形测量
- ◎ 信号运算

9.1 信号和波形生成

现实中数字信号无处不在。因为数字信号具有高保真、低噪声和便于处理的优点，所以得到了广泛的应用。例如，淡化公司使用数字信号传输语音，广播、电视和高保真印象系统也都在逐渐数字化，太空中的卫星将测得的数据以数字信号的形式发送到地面接收站，对遥远星球和外部空间拍摄的照片也是采用数字方式处理去除干扰，获得有用的信息，经济数据、人口普查结果、股票市场价格等都可以采用数字信号的形式获得，可用计算机处理的信号都是数字信号。

目前，对于实时分析系统，高速浮点运算和数字信号处理已经变得越来越重要。这些系统被广泛应用到生物医学数据处理、语音识别、数字音频和图像处理等各种领域。数据分析的重要性在于，消除噪声干扰，纠正由于设备故障而遭到破坏的数据，或者补偿环境影响。图9-1 所示为一个噪声消除前后的处理实例。

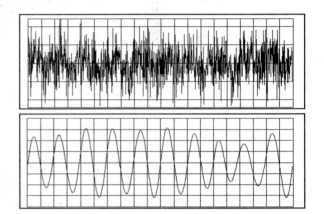

图 9-1　噪声消除前后信号处理实例

用于信号分析和处理的虚拟仪器执行的典型测量任务如下：

1）计算信号中存在的总的谐波失真。

2）决定系统的脉冲响应或传递函数。

3）估计系统的动态相应参数，如上升时间和超调量等。

4）计算信号的幅频特性和相频特性。

5）估计信号中含有的交流成分和直流成分。

所有这些任务都要求在数据采集的基础上进行信号处理。

由采集得到的测量信号是等时间间隔的离散数据序列，LabVIEW 提供了专门描述它们的数据类型——波形数据。由离散数据序列提取出所需要的测量信息，可能需要经过数据拟合抑制噪声，减小测量误差，然后在频域或时域经过适当的处理才会得到所需的结果。另外，一般在构造这个测量波形时已经包含了后续处理的要求（如采样率的大小和样本数的多少等）。

LabVIEW 提供了大量的信号分析和处理函数。这些函数节点包含在"函数"选板中的"信号处理"子选板中，如图9-2 所示。

另外在 Express VI 中也包含了很多信号分析和处理函数节点，如图9-3 所示。

合理利用这些函数，会使测试任务达到事半功倍的效果。

下面对信号的分析和处理中用到的函数节点进行介绍。

对于任何测试来说，信号的生成非常重要。例如，当现实世界中的真实信号很难得到时，可以用仿真信号对其进行模拟，向数模转换器提供信号。

图9-2 "信号处理"子选板

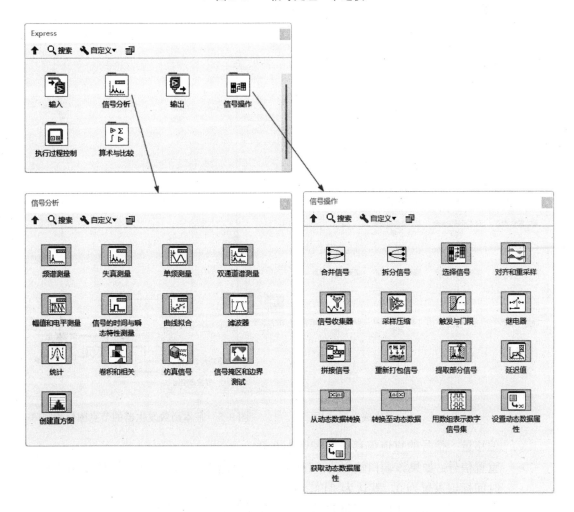

图9-3 Express VI中的"信号分析"子选板和"信号操作"子选板

常用的测试信号包括正弦波、方波、三角波、锯齿波、各种噪声信号以及由多种正弦波合成的多频信号。

音频测试中最常见的是正弦波。正弦信号波形常用来判断系统的谐波失真度。合成正弦波信号广泛应用于测量互调失真或频率响应。

9.1.1 波形生成

LabVIEW 提供了大量的波形生成节点，它们位于"函数"选板的"信号处理"→"波形生成"子选板中，如图 9-4 所示。

使用这些波形生成函数可以生成不同类型的波形信号和合成波形信号。

下面对这些波形生成函数节点的图标及其使用方法进行介绍。

1．基本函数发生器

该发生器产生并输出指定类型的波形。该 VI 会记住前一个波形的时间标识，并在前一个时间标识后面继续增加时间标识。它将根据信号类型、采样信息、占空比及频率的输入量来产生波形。基本函数发生器的节点图标和端口如图 9-5 所示。

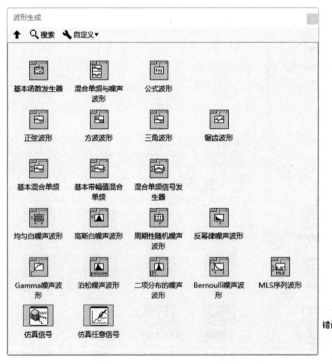

图 9-4　"波形生成"子选板　　　　图 9-5　基本函数发生器的节点图标和端口

➤ 偏移量：信号的直流偏移量。默认为 0.0。

➤ 重置信号：如果该端口输入为"TRUE"，将根据相位输入信息重置相位，并且将时间标识重置为 0。默认为"FALSE"。

➤ 信号类型：所发生的信号波形的类型。包括正弦波、三角波、方波和锯齿波。

- ➢ 频率：产生信号的频率，以 Hz 为单位。默认为 10。
- ➢ 幅值：波形的幅值。幅值也是峰值电压。默认为 1.0。
- ➢ 相位：波形的初始相位，以度（°）为单位。默认为 0。如果重置信号输入为 FALSE，VI 将忽略相位输入值。
- ➢ 采样信息：输入值为簇，包含了采样的信息。包括 Fs 和采样数。Fs 是以每秒采样的点数表示的采样频率，默认为 1000。采样数是指波形中所包含的采样点数，默认为 1000。
- ➢ 方波占空比：在一个周期中高电平相对于低电平占的时间百分比。只有当信号类型输入端选择方波时，该端子才有效。默认为 50。
- ➢ 信号输出：所产生的信号波形。
- ➢ 相位输出：波形的相位，以度（°）为单位。

例 9-1 基本函数发生器的使用实例

本实例利用基本函数发生器节点产生不同形式的信号波形，其频率、幅值、相位等参数可调。本实例的前面板及程序框图如图 9-6 和图 9-7 所示。

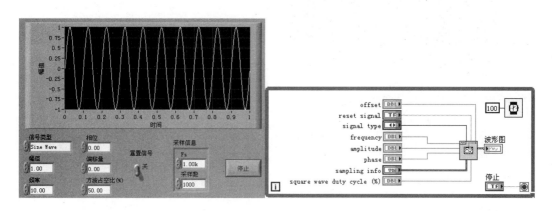

图 9-6 前面板　　　　　　　　　　　图 9-7 程序框图

2. 公式波形

公式波形函数生成公式字符串所规定的波形信号。公式波形 VI 的节点图标和端口如图 9-8 所示。

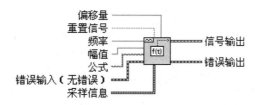

图 9-8 公式波形 VI 的节点图标和端口

- ➢ 公式：用来产生信号输出波形。默认为 sin(w*t)*sin(2*pi(1)*10)。表 9-1 列出了已定义的变量的名称。

表 9-1 公式波形 VI 中定义的变量名称

f	频率输入端输入的频率
a	幅值输入端输入的幅值
w	w=2*pi*f
n	到目前为止产生的样点数
t	已运行的时间
Fs	采样信息端输入的 Fs，即采样频率

例 9-2　公式波形 VI 的使用

本实例演示了公式波形节点的使用方法。可以根据表 9-1 所列出的变量名称改变公式输入中的公式。并对公式中所涉及的变量的值进行调节。波形图显示波形。本实例的前面板及程序框图如图 9-9 和图 9-10 所示。

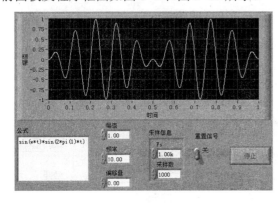

图 9-9　前面板

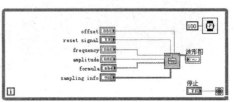

图 9-10　程序框图

3．正弦波形

正弦波形函数产生正弦信号波形。该 VI 是重入的，因此可用来仿真连续采集信号。如果重置信号输入端为"FALSE"，接下来对 VI 的调用将产生下一个包含 n 个采样点的波形。如果重置信号输入端为"FALSE"，则该 VI 记忆当前 VI 的相位信息和时间标识，并据此来产生下一个波形的相关信息。正弦波形 VI 的节点图标和端口如图 9-11 所示。

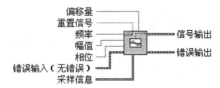

图 9-11　正弦波形 VI 的节点图标和端口

4．基本混合单频

基本混合单频函数产生多个正弦信号的叠加波形。所产生的信号的频率谱在特定频率处是脉冲，而在其他频率处是 0。根据频率和采样信息产生单频信号。单频信号的相位是随机的，它们的幅值相等。最后这些单频信号进行合成。基本混合单频 VI 的节点图标和端口如图 9-12 所示。

➢ 幅值：合成波形的幅值，是合成信号中幅值中绝对值的最大值。默认值为-1。将波形输出到模拟通道时，幅值的选择非常重要。如果硬件支持的最大幅值为 5V，那么应将幅值端口接 5。

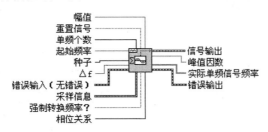

图 9-12　基本混合单频 VI 的节点图标和端口

➢ 重置信号：如果输入端为"TRUE"，则将相位重置为相位输入端的相位值，并将时间标识重置为 0。默认为"FALSE"。
➢ 单频个数：在输出波形中出现的单频的个数。
➢ 起始频率：产生的单频的最小频率。该频率必须为采样频率和采样数之比的整数倍。默认值为 10。
➢ 种子：如果相位关系输入选择为线性，将忽略该输入值。
➢ △f：两个单频之间频率的间隔幅度。△f 必须是采样频率和采样数之比的整数倍。
➢ 采样信息：包含 Fs 和采样数，是一个簇数据类型。Fs 是以每秒采样的点数表示的采样频率，默认为 1000。采样数是指波形中所包含的采样点数，默认为 1000。
➢ 强制转换频率？：如果该输入为"TRUE"，特定单频的频率将被强制为相近的 Fs/n 的整数倍。
➢ 相位关系：所有正弦单频的相位分布方式。该分布影响整个波形峰值与平均值的比。包括 random（随机）和 linear（线性）两种方式。随机方式，相位是从 0～360°之间随机选择的。线性方式，会给出最佳的峰值与均值比。
➢ 信号输出：产生的波形信号。
➢ 峰值因数：输出信号的峰值电压与平均值电压的比。
➢ 实际单频信号频率：如果强制频率转换为"TRUE"，则输出强制转换频率后单频的频率。

例 9-3　基本混合单频 VI 的使用

基本混合单频 VI 函数能对混合单频的各种参数进行调节，并输出必要信息。本实例的前面板及程序框图如图 9-13 和图 9-14 所示。

5. 混合单频与噪声波形

混合单频与噪声波形函数产生一个包含正弦单频、噪声及直流分量的波形信号。混合单频与噪声波形 VI 的节点图标和端口如图 9-15 所示。

➢ 噪声（rms）：所添加高斯噪声的 rms 水平。默认值为 0.0。

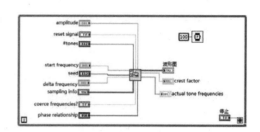

图 9-13　前面板　　　　　　　　　　　图 9-14　程序框图

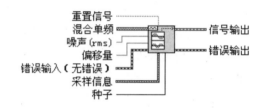

图 9-15　混合单频与噪声波形 VI 的节点图标和端口

6. 基本带幅值混合单频

产生多个正弦信号的叠加波形。所产生信号的频率谱在特定频率处是脉冲而其他频率处是 0。单频的数量由单频幅值数组的大小决定。根据频率、幅值、采样信息的输入值产生单频。单频间的相位关系由"相位关系"输入决定。最后将这些单频信号进行合成。基本带幅值混合单频 VI 的节点图标和端口如图 9-16 所示。

➢ 单频幅值：是一个数组，数组的元素代表一个单频的幅值。该数组的大小决定了所产生单频信号的数目。

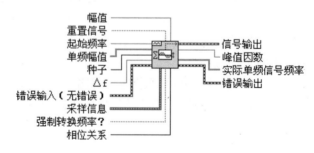

图 9-16　基本带幅值混合单频 VI 的节点图标和端口

7. 混合单频信号发生器

混合单频信号发生器函数产生正弦单频信号的合成信号波形。所产生的信号的频率谱在特定频率处是脉冲，而在其他频率处是 0。单频的个数由单频频率、单频幅值及单频相位端口输入数组的大小决定。使用单频频率、单频幅值和单频相位端口输入的信息产生正弦单频。最后将所有产生的单频信号合成。混合单频信号发生器 VI 的节点图标和端口如图 9-17 所示。

LabVIEW 默认为单频相位输入端输入的是正弦信号的相位。如果单频相位输入的是余弦信号的相位，将单频相位输入信号加 90º 即可。图 9-18 所示的代码说明了怎样使用单频相位输入信息改变余弦相位。

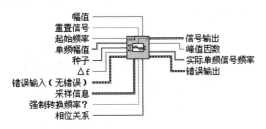

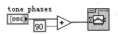

图 9-17　混合单频信号发生器 VI 的节点图标和端口　　　图 9-18　单频相位输入信息改变余弦相位

8. 均匀白噪声波形

均匀白噪声波形函数产生伪随机白噪声。均匀白噪声波形 VI 的节点图标和端口如图 9-19 所示。

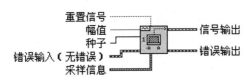

图 9-19　均匀白噪声波形 VI 的节点图标和端口

例 9-4　均匀白噪声波形 VI 的使用

本实例演示了均匀白噪声波形 VI 的最基本的使用方法。本实例中可以对所产生的白噪声的相关参数进行调节，波形图中显示了所产生的白噪声波形信号。本实例的前面板及程序框图如图 9-20 和图 9-21 所示。

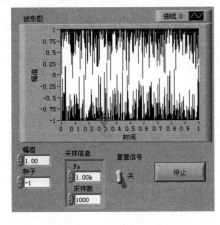

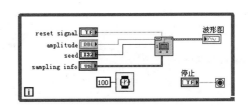

图 9-20　前面板　　　　　　　　　　　　　　图 9-21　程序框图

9．产生周期性随机噪声波形

输出数组包含了一个整周期的所有频率。每个频率成分的幅度谱由幅度谱输入决定，且相位是随机的。输出的数组也可以认为是具有相同幅值随机相位的正弦信号的叠加和。周期性随机噪声波形 VI 的节点图标和端口如图 9-22 所示。

10．产生二项分布的噪声波形信号

二项分布的噪声波形 VI 的节点图标和端口如图 9-23 所示。

图 9-22　周期性随机噪声波形 VI 的节点图标和端口　　图 9-23　二项分布的噪声波形 VI 的

节点图标和端口

> 试验概率：给定试验为 true（1）的概率。默认为 0.5。
> 试验：为一个输出信号元素所发生的试验的个数。默认为 1.0。

11．Bernoulli 噪声波形

Bernoulli 噪声波形函数产生伪随机 0-1 信号。信号输出的每一个元素经过取 1 概率的输入值运算。如果取 1 概率输入端的值为 0.7，那么信号输出的每一个元素将有 70%的概率为 1，有 30%的概率为 0。Bernoulli 噪声波形 VI 的节点图标和端口如图 9-24 所示。

图 9-24　Bernoulli 噪声波形 VI 的节点图标和端口

12．仿真信号

仿真信号函数 Express VI 可模拟正弦波、方波、三角波、锯齿波和噪声。该 VI 还存在于"函数"选板的"Express"→"信号分析"子选板中。该 Express VI 的默认图标如图 9-25 所示。在配置对话框中选择默写选项后，其图标会发生变化。图 9-26 所示为添加噪声后的图标。另外，在图标上右击，在弹出的快捷菜单中选择"显示为图标"，可以以图标的形式显示该 Express VI，如图 9-27 所示。

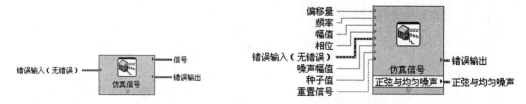

图 9-25　仿真信号 Express VI 的节点图标和端口　　图 9-26　仿真信号 Express VI 添加噪声后的图标

将仿真信号 Express VI 放置在程序框图上后，弹出如图 9-28 所示的"配置仿真信

号"对话框。在该对话框中可以对仿真信号 VI 的参数进行配置。在仿真信号 VI 的图标上双击也会弹出该对话框。

下面对"配置仿真信号"对话框中的选项进行详细介绍。

（1）信号。

➢ 信号类型：模拟的波形类型。可模拟正弦波、矩形波、锯齿波、三角波或噪声（直流）。

➢ 频率(Hz)：以 Hz 为单位的波形频率。默认值为 10.1。

➢ 相位（度）：以度（°）为单位的波形初始相位。默认值为 0。

➢ 幅值：波形的幅值。默认值为 1。

➢ 偏移量：信号的直流偏移量。默认值为 0。

➢ 占空比(%)：矩形波在一个周期内高位时间和低位时间的百分比。默认值为 50。

➢ 添加噪声：向模拟波形添加噪声。

图 9-27 以图标形式显示 Express VI

➢ 噪声类型：指定向波形添加的噪声类型。只有勾选了添加噪声复选框，才可使用该选项。

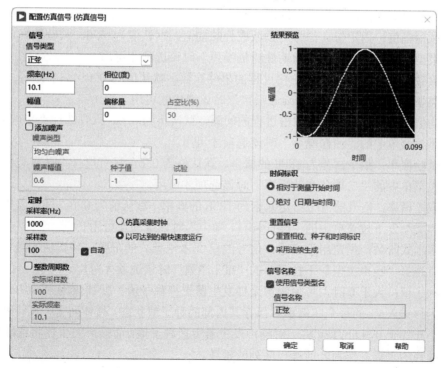

图 9-28 "配置仿真信号"对话框

可添加的噪声类型如下：

➢ 均匀白噪声：生成一个包含均匀分布伪随机序列的信号，该序列值的范围是

[-a:a]，其中 a 是幅值的绝对值。

➤ 高斯白噪声：生成一个包含高斯分布伪随机序列的信号，该序列的统计分布图为(μ, sigma)=(0, s)，其中 s 是标准差的绝对值。

➤ 周期性随机噪声：生成一个包含周期性随机噪声(PRN)的信号。

➤ Gamma 噪声：生成一个包含伪随机序列的信号，该序列的值是一个均值为 1 的泊松过程中发生阶数次事件的等待时间。

➤ 泊松噪声：生成一个包含伪随机序列的信号，该序列的值是一个速度为 1 的泊松过程在指定的时间均值中离散事件发生的次数。

➤ 二项分布的噪声：生成一个包含二项分布伪随机序列的信号，其值即某个随机事件在重复实验中发生的次数，其中事件发生的概率和重复的次数事先给定。

➤ Bernoulli 噪声：生成一个包含 0 和 1 伪随机序列的信号。

➤ MLS 序列：生成一个包含最大长度的 0、1 序列，该序列由阶数为多项式阶数的模 2 本原多项式生成。

➤ 逆 F 噪声：生成一个包含连续噪声的波形，其频率谱密度在指定的频率范围内与频率成反比。

➤ 噪声幅值：信号可达的最大绝对值。默认值为 0.6。只有选择"噪声类型"下拉菜单中的"均匀白噪声"或"逆 F 噪声"时该选项才可用。

➤ 标准差：生成噪声的标准差。默认值为 0.6。只有"选择噪声"类型下拉菜单中的"高斯白噪声"时该选项才可用。

➤ 频谱幅值：指定仿真信号的频域成分的幅值。默认值为 0.6。只有选择"噪声类型"下拉菜单中的"周期性随机噪声"时该选项才可用。

➤ 阶数：指定均值为 1 的泊松过程的事件次数。默认值为 0.6。只有选择"噪声类型"下拉菜单中的"Gamma 噪声"时该选项才可用。

➤ 均值：指定单位速率的泊松过程的间隔。默认值为 0.6。只有选择"噪声类型"下拉菜单中的"泊松噪声"时该选项才可用。

➤ 试验概率：某个试验为 TRUE 的概率。默认值为 0.6。只有选择"噪声类型"下拉菜单中的"二项分布的噪声"时该选项才可用。

➤ 取 1 概率：信号的一个给定元素为 TRUE 的概率。默认值为 0.6。只有选择"噪声类型"下拉菜单中的"Bernoulli 噪声"时该选项才可用。

➤ 多项式阶数：指定用于生成该信号的模 2 本原项式的阶数。默认值为 0.6。只有选择"噪声类型"下拉菜单的"MLS 序列"时该选项才可用。

➤ 种子值：大于 0 时，可使噪声采样发生器更换种子值。默认值为-1。LabVIEW 为该重入 VI 的每个实例单独保存其内部的种子值状态。具体而言，如果种子值小于等于 0，LabVIEW 将不对噪声发生器更换种子值，而噪声发生器将继续生成噪声的采样，作为之前噪声序列的延续。

➤ 指数：指定反 f 频谱形状的指数。默认值为 1。只有选择"噪声类型"下拉菜单中的"逆 F 噪声"时该选项才可用。

（2）定时。

➤ 采样率(Hz)：每秒采样速率。默认值为 1000。

- 采样数：信号的采样总数。默认值为100。
- 自动：将采样数设置为采样率(Hz)的1/10。
- 仿真采集时钟：仿真一个类似于实际采样率的采样率。
- 以可达到的最快速度运行：在系统允许的条件下尽可能快地对信号进行仿真。
- 整数周期数：设置最近频率和采样数，使波形包含整数各周期。
- 实际采样数：表示选择整数周期数时，波形中的实际采样数量。
- 实际频率：表示选择整数周期数时，波形的实际频率。

（3）时间标识。

- 相对于测量开始时间：显示数值对象从 0 起经过的小时、分钟及秒数。例如，十进制 100 等于相对时间 1:40。
- 绝对（日期与时间）：显示数值对象从格林尼治标准时间 1904 年 1 月 1 号零点至今经过的秒数。

（4）重置信号。

- 重置相位、种子和时间标识：将相位重设为相位值，将时间标识重设为 0。种子值重设为-1。
- 采用连续生成：对信号进行连续仿真。不重置相位、时间表示或种子值。

（5）信号名称。

- 使用信号类型名：使用默认信号名称。
- 信号名：勾选了使用信号类型名复选框后，显示默认的信号名称。

（6）结果预览。显示仿真信号的预览。

以上所述的绝大部分参数都可以在程序框图中进行设定。

例 9-5　仿真信号 Express VI 的使用

仿真信号 Express VI 函数产生一个正弦信号，可以对正弦信号的频率、幅值和相位进行调节；如果选择了叠加白噪声，还可以对白噪声的相关参数进行调节。波形图输出了仿真信号。本实例的前面板及程序框图如图 9-29 和图 9-30 所示。

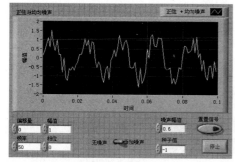

图 9-29　前面板

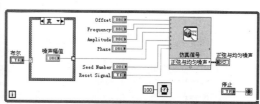

图 9-30　程序框图

13. 仿真任意信号

该 Express VI 用于仿真用户定义的信号。仿真任意信号 Express VI 的程序框图如图 9-31 所示。

图 9-31　仿真任意信号 Express VI 的程序框图

➢ 下一值：指定信号的下一个值。默认为"TRUE"。如果为"FALSE"，则该 Express VI 每次循环都输出相同的值。

➢ 重置：控制 VI 内部状态的初始化。默认值为"FALSE"。

➢ 错误输入（无错误）：描述该 VI 或函数运行前发生的错误情况。

➢ 信号：返回输出信号。

➢ 数据有效：显示数据是否有效。

➢ 错误输出：包含错误信息。如果错误输入表明在该 VI 或函数运行前已出现错误，则错误输出将包含相同错误信息，否则将表示 VI 或函数中出现的错误状态。

可以对 VI 进行如图 9-32 所示的操作，从而以另一种样式显示输入输出端子。也可以像图 9-27 那样以图标方式显示 VI。

图 9-32　改变仿真任意信号 VI 的显示样式

将仿真任意信号 Express VI 放置在程序框图上后，弹出"配置仿真任意信号"对话框，如图 9-33 所示。双击 VI 的图标或在右键快捷菜单中选取"属性"选项也会弹出该对话框。

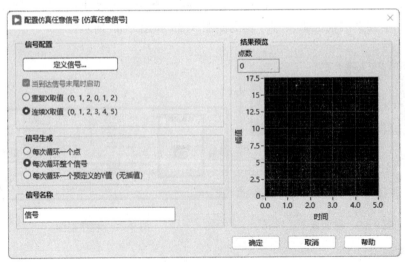

图 9-33　"配置仿真任意信号"对话框

在该对话框中可以对仿真任意信号 Express VI 的参数进行配置。下面对对话框中的各选项进行介绍。

（1）信号配置。

➤ 定义信号：显示"定义信号"对话框，用于生成一个任意信号。关于"定义信号"对话框，将在后面进行详细介绍。

➤ 当到达信号末尾时启动：连续地仿真用户定义的信号。

➤ 重复 X 取值（0，1，2，0，1，2）：选中"当到达信号末尾时启动"，将重复取 X 值。

➤ 连续 X 取值（0，1，2，3，4，5）：选中"当到达信号末尾时启动"，将 X 值顺序递增。

（2）信号生成。

➤ 每次循环一个点：每次循环中仿真一个点。

➤ 每次循环整个信号：每次循环时仿真整个信号。

➤ 每次循环一个预定义的 Y 值（无插值）：每次循环中仿真一个点而不使用插值。

（3）信号名称。指定在程序框图上显示的信号名称。

（4）结果预览。显示仿真信号的预览。

单击"配置仿真任意信号"对话框中的"定义信号"按钮时，将显示"定义信号"对话框，如图 9-34 所示。该对话框用于定义在图表中显示、发送至设备或用于边界测试的数值。

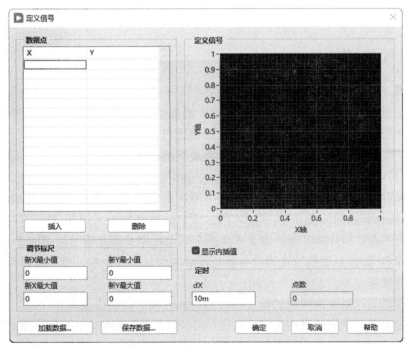

图 9-34 "定义信号"对话框

该对话框包括以下部分：

➤ 数据点：显示用于创建信号的输入值。可以在表格单元中直接输入值或使用"调节标尺"部分的选项创建信号。

> 插入：在"数据点"表格中添加新的一行。

> 删除：删除"调节标尺"中的值。

> 调节标尺：用于定义数值包含。下列选项：

新 X 最小值：指定 X 轴的最小值。

新 X 最大值：指定 X 轴的最大值。

新 Y 最小值：指定 Y 轴的最小值。

新 Y 最大值：指定 Y 轴的最大值。

> 加载数据：提示用户选择一个 .lvm 文件，其中包含用于定义信号的信号数据。

> 保存数据：将数据点中配置的文件保存至一个 .lvm 文件。

> 定义信号：如果用户已选择显示参考数据，则显示用户定义的信号以及参考信号。

> 显示参考数据：在定义信号图中显示一个参考信号。注意：该选项仅在信号掩区和边界测试 Express VI 中定义信号时出现。

> 显示内插值：启用线性平均并在定义信号图中显示内插值。

> 定时：用于为已定义信号指定定时特性。包含下列选项：

dX：指定信号数据点之间的时间间隔或时长。

点数：显示在数据点中指定的一个信号中的数据点数量。

以上介绍的都是"波形生成"子选板中较为典型的 VI 的使用方法。其他 VI 的使用与上述 VI 类似。

9.1.2　信号生成

信号生成 VI 在"函数"选板的"信号处理"→"信号生成"子选板中，如图 9-35 所示。使用信号生成 VI 可以得到特定波形的一维数组。在该子选板上的 VI 可以返回通常的 LabVIEW 错误代码或者特定的信号处理错误代码。

下面对"信号生成"子选板中的函数节点及其用法进行介绍。

1. 基于持续时间的信号发生器

基于持续时间的信号发生器产生信号类型所决定的信号。基于持续时间的信号发生器 VI 的节点图标和端口如图 9-36 所示。信号频率的单位是 Hz（周期/秒），持续时间的单位是 s。采样点数和持续时间决定了采样率，而采样率必须是信号频率的 2 倍（遵从奈奎斯特定律）。如果奈奎斯特定律没有满足，必须增加采样点数，或者减小持续时间，或者减小信号频率。

> 持续时间：以 s 为单位的输出信号的持续时间。默认值为 1.0。

> 信号类型：产生信号的类型。包括：sine（正弦）信号、cosine（余弦）信号、triangle（三角）信号、square（方波）信号、saw tooth（锯齿波）信号、increasing ramp（上升斜坡）信号和 decreasing ramp（下降斜坡）信号。默认信号类型为 sine（正弦）信号。

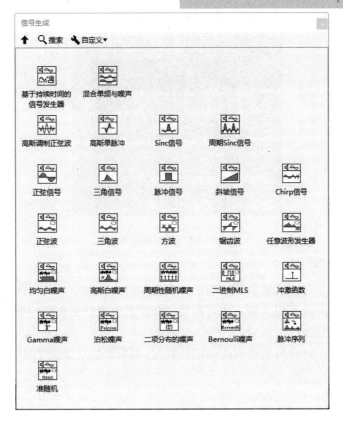

图 9-35 "信号生成"子选板

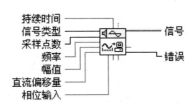

图 9-36 基于持续时间的信号发生器 VI 的节点图标和端口

- ➤ 采样点数：输出信号中采样点的数目。默认为 100。
- ➤ 频率：输出信号的频率，单位为 Hz。默认值为 10。代表了一秒内产生整周期波形的数目。
- ➤ 幅值：输出信号的幅值。默认为 1.0。
- ➤ 直流偏移量：输出信号的直流偏移量。默认为 0。
- ➤ 相位输入：输出信号的初始相位，以度（°）为单位。默认值为 0。
- ➤ 信号：产生的信号数组。

例 9-6　基于持续时间的信号发生器 VI 的使用

本实例演示了基于持续时间的信号发生器 VI 的基本使用方法。该发生器可以对所产生的信号的类型进行选择，对特定波形的参数进行调节。波形数组送入波形图进行显示。

该实例的前面板及程序框图如图 9-37 和图 9-38 所示。

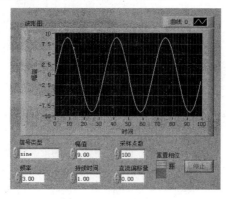

图 9-37　程序前面板

2. 混合单频与噪声

该函数产生一个包含正弦单频、噪声和直流偏移量的数组。与"产生波形"子选板中的混合单频与噪声波形相类似。混合单频与噪声的节点图标和端口如图 9-39 所示。

3. 高斯调制正弦波

该函数产生一个包含高斯调制正弦波的数组。高斯调制正弦波 VI 的节点图标和端口如图 9-40 所示。

➤ 衰减（dB）：在中心频率两侧功率的衰减，该值必须大于 0 dB。默认为 6dB。

➤ 中心频率（Hz）：中心频率或者载波频率，以 Hz 为单位。默认值为 1。

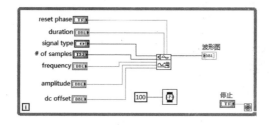

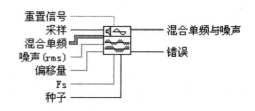

图 9-38　程序框图　　　　　图 9-39　混合单频与噪声的节点图标和端口

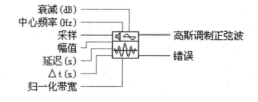

图 9-40　高斯调制正弦波

➤ 延迟（s）：高斯调制正弦波峰值的偏移。默认值为 0。

➤ Δt（s）：采样间隔。采样间隔必须大于 0。如果采样间隔小于或等于 0，输出数组将被置为空数组，并且返回一个错误。默认值为 0.1。

➤ 归一化带宽：该值与中心频率相乘，从而在功率谱的衰减（dB）处达到归一化。

归一化带宽输入值必须大于 0。默认值为 0.15。

"信号生成"子选板中的其他 VI 与"波形生成"子选板中相应的 VI 的使用方法类似，关于它们的使用方法，请参见"波形生成"子选板中 VI 的介绍部分。

9.2 波形调理

波形调理主要用于对信号进行数字滤波和加窗处理。波形调理 VI 节点位于"函数"选板的"信号处理"→"波形调理"子选板中，如图 9-41 所示。

下面对"波形调理"子选板中包含的 VI 及其使用方法进行介绍。

图 9-41　"波形调理"子选板

1. 数字 FIR 滤波器

数字 FIR 滤波器可以对单波形和多波形进行滤波。如果对多波形进行滤波，则 VI 将对每一个波形进行相同的滤波。信号输入端和 FIR 滤波器规范输入端的数据类型决定了使用哪一个 VI 多态实例。数字 FIR 滤波器 VI 的节点图标和端口如图 9-42 所示。

该 VI 根据 FIR 滤波器规范和可选 FIR 滤波器规范的输入数组来对波形进行滤波。如果对多波形进行滤波，VI 将对每一个波形使用不同的滤波器，并且会保证每一个波形是相互分离的。

FIR 滤波器规范：选择一个 FIR 滤波器的最小值。FIR 滤波器规范是一个簇类型，它所包含的量如图 9-43 所示。

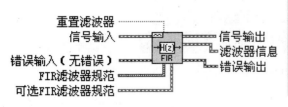

图 9-42　数字 FIR 滤波器的节点图标和端口　图 9-43　FIR 滤波器规范和可选 FIR 滤波器规范

➤ 拓扑结构：决定了滤波器的类型，包括的选项是 Off（默认）、FIR by

Specification、Equi-ripple FIR 和 Windowed FIR。

➢ 类型：类型选项决定了滤波器的通带。包括 Lowpass（低通）、Highpass（高通）、Bandpass（带通）和 Bandstop（带阻）。

➢ 抽头数：FIR 滤波器抽头的数量。默认为 50。

➢ 最低通带：两个通带频率中低的一个。默认为 100Hz。

➢ 最高通带：两个通带频率中高的一个。默认为 0。

➢ 最低阻带：两个阻带中低的一个。默认为 200。

➢ 最高阻带：两个阻带中高的一个。默认为 0。

➢ 可选 FIR 滤波器规范：用来设定 FIR 滤波器的可选的附加参数，是一个簇数据类型，如图 9-43 所示。

➢ 通带增益：通带频率的增益。可以用线性或对数来表示。默认为-3dB。

➢ 阻带增益：阻带频率的增益。可以用线性或对数来表示。默认为-60dB。

➢ 标尺：决定了通带增益和阻带增益的翻译方法。

➢ 窗：选择平滑窗的类型。平滑窗减小滤波器通带中的纹波，并改善阻带中滤波器衰减频率的能力。

例 9-7 数字 FIR 滤波器的使用

首先使用仿真信号 Express VI 产生一个添加了白噪声的正弦信号波形。通过前面板上的输入控件，可以对正弦波形的幅值、频率进行调节，还可以对白噪声幅值进行调节。概输出信号通过数字 FIR 滤波器 VI 进行滤波。通过 FIR 滤波器规范和可选 FIR 滤波器规范簇中包含的输入控件可以对滤波器的滤波参数进行调节。当"拓扑结构"选择"Off"时，滤波器被关闭，波形图中输出的是仿真信号 VI 输出的信号波形。本实例的程序前面板及运行结果如图 9-44 所示，程序框图如图 9-45 所示。

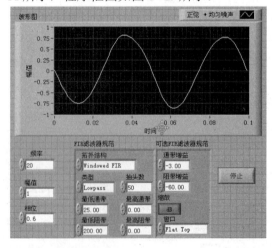

图 9-44　程序前面板及运行结果

2. 数字 IIR 滤波器

数字 IIR 滤波器可以对单个波形或多个波形中的信号进行滤波。数字 IIR 滤波器 VI 的节点图标和端口如图 9-46 所示。

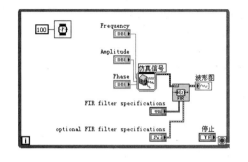

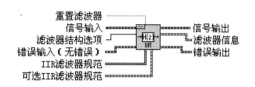

图 9-45　程序框图　　　　　图 9-46　数字 IIR 滤波器 VI 的节点图标和端口

3. 连续卷积（FIR）

连续卷积（FIR）可以将单个或多个信号和一个或多个具有状态信息的 kernel 相卷积，该节点可以连续调用。连续卷积（FIR）VI 的节点图标和端口如图 9-47 所示。

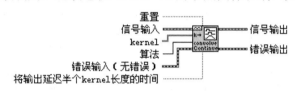

图 9-47　连续卷积（FIR）VI 的节点图标和端口

➢ 信号输入：输入要和 kernel 进行卷积的信号。

➢ kernel：被信号输入端输入的信号进行卷积的信号。

➢ 算法：选择计算卷积的方法。当算法选择"direct"时，VI 使用直接的线性卷积进行计算。当算法选择"frequency domain（默认）"时，VI 使用基于 FFT 的方法计算卷积。

➢ 将输出延迟半个 kernel 长度的时间：当该端口输入为"TRUE"时，将输出信号在时间上延迟半个 kernel 的长度。半个 kernel 长度是通过 0.5×N×dt 得到的。N 为 kernel 中的元素数量，dt 为输入信号。

4. 按窗函数缩放

按窗函数缩放将对输入的时域信号加窗。信号输入的类型不同将使用不同的多态实例。按窗函数缩放 VI 的节点图标和端口如图 9-48 所示。

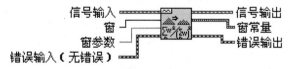

图 9-48　按窗函数缩放 VI 的节点图标和端口

5. 波形对齐（连续）

波形对齐（连续）将波形按元素对齐，并返回对齐的波形。波形输入端输入的波形类型不同将用不同的多态 VI。波形对齐（连续）VI 的节点图标和端口如图 9-49 所示。

6. 波形对齐（单次）

波形对齐（单次）使两个波形的元素对齐并返回对齐的波形。连线至波形输入端的数据类型可确定使用的多态实例。波形对齐（单次）VI 的初始图标如图 9-50 所示。

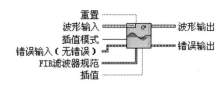

图 9-49　波形对齐（连续）VI 的节点图标和端口

7. 滤波器

该 Express VI 用于通过滤波器和窗对信号进行处理。在"函数"选板的"Express"→"信号分析"子选板中也包含该 VI。滤波器 Express VI 的初始图标如图 9-51 所示。滤波器 Express VI 也可以像其他 Express VI 一样对图标的显示样式进行改变。

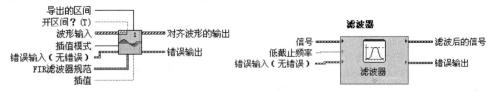

图 9-50　波形对齐（单次）的初始图标　　　　图 9-51　滤波器的初始图标

当将滤波器 Express VI 放置在程序框图上时，弹出如图 9-52 所示的"配置滤波器"对话框。双击滤波器图标或者在右键快捷菜单中选择"属性"选项也会显示该对话框。

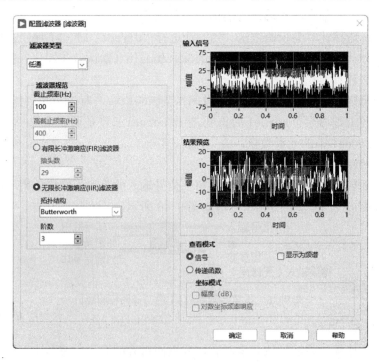

图 9-52　"配置滤波器"对话框

在该对话框中可以对滤波器 Express VI 的参数进行配置。下面对该对话框中的各选项进行介绍。

（1）滤波器类型。在低通、高通、带通、带阻和平滑。默认值为低通滤波器中指定使用的类型。

（2）滤波器规范。

➢ 截止频率（Hz）：指定滤波器的截止频率。只有从"滤波器类型"下拉菜单中选择"低通"或"高通"时才可使用该选项。默认值为 100。

➢ 低截止频率（Hz）：指定滤波器的低截止频率。低截止频率(Hz)必须比高截止频率(Hz)低，且符合 Nyquist 准则。默认值为 100。只有从"滤波器类型"下拉菜单中选择"带通"或"带阻"时才可使用该选项。

➢ 高截止频率（Hz）：指定滤波器的高截止频率。高截止频率(Hz)必须比低截止频率(Hz)高，且符合 Nyquist 准则。默认值为 400。只有从"滤波器类型"下拉菜单中选择"带通"或"带阻"时才可使用该选项。

➢ 有限长冲激响应(FIR)滤波器：创建一个 FIR 滤波器，该滤波器仅依赖于当前和过去的输入。因为滤波器不依赖于过往输出，在有限时间内脉冲响应可衰减至零，又因为 FIR 滤波器返回一个线性相位响应，所以 FIR 滤波器可用于需要线性相位响应的应用程序。

➢ 抽头数：指定 FIR 系数的总数，系数必须大于零。默认值为 29。只有选择了"有限长冲激响应(FIR)滤波器"选项才可使用该选项。增加抽头数的值，可使带通和带阻之间的转化更加急剧。但是抽头数增加的同时会降低处理速度。

➢ 无限长冲激响应(IIR)滤波器：创建一个 IIR 滤波器。该滤波器是带脉冲响应的数字滤波器，它的长度和持续时间在理论上是无穷的。

➢ 拓扑结构：确定滤波器的设计类型。可创建 Butterworth、Chebyshev、反 Chebyshev、椭圆或 Bessel 滤波器设计。只有选中了"无限长冲激响应(IIR)滤波器"才可使用该选项。默认值为 Butterworth。

➢ 其他：IIR 滤波器的阶数必须大于零。只有选中了"无限长冲激响应(IIR)滤波器"才可使用该选项。默认值为 3。阶数值的增加将使带通和带阻之间的转换更加急剧。但是阶数值增加的同时会降低处理速度，信号开始时的失真点数量也会增加。

➢ 移动平均：产生前向(FIR)系数。只有从"滤波器类型"下拉菜单中选择"平滑"时才可使用该选项。

➢ 矩形：移动平均窗中的所有采样在计算每个平滑输出采样时有相同的权重。只有从"滤波器类型"下拉菜单中选中"平滑"且选中"移动平均"选项时才可使用该选项。

➢ 三角形：用于采样的移动加权窗为三角形，峰值出现在窗中间，两边对称斜向下降。只有从"滤波器类型"下拉菜单中选中"平滑"，且选中"移动平均"选项时才可使用该选项。

➢ 半宽移动平均：指定采样中移动平均窗的宽度的一半。默认值为 1。若半宽移动平均为 M，则移动平均窗的全宽为 N=1+2M 个采样。因此，全宽 N 总是奇数个采样。只有从"滤波器类型"下拉菜单中选中"平滑"，且选中"移动平均"选项时才可使用该选项。

➢ 指数：产生首序 IIR 系数。只有从"滤波器类型"下拉菜单中选择"平滑"时才可使用该选项。

➢ 指数平均的时间常量：指数加权滤波器的时间常量（s）。默认值为 0.001。只有从"滤波器类型"下拉菜单中选中"平滑"且选中"指数"选项时才可使用该选项。

（3）输入信号。显示输入信号。如果将数据连往 Express VI，然后运行，则输入信号将显示实际数据。如果关闭后再打开 Express VI，则输入信号将显示采样数据，直到再次运行该 VI。

（4）结果预览。显示测量预览。如果将数据连往 Express VI，然后运行，则结果预览将显示实际数据。如果关闭后再打开 Express VI，则结果预览将显示采样数据，直到再次运行该 VI。

（5）查看模式。

➢ 信号：以实际信号形式显示滤波器响应。

➢ 显示为频谱：指定将滤波器的实际信号显示为频谱，或保留基于时间的显示方式。频率显示适用于查看滤波器如何影响信号的不同频率成分。默认状态下，按照基于时间的方式显示滤波器响应。只有选中"信号"才可使用该选项。

➢ 传递函数：以传递函数形式显示滤波器响应。

（6）坐标模式。

➢ 幅度(dB)：以 dB 为单位显示滤波器的幅度响应。

➢ 对数坐标频率响应：在对数标尺中显示滤波器的频率响应。

（7）幅度响应。显示滤波器的幅度响应。只有将"查看模式"设置为"传递函数"才可用该显示框。

（8）相位响应。显示滤波器的相位响应。只有将"查看模式"设置为"传递函数"才可用该显示框。

例 9-8　滤波器 Express VI 的使用

通过仿真信号 VI 产生一个包含白噪声信号的正弦波信号波形，然后通过滤波器 VI 进行滤波。滤波器 VI 配置为"带通"滤波器，"低截止频率"为 8Hz，"高截止频率"为 12Hz，如图 9-53 所示。当正弦波信号的频率为 8～12Hz 时，可以看到，能够达到很好的滤波效果。图 9-54 所示为本实例的前面板及运行结果，图 9-55 所示为本实例的程序框图。

8．对齐和重采样

该 Express VI 用于改变开始时间、对齐信号，或改变时间间隔，对信号进行重新采样。该 Express VI 返回经调整的信号。对齐和重采样 Express VI 的初始图标如图 9-56 所示。该 Express VI 的图标也可以像其他 Express VI 图标一样改变显示样式。

将对齐和重采样 Express VI 放置在程序框图上后，将显示"配置对齐"和"重采样"对话框。在该对话框中，可以对对齐和重采样 Express VI 的各项参数进行设置和调整，如图 9-57 所示。

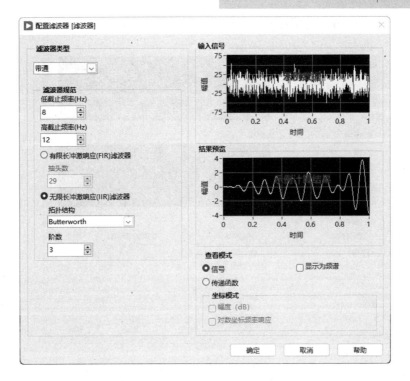

图 9-53　滤波器的配置

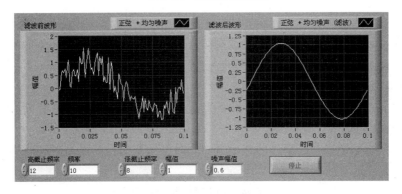

图 9-54　程序前面板

下面对该对话框中的各个选项进行介绍。

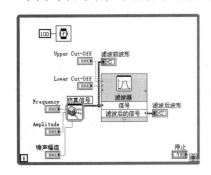

图 9-55　程序框图

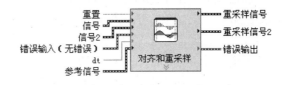

图 9-56　对齐和重采样 ExpressVI 的初始图标

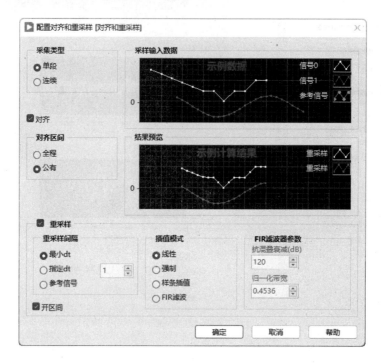

图 9-57 "配置对齐和重采样"对话框

（1）采集类型。

➢ 单段：每次循环分别进行对齐或重采样。

➢ 连续：将所有循环作为一个连续的信号段，进行对齐或重采样。

（2）对齐。对齐信号，使信号的开始时间相同。

（3）对齐区间。

➢ 全程：在最迟开始的信号的起始处及最早结束的信号的结尾处补零，将信号的
开始和结束时间对齐。

➢ 公有：使用最迟开始信号的开始时间和最早结束信号的结束时间，将信号的开
始时间和结束时间对齐。

（4）重采样。按照同样的采样间隔，对信号进行重新采样。

（5）重采样间隔。

➢ 最小 dt：取所有信号中最小的采样间隔，对所有信号重新采样。

➢ 指定 dt：按照用户指定的采样间隔，对所有信号重新采样。由用户自定义的采
样间隔。默认值为 1。

➢ 参考信号：按照参考信号的采样间隔，对所有信号重新采样。

（6）插值模式。重采样时，可能需要向信号添加点。插值模式控制 LabVIEW 如何计
算新添加的数据点的幅值。插值模式包含下列选项：

➢ 线性：返回的输出采样值等于时间上最接近输出采样的那两个输入采样的线性
插值。

➢ 强制：返回的输出采样值等于时间上最接近输出采样的那个输入采样的值。

➢ 样条插值：使用样条插值算法计算重采样值。

➤ FIR滤波：使用FIR滤波器计算重采样的值。

（7）FIR滤波器参数。

➤ 抗混叠衰减(dB)：指定重新采样后混叠的信号分量的最小衰减水平。默认值为120。只有选中"FIR滤波"才可使用该选项。

➤ 归一化带宽：指定新的采样速率中不衰减的比例。默认值为0.4536。只有选择了"FIR滤波"才可使用该选项。

（8）开区间。指定输入信号属于开区间还是闭区间。默认值为"TRUE"，即选中开区间。例如，假设一个输入信号 t0 = 0，dt = 1，Y = {0，1，2}。开区间返回最终时间值为2；闭区间返回最终时间值为3。

（9）采样输入数据。显示可用作参考的采样输入信号，确定用户选择的配置选项如何影响实际输入信号。如果将数据连往该Express VI，然后运行，则采样输入数据将显示实际数据。如果关闭后再打开Express VI，则采样输入数据将显示采样数据，直到再次运行该VI。

（10）结果预览。显示测量预览。如果将数据连往 Express VI，然后运行，则结果预览将显示实际数据。如果关闭后再打开Express VI，则结果预览将显示采样数据，直到再次运行该VI。

VI的输入端子可以对其中的默认参数进行调节，使用方法请参见以上对"配置滤波器"对话框中选项的介绍。

9. 触发与门限

触发与门限Express VI用于使用触发，提取信号中的一个片段。触发器状态可基于开启或停止触发器的阈值，也可以是静态的。触发器为静态时，触发器立即启动，Express VI返回预定数量的采样。触发与门限Express VI的初始图标如图9-58所示。该Express VI的图标也可以像其他Express VI图标一样改变显示样式。

将触发与门限Express VI放置在程序框图上后，将显示"配置触发与门限"对话框。在该对话框中，可以对触发与门限 Express VI 的各项参数进行设置和调整，如图9-59所示。

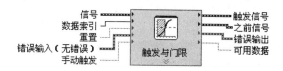

图9-58　触发与门限 Express VI 的初始图标

下面对该对话框中的各选项及其使用方法进行介绍。

（1）开始触发。

➤ 阈值：使用阈值指定开始触发的时间。

➤ 起始方向：指定开始采样的信号边缘。选项为上升、上升或下降、下降。只有选择"阈值"时才可使用该选项。

➤ 起始电平：Express VI开始采样前，信号在起始方向上必须到达的幅值。默认值为0。只有选择"阈值"时该选项才可用。

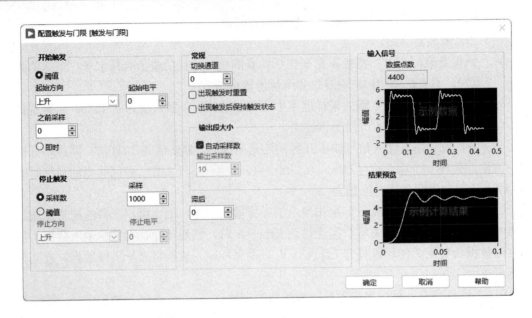

图 9-59 "配置触发与门限"对话框

➢ 之前采样：指定起始触发器返回前发生的采样数量。默认值为 0。只有选择"阈值"时该选项才可用。

➢ 即时：马上开始触发。信号开始时即开始触发。

（2）停止触发。

➢ 采样数：当 Express VI 采集到采样中指定数目的采样时，停止触发。

➢ 采样：指定停止触发前采集的采样数目。默认值为 1000。

➢ 阈值：通过阈值指定停止触发的时间。

➢ 停止方向：指定停止采样的信号边缘。选项为上升、上升或下降、下降。只有选择"阈值"时才可使用该选项。

➢ 停止电平：Express VI 开始采样前，信号在停止方向上必须到达的幅值。默认值为 0。只有选择"阈值"时该选项才可用。

（3）常规。

➢ 切换通道：如动态数据类型输入包含多个信号，指定要使用的通道。默认值为 0。

➢ 出现触发时重置：每次找到触发后均重置触发条件。如果选中该选项，则"触发与门限"Express VI 每次循环时都不将数据存入缓冲区。如果每次循环都有新数据集合，且只需找到与第一个触发点相关的数据，则可勾选该复选框。如果只为循环传递一个数据集合，然后在循环中调用"触发与门限"Express VI 获取数据中所有的触发，则勾选该复选框。如果未选择该选项，"触发与门限"Express VI 将缓冲数据。需注意的是，如在循环中调用"触发与门限"Express VI，且每个循环都有新数据，该操作将积存数据（因为每个数据集合包括若干触发点）。因为没有重置，故来自各个循环的所有数据都进入缓冲区，方便查找所有触发。但是不可能找到所有的触发。

> 出现触发后保持触发状态：找到触发后保持触发状态。只有选择"开始触发"部分的"阈值"时该选项才可用。

> 滞后：指定检测到触发电平前，信号必须穿过起始电平或停止电平的量。默认值为 0。使用信号滞后，可防止发生错误触发引起的噪声。对于上升缘起始方向或停止方向，检测到触发电平穿越之前，信号必须穿过的量为起始电平或停止电平减去滞后。对于下降缘起始方向或停止方向，检测到触发电平穿越之前，信号必须穿过的量为起始电平或停止电平加上滞后。

（4）输出段大小：指定每个输出段包括的采样数。默认值为 100。

（5）输入信号：显示输入信号。如果将数据连往 Express VI，然后运行，则输入信号将显示实际数据。如果关闭后再打开 Express VI，则输入信号将显示采样数据，直到再次运行该 VI。

（6）结果预览：显示测量预览。如果将数据连往 Express VI，然后运行，则结果预览将显示实际数据。如果关闭后再打开 Express VI，则结果预览将显示采样数据，直到再次运行该 VI。

VI 的输入端子可以对其中默写参数进行调节，使用方法请参见以上对"配置滤波器"对话框中对选项的介绍。

"波形调理"子选板中的其他 VI 节点的使用方法与以上介绍的节点类似，这里不再赘叙述。

9.3 波形测量

使用"波形测量"子选板中的 VI 可进行最基本的时域和频域测量，如测量直流，平均值，单频频率/幅值/相位，谐波失真、信噪比及 FFT 等。波形测量 VI 在"函数"选板的"信号处理"→"波形测量"子选板中，如图 9-60 所示。

1. 基本平均直流-均方根

该选件可从信号输入端输入一个波形或数组，对其加窗，根据平均类型输入端口的值计算加窗口信号的平均直流及均方根。信号输入端输入的信号类型不同，将使用不同的多态 VI 实例。基本平均直流-均方根 VI 的节点图标和端口如图 9-61 所示。

> 平均类型：在测量期间使用的平均类型。可以选择 Linear(线性)或 Exponential(指数)。

> 窗：在计算 DC/RMS 之前给信号加的窗。可以选择 Rectangular(无窗)、Hanning 或 Low side lobe。

例 9-9 基本平均直流-均方根 VI 的使用

首先用一个基本函数发生器产生一个信号，该信号的类型、频率、幅值等参数可调节，然后通过基本平均直流-均方根 VI 测量其直流值和均方根。可以通过前面板上的输入控件对基本直流-均方根 VI 的加窗类型及平均类型进行调节。本实例的前面板及程序框图如图 9-62 和图 9-63 所示。

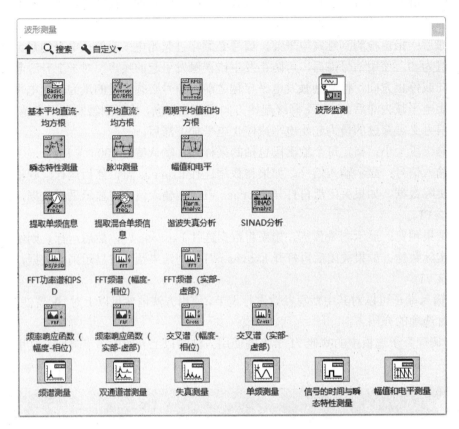

图 9-60 "波形测量"子选板的节点图标和端口

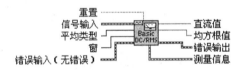

图 9-61 基本平均直流-均方根 VI

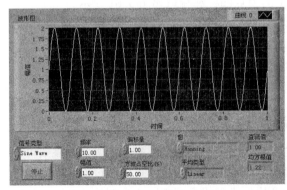

图 9-62 程序前面板   图 9-63 程序框图

2. 瞬态特性测量

该选件可输入一个波形或波形数组，测量其瞬态持续时间（上升时间或下降时间）、边沿斜率、前冲或过冲。信号输入端输入的信号的类型不同，将使用不同的多态 VI 实例。瞬态特性测量 VI 的节点图标和端口如图 9-64 所示。

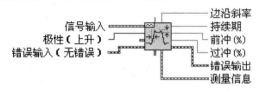

图 9-64　瞬态特性测量 VI 的节点图标和端口

➢ 极性：瞬态信号的方向，上升或下降。默认为上升。

3. 提取单频信息

该选件可输入信号进行检测，返回单频频率、幅值和相位信息。时间信号输入端输入的信号类型决定了使用的多态 VI 的实例。提取单频信息 VI 的节点图标和端口如图 9-65 所示。

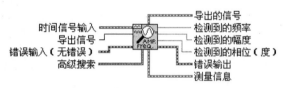

图 9-65　提取单频信息 VI 的节点图标和端口

➢ 导出信息：选择导出的信号输出端输出的信号。选择项包括 none（无返回信号，用于快速运算）、input signal（输入信号）、detected signal（正弦单频）和 residual signal（残余信号）。

➢ 高级搜索：控制检测的频率范围、中心频率及带宽。使用该项可缩小搜索的范围。该输入是一个簇数据类型，如图 9-66 所示。

图 9-66　"高级搜索"端口输入控件

➢ 近似频率：在频域中搜索正弦单频时所使用的中心频率。

➢ 搜索：在频域中搜索正弦单频时所使用的频率宽度，格式是采样的百分比。

4. FFT 频谱（幅度-相位）

该选件可计算时间信号的 FFT 频谱。FFT 频谱的返回结果是幅度和相位。时间信号输入端输入信号的类型决定了使用何种多态 VI 实例。FFT 频谱（幅值-相位）VI 的节点图标和端口如图 9-67 所示。

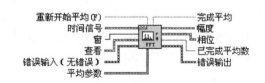

图 9-67　FFT 频谱（幅度-相位）VI 的节点图标和端口

➢ 平均类型：在测量期间使

307

用的平均类型。可以选择 Linear（线性）或 Exponential（指数）。

➢ 重新开始平均（F）：重新开始平均过程时需要选择该端口。

➢ 窗：所使用的时域窗。包括矩形窗、Hanning 窗（默认）、Hamming 窗、Blackman-Harris 窗、Exact Blackman 窗、Blackman 窗、Flat Top 窗、4 阶 Blackman-Harris 窗、7 阶 Blackman-Harris 窗、Low Sidelobe 窗、Blackman Nuttall 窗、三角窗、Bartlett-Hanning 窗、Bohman 窗、Parzen 窗、Welch 窗、Kaiser 窗、Dolph-Chebyshev 窗和高斯窗。

➢ 查看：定义了该 VI 不同的结果怎样返回。输入量是一个簇数据类型，如图 9-68 所示。

➢ 显示为 dB：结果是否以分贝的形式表示。默认为"FALSE"。

➢ 展开相位：是否将相位展开。默认为"FALSE"。

➢ 转换为度：是否将输出相位结果的弧度表示转换为度表示。默认为 FALSE。说明默认情况下相位输出是以弧度来表示的。

➢ 平均参数：是一个簇数据类型，定义了如何计算平均值，如图 9-69 所示。

图 9-68 "查看"端口输入控件

图 9-69 "平均参数"输入控件

➢ 平均模式：选择平均模式。包括 No averaging（默认）、Vector averaging、RMS averaging 和 Peak hold 4 个选择项。

➢ 加权模式：为 RMS averaging 和 Vector averaging 模式选择加权模式。包括 Linear（线性）模式和 Exponential（指数）模式（默认）。

➢ 平均数目：进行 RMS 和 Vector 平均是使用的平均的数目。如果加权模式为 Exponential（指数）模式，则平均过程连续进行。如果加权模式为 Linear（线性），则在所选择的平均数目被运算后平均过程将停止。

例 9-10 FFT 频谱（幅度-相位）VI 的使用

本实例中，首先使用基本混合单频 VI 产生了包含多个单频信号的混合信号（可以对该混合信号单频的数目、频率、相位关系等进行调节），然后将该混合信号输入到 FFT 频谱（幅度-相位）VI 的时间信号输入端，对混合信号的频率及相位信息进行分析。可以通过前面板的输入控件对分析过程中运算的参数进行调节。本实例的前面板及运行结果如图 9-70 所示，程序框图如图 9-71 所示。

5．频率响应函数（幅度-相位）

该选件可计算输入信号的频率响应及相关性、结果返回幅度相位及相关性。一般来说，时间信号 X 是激励，而时间信号 Y 是系统的响应。每一个时间信号对应一个单独的 FFT 模块，因此必须将每一个时间信号输入到一个 VI 中。频率响应函数（幅度-相位）

VI 的节点图标和端口如图 9-72 所示。

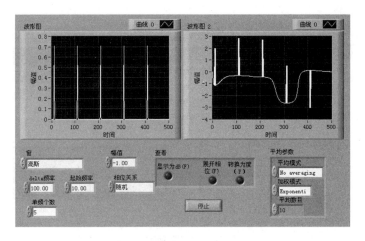

图 9-70　前面板及运行结果

重新开始平均：VI 是否重新开始平均。如果重新开始平均输入为 TRUE，VI 将重新开始所选择的平均过程。如果重新开始平均输入为 FALSE，VI 不重新开始所选择的平均过程。默认为 FALSE。当第一次调用该 VI 时，平均过程自动重新开始。

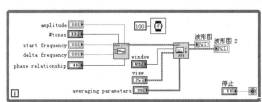

图 9-71　程序框图

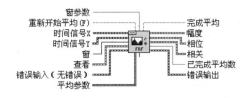

图 9-72　频率响应函数（幅度-相位）VI 的节点图标和端口

6. 频谱测量

频谱测量 Express VI 用于进行基于 FFT 的频谱测量，如信号的平均幅度频谱、功率谱、相位谱。频谱测量 Express VI 的初始图标如图 9-73 所示。该 Express VI 的图标也可以像其他 Express VI 图标一样改变显示样式。

图 9-73　频谱测量 Express VI 的初始图标

频谱测量 Express VI 放置在程序框图上后，将显示"配置频谱测量"对话框。在该对话框中，可以对频谱测量 Express VI 的各项参数进行设置和调整，如图 9-74 所示。

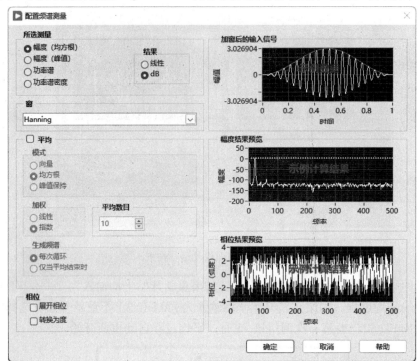

图 9-74 "配置频谱测量"对话框

下面对"配置频谱测量"对话框中的选项进行介绍。

（1）所选测量。

- 幅度（峰值）：测量频谱并以峰值的形式显示结果。该测量通常与要求幅度和相位信息的高级测量配合使用。以峰值测量频谱幅度。例如，幅值为 A 的正弦波在频谱相应的频率上产生了一个幅值 A。将相位分别设置为展开相位或转换为度，可展开相位频谱或将其从弧度转换为角度。如果勾选平均复选框，则平均运算后相位输出为 0。

- 幅度（均方根）：测量频谱并以均方根(RMS)的形式显示结果。该测量通常与要求幅度和相位信息的高级测量配合使用。频谱的幅度以均方根测量。例如，幅值为 A 的正弦波在频谱相应的频率上产生了一个 0.707*A 的幅值。将相位分别设置为展开相位或转换为度，可展开相位频谱或将其从弧度转换为角度。如果勾选平均复选框，则平均运算后相位输出为 0。

- 功率谱：测量频谱并以功率的形式显示结果。所有相位信息都在计算中丢失。该测量通常用来检测信号中的不同频率分量。虽然平均化计算功率频谱不会降低系统中的非期望噪声，但是平均计算提供了测试随机信号电平的可靠统计估计。

- 功率谱密度：测量频谱并以功率谱密度(PSD)的形式显示结果。将频率谱归一化可得到频率谱密度，其中各频率谱区间中的频率按照区间宽度进行归一化。通常使用这种测量检测信号的本底噪声或特定频率范围内的功率。根据区间宽度归一化频率谱，使该测量独立于信号持续时间和样本数量。

（2）结果。

➢ 线性：以原单位返回结果。

➢ dB：以分贝（dB）为单位返回结果。

（3）窗。

➢ 无：不在信号上使用窗。

➢ Hanning：在信号上使用 Hanning 窗。

➢ Hamming：在信号上使用 Hamming 窗。

➢ Blackman-Harris：在信号上使用 Blackman-Harris 窗。

➢ Exact Blackman：在信号上使用 Exact Blackman 窗。

➢ Blackman：在信号上使用 Blackman 窗。

➢ Flat Top：在信号上使用 Flat Top 窗。

➢ 4 阶 B-Harris：在信号上使用 4 阶 B-Harris 窗。

➢ 7 阶 B-Harris：在信号上使用 7 阶 B-Harris 窗。

➢ Low Sidelobe：在信号上使用 Low Sidelobe 窗。

（4）平均。指定该 Express VI 是否计算平均值。

（5）模式。

➢ 向量：直接计算复数 FFT 频谱的平均值。向量平均从同步信号中消除噪声。

➢ 均方根：平均信号 FFT 频谱的能量或功率。

➢ 峰值保持：在每条频率线上单独求平均，将峰值电平从一个 FFT 记录保持到下一个。

（6）加权。

➢ 线性：指定线性平均，求数据包的非加权平均值，数据包的个数由用户在平均数目中指定。

➢ 指数：指定指数平均，求数据包的加权平均值，数据包的个数由用户在平均数目中指定。求指数平均时，数据包的时间越新，其权重值越大。

（7）平均数目。指定待求平均的数据包数量。默认值为 10。

（8）生成频谱。

➢ 每次循环：Express VI 每次循环后返回频谱。

➢ 仅当平均结束时：只有当 Express VI 收集到在平均数目中指定数目的数据包时才返回频谱。

（9）相位。

➢ 展开相位：在输出相位上启用相位展开。

➢ 转换为度：以度（°）为单位返回相位结果。

（10）加窗后的输入信号。显示通道 1 的信号。该图形显示加窗后的输入信号。如果将数据连往 Express VI，然后运行，则加窗后输入信号将显示实际数据。如果关闭后再打开 Express VI，则加窗后输入信号将显示采样数据，直到再次运行该 VI。

（11）幅度结果预览。显示信号幅度测量的预览。如果将数据连往 Express VI，然后运行，则幅度结果预览将显示实际数据。如果关闭后再打开 Express VI，则幅度结果预览将显示采样数据，直到再次运行该 VI。

7．失真测量

失真测量 Express VI 用于在信号
上进行失真测量，如音频分析、总谐
波失真(THD)、信号与噪声失真比
(SINAD)。失真测量 Express VI 的初
始图标如图 9-75 所示。该 Express VI
的图标也可以像其他 Express VI 图标
一样改变显示样式。

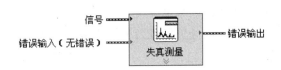

图 9-75　失真测量 Express VI 的初始图标

失真测量 Express VI 放置在程序框图上后，将显示"配置失真测量"对话框。在该
对话框中，可以对失真测量 Express VI 的各项参数进行设置和调整，如图 9-76 所示。

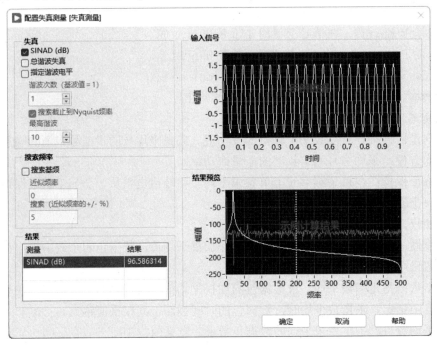

图 9-76　"配置失真测量"对话框

下面对"配置失真测量"对话框中的选项进行介绍。

（1）失真。

➤ SINAD (dB)：计算测得的信号与噪声失真比(SINAD)。信号与噪声失真比(SINAD)
是信号 RMS 能量与信号 RMS 能量减去基波能量所得结果之比，单位为 dB。如果
需以 dB 为单位计算 THD 和噪声，可取消选择 SINAD。

➤ 总谐波失真：计算达到最高谐波时测量到的总谐波失真（包括最高谐波在内）。
THD 是谐波的均方根总量与基频幅值之比。要将 THD 作为百分比使用，乘以 100
即可。

➤ 指定谐波电平：返回用户指定的谐波。

➤ 谐波次数（基波值＝1）：指定要测量的谐波。只有选中指定谐波电平时，才可

使用该选项。

➤ 搜索截止到 Nyquist 频率：指定在谐波搜索中仅包含低于 Nyquist 频率（即采样频率的一半）的频率。只有选中了"总谐波失真"或"指定谐波电平"才可使用该选项。取消勾选"搜索截止到 Nyquist 频率"，则该 VI 继续搜索超出 Nyquist 频率的频域。更高的频率成分已根据下列方程混叠：aliased f = Fs - (f modulo Fs)，其中 Fs = 1/dt = 采样频率。

➤ 最高谐波：控制最高谐波，包括基频，用于谐波分析。例如，对于三次谐波分析，将最高谐波设为 3，以测量基波、二次谐波和三次谐波。只有选中了"总谐波失真"或"指定谐波电平"才可使用该选项。

（2）搜索频率。

➤ 搜索基频：控制频域搜索范围，指定中心频率和频率宽度，用于寻找信号的基频。

➤ 近似频率：用于在频域中搜索基频的中心频率。默认值为 0。如果将近似频率设为 - 1，该 Express VI 将使用幅值最大的频率作为基频。只有勾选了"搜索基频"复选框才可使用该选项。

➤ 搜索（近似频率的+/- %）：频带宽度，以采样频率的百分数表示，用于在频域中搜索基频。默认值为 5。只有勾选了搜索基频复选框，才可使用该选项。

（3）结果。显示该 Express VI 所设定的测量以及测量结果。单击测量栏中列出的任何测量项，结果预览中将出现相应的数值或图表。

（4）输入信号。显示输入信号。如果将数据连往 Express VI，然后运行，则输入信号将显示实际数据。如果关闭后再打开 Express VI，则输入信号将显示采样数据，直到再次运行该 VI。

（5）结果预览。显示测量预览。如果将数据连往 Express VI，然后运行，则结果预览将显示实际数据。如果关闭后再打开 Express VI，则结果预览将显示采样数据，直到再次运行该 VI。

8．幅值和电平测量

幅值和电平测量 Express VI 用于测量电平和电压。幅值和电平测量 Express VI 的初始图标如图 9-77 所示。该 Express VI 的图标也可以像其他 Express VI 图标一样改变显示样式。

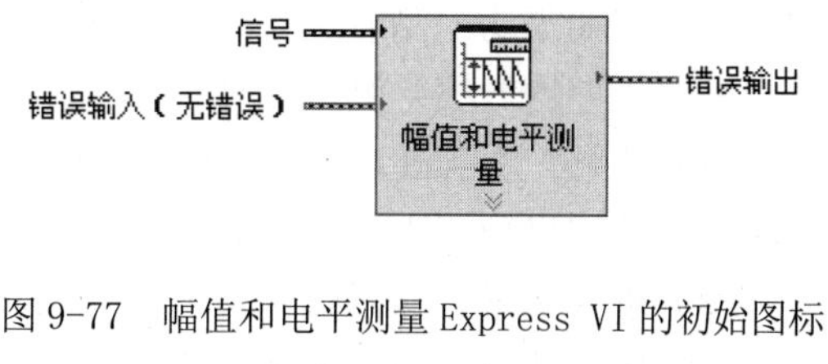

幅值和电平测量 Express VI 放置在程序框图上后，将显示"配置幅值和电平测量"对话框。在该对话框中，可以对幅值和电平测量 Express VI 的各项参数进行设置和调整，如图 9-78 所示。

图 9-77　幅值和电平测量 Express VI 的初始图标

下面对"配置幅值和电平测量"对话框中的选项进行介绍。

（1）幅值测量。

➤ 均值（直流）：采集信号的直流分量。

➤ 均方根：计算信号的均方根值。

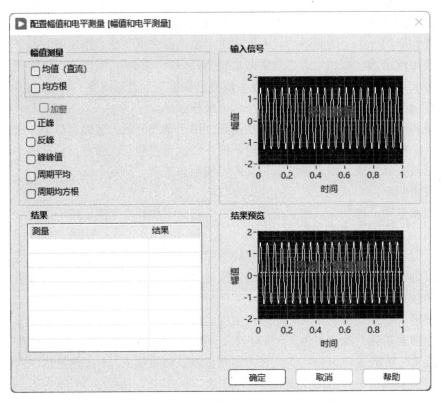

图 9-78 "配置幅值和电平测量"对话框

> 加窗：给信号加一个 low side lobe 窗。只有勾选了"均值（直流）"或"均方根"复选框才可使用该选项。平滑窗可用于缓和有效信号中的急剧变化。如果能采集到整数个周期或对噪声谱进行分析，则通常不在信号上加窗。

> 正峰：测量信号中的最高正峰值。

> 反峰：测量信号中的最低负峰值。

> 峰峰值：测量信号最高正峰和最低负峰之间的差值。

> 周期平均：测量周期性输入信号一个完整周期的平均电平。

> 周期均方根：测量周期性输入信号一个完整周期的均方根值。

（2）结果。显示该 Express VI 所设定的测量以及测量结果。单击测量栏中列出的任何测量项，结果预览中将出现相应的数值或图表。

（3）输入信号。显示输入信号。如果将数据连往 Express VI，然后运行，则输入信号将显示实际数据。如果关闭后再打开 Express VI，则输入信号将显示采样数据，直到再次运行该 VI。

（4）结果预览。显示测量预览。如果将数据连往 Express VI，然后运行，则结果预览将显示实际数据。如果关闭后再打开 Express VI，则结果预览将显示采样数据，直到再次运行该 VI。

"波形测量"子选板中的其他 VI 节点的使用方法与以上介绍的节点类似。

9.4 信号运算

使用"信号运算"子选板中的 VI 可进行信号的运算处理。信号运算 VI 在"函数"选板的"信号处理"→"信号运算"子选板中,如图 9-79 所示。

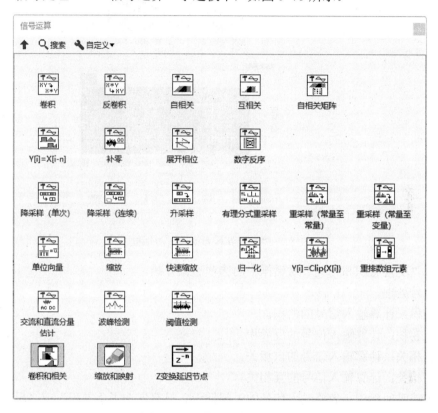

图 9-79 "信号运算"子选板

"信号运算"子选板上的 VI 节点的端口都比较简单,因此使用方法也比较简单,下面只对该子选板中包含的两个 Express VI 进行介绍。

1. 卷积和相关

卷积和相关 Express VI 用于在输入信号上进行卷积、反卷积及相关操作。卷积和相关 Express VI 的初始图标如图 9-80 所示。该 Express VI 的图标也可以像其他 Express VI 图标一样改变显示样式。

图 9-80 卷积和相关 Express VI 的初始图标

卷积和相关 Express VI 放置在程序框图上后,将显示"配置卷积和相关"对话框。在该对话框中,可以对卷积和相关 Express VI 的各项参数进行设置和调整,如图 9-81 所示。

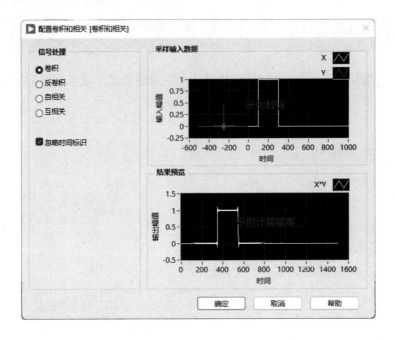

图 9-81   "配置卷积和相关"对话框

下面对"配置卷积和相关"对话框中的选项进行介绍。

（1）信号处理。

➢   卷积：计算输入信号的卷积。

➢   反卷积：计算输入信号的反卷积。

➢   自相关：计算输入信号的自相关。

➢   互相关：计算输入信号的互相关。

➢   忽略时间标识：忽略输入信号的时间标识。只有勾选了"卷积"或"反卷积"复选框才可使用该选项。

（2）采样输入数据。显示可用作参考的采样输入信号，确定用户选择的配置选项如何影响实际输入信号。如果将数据连往 Express VI，然后运行，则采样输入数据将显示实际数据。如果关闭后再打开 Express VI，则采样输入数据将显示采样数据，直到再次运行该 VI。

（3）结果预览。显示测量预览。如果将数据连往 Express VI，然后运行，则结果预览将显示实际数据。如果关闭后再打开 Express VI，则结果预览将显示采样数据，直到再次运行该 VI。

例 9-11   卷积和相关 Express VI 的使用

首先使用基本函数发生器 VI 节点产生两个信号。这两个信号波形的类型、幅值、频率和相位等参数可调。将卷积和相关 Express VI 配置为进行卷积运算。本实例的前面板及运行结果如图 9-82 所示，程序框图如图 9-83 所示。

2. 缩放和映射

缩放和映射 Express VI 用于通过缩放和映射信号，改变信号的幅值。缩放和映射

Express VI 的初始图标如图 9-84 所示。该 Express VI 的图标也可以像其他 Express VI 图标一样改变显示样式。

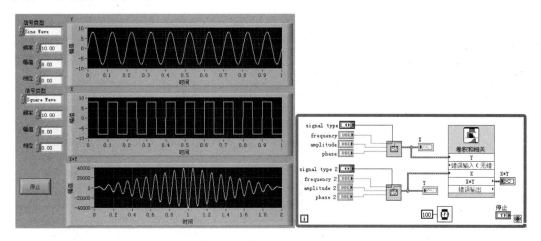

图 9-82 程序前面板及运行结果   图 9-83 程序框图

图 9-84 缩放和映射 Express VI 的初始图标

缩放和映射 Express VI 放置在程序框图上后，将显示"配置缩放和映射"对话框。在该对话框中，可以对缩放和映射 Express VI 的各项参数进行设置和调整，如图 9-85 所示。

下面对"配置缩放和映射"对话框中的选项进行介绍。

➢ 归一化：确定转换信号所需的缩放因子和偏移量，使信号的最大值出现在最高峰，最小值出现在最低峰。

➢ 最低峰：指定将信号归一化所用的最小值。默认值为 0。

➢ 最高峰：指定将信号归一化所用的最大值。默认值为 1。

➢ 线性(Y=mX+b)：将缩放映射模式设置为线性，基于直线缩放信号。

➢ 斜率(m)：用于线性(Y=mX+b)缩放的斜率。默认值为 1。

➢ Y 截距(b)：用于线性(Y=mX+b)缩放的截距。默认值为 0。

➢ 对数：将缩放映射模式设置为对数，基于参考分贝缩放信号。LabVIEW 使用下列方程缩放信号：$y = 20\log10(x/\text{参考 db})$。

➢ dB 参考值：用于对数缩放的参考。默认值为 1。

➢ 插值：基于缩放因子的线性插值表，用于缩放信号。

➢ 定义表格：显示定义信号对话框，定义用于插值缩放的数值表。

9.5 窗

"窗"子选板中的 VI 使用平滑窗对数据加窗处理。该子选板中的 VI 可以返回一个通用 LabVIEW 错误代码或者特殊信号处理错误代码。窗 VI 在"函数"选板的"信号处理"→"窗"子选板中，如图 9-86 所示。

图 9-85　"配置缩放和映射"对话框　　　　　图 9-86　"窗"子选板

下面对该子选板中的 VI 节点进行简要介绍。

1. 时域缩放窗

时域缩放窗 VI 用于对输入 X 序列加窗。X 输入端输入信号的类型决定了节点所使用的多态 VI 实例。时域缩放窗 VI 也返回所选择窗的属性信息，当计算功率谱时，这些信息是非常重要的。时域缩放窗 VI 的节点图标和端口如图 9-87 所示。

2. 窗属性

窗属性 VI 用于计算窗的相干增益和等效噪声带宽。窗属性 VI 的节点图标和端口如图 9-88 所示。

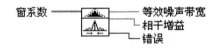

图 9-87　时域缩放窗 VI 的节点图标和端口　　　图 9-88　窗属性 VI 的节点图标和端口

"窗"子选板中的 VI 节点都比较简单，这里不再介绍。

9.6　滤波器

使用滤波器 VI 可进行 IIR、FIR 和非线性滤波。"滤波器"子选板上的 VI 可以返回一个通用 LabVIEW 错误代码或一个特定的信号处理代码。滤波器 VI 在"函数"选板的"信号处理"→"滤波器"子选板中，如图 9-89 所示。

1. Butterworth 滤波器

可通过调用 Butterworth 滤波器 VI 节点来产生一个数字 Butterworth 滤波器。X 输入端输入信号的类型决定了节点所使用的多态 VI 实例。Butterworth 滤波器 VI 的节点图标和端口如图 9-90 所示。

图 9-89　"滤波器"子选板　　　　图 9-90　Butterworth 滤波器 VI 的节点图标和端口

- ➤ 滤波器类型：对滤波器的通带进行选择。包括 Lowpass（低通）、Highpass（高通）、Bandpass（带通）和 Bandstop（带阻）4 种类型。

- ➤ 采样频率：采样频率必须高于 0。默认为 1.0。如果采样频率高于或等于 0，则 VI 将滤波后的 X 输出为一个空数组并且返回一个错误。

- ➤ 高截止频率：当滤波器为低通或高通滤波器时，VI 将忽略该参数。当滤波器为带通或带阻滤波器时，高截止频率必须大于低截止频率。

- ➤ 低截止频率：低截止频率必须遵从奈奎斯特定律。默认值为 0.125。如果低截止频率低于或等于 0 或大于采样频率的一半，则 VI 将滤波后 X 设置为空数组并且返回一个错误。当滤波器选择为带通或带阻时，低截止频率必须小于高截止频率。

- ➤ 阶数：选择滤波器的阶数。该值必须大于 0，默认为 2。如果阶数小于或等于 0，则 VI 将滤波后的 X 输出为一个空数组并且返回一个错误。

- ➤ 初始化/连续：内部状态初始化控制。默认为 "FALSE"。第一次运行该 VI 或初始化/连续输入端口为 "FALSE"，LabVIEW 将内部状态初始化为 0。如果初始化/连续输入端为 "TRUE"，则 LabVIEW 初始化该 VI 的状态为最后调用 VI 实例的状态。

例 9-12　Butterworth 滤波器

本实例演示了 Butterworth 滤波器 VI 节点的基本使用方法。实例中，首先使用仿真信号 Express VI 产生一个包含白噪声信号的正弦波形，该波形中正弦信号的频率、幅值可调，包含的白噪声信号的幅值可调；然后使用 Butterworth 滤波器 VI 节点对该波形进行滤波，滤波器的类型及其相关参数可调。本实例中，使用 Lowpass（低通）滤波器对波形进行滤波，可以看到效果比较理想。本实例的程序前面板及运行结果如图 9-91 所示，程序框图如图 9-92 所示。

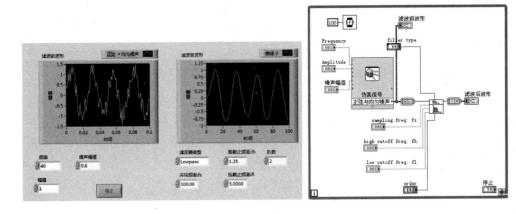

图 9-91　程序前面板及运行结果　　　　图 9-92　程序框图

2. Chebyshev 滤波器

调用 Chebyshev 滤波器 VI 节点会生成一个 Chebyshev 数字滤波器。X 输入端输入信号的类型决定了节点所使用的多态 VI 实例。Chebyshev 滤波器 VI 的节点图标和端口如图 9-93 所示。

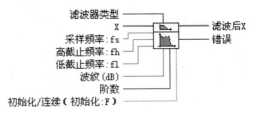

图 9-93　Chebyshev 滤波器 VI 的节点图标和端口

波纹（dB）：通带中的波纹。波纹必须大于 0，并且是以分贝的形式表示的。默认为 0.1。如果波纹输入小于或等于 0，则 VI 将滤波后的 X 输出为一个空数组并且返回一个错误。

"滤波器"子选板中的其他 VI 节点与以上两个 VI 节点的用法类似，这里不再介绍。

9.7　谱分析

可使用谱分析 VI 节点进行基于数组的谱分析。"谱分析"子选板上的 VI 可以返回一个通用 LabVIEW 错误代码或一个特定的信号处理代码。谱分析 VI 在"函数"选板的"信号处理"→"谱分析"子选板中，如图 9-94 所示。

1. 自功率谱

该 VI 用于计算输入信号的自功率谱 Sxx。信号输入端输入信号的类型决定了节点所使用的多态 VI 实例。自功率谱 VI 的节点图标和端口如图 9-95 所示。

2. 幅度谱和相位谱

该 VI 用于计算输入信号的单边幅度谱和相位谱。幅度谱和相位谱 VI 的节点图标和端口如图 9-96 所示。

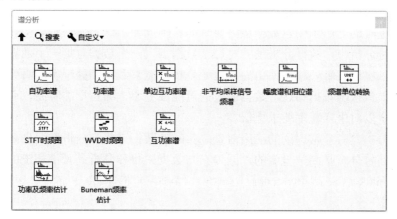

图 9-94 "谱分析"子选板

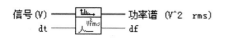

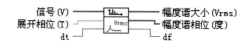

图 9-95 自功率谱 VI 的节点图标和端口   图 9-96 幅度谱和相位谱 VI 的节点图标和端口

"谱分析"子选板中的其他 VI 节点与上述两节点类似,用法均比较简单,这里不再介绍。

9.8 变换

可使用变换 VI 进行信号处理中常用的变换。基于 FFT 的 LabVIEW 变换 VI 使用不同的单位和标尺。"变换"子选板上的 VI 可以返回一个通用 LabVIEW 错误代码或一个特定的信号处理代码。变换 VI 在"函数"选板的"信号处理"→"变换"子选板中,如图 9-97 所示。"变换"子选板中的 VI 节点的使用方法都比较简单,单个节点的使用方法不再介绍。

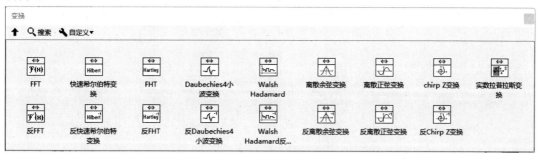

图 9-97 "变换"子选板

9.9 逐点

传统的基于缓冲和数组的数据分析过程是：缓冲区准备、数据分析、数据输出，分析是按数据块进行的。由于构建数据块需要时间，因此使用这种方法难以构建实时的系统。在逐点信号分析中，数据分析是针对每个数据点，一个数据点接一个数据点连续进行的，数据可以实现实时处理。使用逐点信号分析库能够跟踪和处理实时事件，分析可以与信号同步，直接与数据相连，数据丢失的可能性更小，编程更加容易，而且因为无须构建数组，所以对采样速率要求更低。

逐点信号分析具有非常广泛的应用前景。实时的数据采集和分析需要高效稳定的应用程序，逐点信号分析是高效稳定的，因为它与数据采集和分析是紧密相连的，因此它更适用于控制 FPGA（Field Programmable Gate Array）芯片、DSP 芯片、内嵌控制器、专用 CPU 和 ASIC 等。

在使用逐点 VI 时注意以下两点：

1）初始化。逐点信号分析的程序必须进行初始化，以防止前后设置发生冲突。

2）重入（Re-entrant）。逐点 VI 必须被设置成为可重入的。可重入 VI 在每次被调用时将产生一个副本，每个副本会使用不同的存储区，所以使用相同 VI 的程序间不会发生冲突。

逐点节点位于"函数"选板的"信号处理"→"逐点"子选板中，如图 9-98 所示。逐点节点的功能与相应的标准节点相同，只是工作方式有所差异，在此不再一一列出。

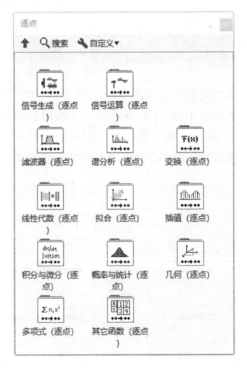

图 9-98　"逐点"子选板

例 9-13 基于逐点 VI 的滤波

本实例中，信号源为正弦信号，随机信号作为噪声叠加在正弦信号上。使用两种方法进行滤波。在逐点信号分析中，VI 读取一个数据并分析它，然后输出一个结果，同时读入下一个数据，并重复以上过程，一点接一点连续、实时地进行分析。在基于数组的分析中，VI 必须等待数据缓冲准备好，然后读取一组数据，再分析全部数据，产生全部数据的分析结果，因此分析是间断的，非实时的。本实例 VI 的前面板及运行结果如图 9-99 所示，程序框图如图 9-100 所示。

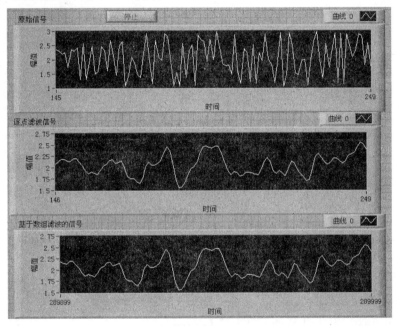

图 9-99　前面板及运行结果

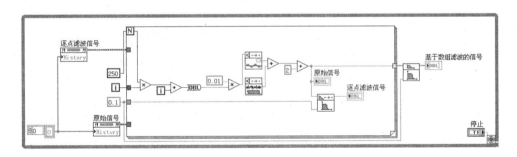

图 9-100　程序框图

9.10 综合演练——继电器控制开关信号

本实例演示了使用继电器 Express VI 开关信号，运行程序后调整按钮的开关，控制信号在图表中的显示。

本实例的前面板如图 9-101 所示，程序框图如图 9-102 所示。

（1）新建一个 VI。

（2）在前面板中打开"控件"选板，在"银色"→"图形"子选板中选取两个"波形图表"控件，在"银色"→"布尔"子选板中选取"开关按钮"和"停止按钮"控件，布局如图 9-101 所示。

（3）打开程序框图，新建一个 While 循环。

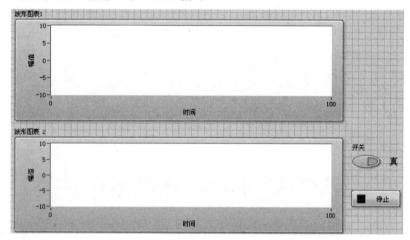

图 9-101　前面板

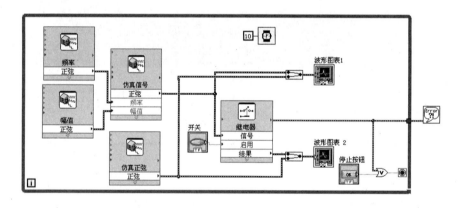

图 9-102　程序框图

（4）在"函数"选板的"信号处理"→"波形生成"子选板中选取"仿真信号"函数，在弹出的"配置仿真信号"对话框中设置频率、幅值参数值等，如图 9-103 所示。

（5）单击"确定"按钮，完成设置，得到图 9-104 左图所示，双击"仿真信号"并将其修改为"频率"，结果如图 9-104 右图所示。

（6）采用同样的方法，创建其余的"仿真信号"VI，并修改名称为"幅值""仿真信号"和"仿真正弦"。仿真参数设置见表 9-2。

（7）按照表 9-2 设置参数，结果如图 9-102 所示。

（8）在"Express"→"信号操作"子选板中选取"继电器"VI，对"仿真信号"的输出数据进行控制。

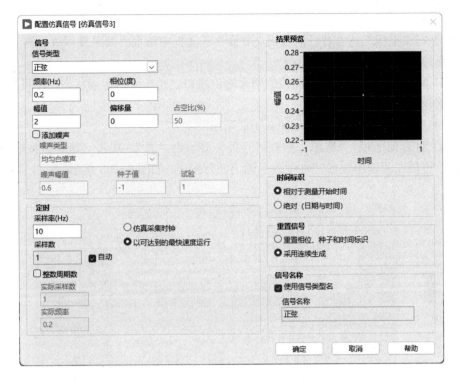

图 9-103 "配置仿真信号"对话框

图 9-104 修改注释

表 9-2 仿真参数

参数或 VI 名称	幅值	仿真信号	仿真正弦
频率/Hz	0.2	5	1
幅值	2	2	1
偏移量	3	0	-8
采样率	10	1000	1000
采样数	1	100	100
"仿真采集时钟"单选钮	勾选	勾选	勾选
输出信号	正弦	正弦、频率、幅值	正弦

（9）在"Express"→"信号操作"子选板中选取"合并信号"函数，分别将继电器信号跟仿真信号合并，输出到前面板中创建的波形图中。

（10）在"编程"→"布尔"子选板中选取"或"函数，放置在 While 循环的"循环条件" ⊚ 输入端，同时将"停止按钮"连接到函数输入端。

（11）在"编程"→"定时"子选板中选取"等待"函数，放置在 While 循环内并创建输入常量 10。

（12）在"编程"→"对话框与用户界面"子选板中选取"简单错误处理器"VI，并将循环后错误数据连接到输入端。

（13）将光标放置在函数及控件的输入输出端口，光标变为连线状态，按照图 9-102所示连接程序框图。

（14）整理程序框图，结果如图 9-102 所示。

（15）打开前面板，"布尔"控件"开关"显示为"真"，单击"运行"按钮 ，运行程序，可以在两输出波形控件中显示输出波形图 1，如图 9-105 所示。

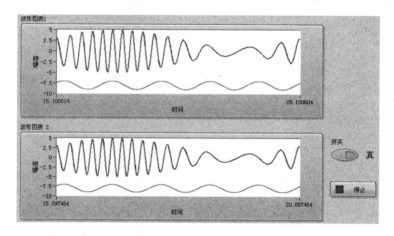

图 9-105　波形图 1

（16）单击"布尔"控件"开关"显示为"假"，则波形图 2 仿真信号不显示，如图9-106 所示。

（17）单击"布尔"控件"开关"显示为"真"，则波形图 2 仿真信号继续显示，如图 9-107 所示。

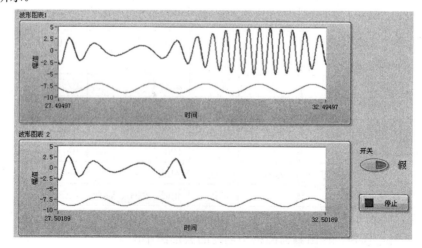

图 9-106　波形图 2

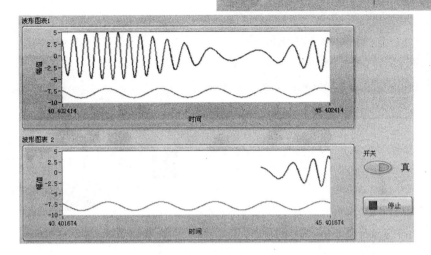

图 9-107　波形图 3

第 **10** 章

数据采集

　　LabVIEW 设计的虚拟仪器主要用于获取真实物理世界的数据，也就是说，必须要有数据采集（DAQ）的功能，从这个角度来说，DAQ 就是 LabVIEW 的核心，使用 LabVIEW 必须要掌握如何使用 DAQ。LabVIEW 2022 具有强大的 DAQ 功能。

　　本章首先介绍了 DAQ 的基本知识，然后对 DAQmx 节点及其使用方法进行了介绍，最后对数据采集中经常使用的 DAQ 助手进行了简单介绍。

◎ 数据采集基础

◎ DAQmx 节点及其编程

◎ DAQ 助手的使用

随着计算机和总线技术的发展，基于 PC 的数据采集（Data Acquisition，简称为 DAQ）板卡产品得到了广泛应用。一般而言，DAQ 板卡产品可以分为内插式（plug-in）板卡和外挂式板卡两类。内插式板卡包括基于 ISA、PCI、PXI/Compact PCI 和 PCMCIA 等各种计算机内总线的板卡，外挂式 DAQ 板卡则包括 USB、IEEE1394、RS232/RS485 和并口板卡。内插式 DAQ 板卡速度快，但插拔不方便；外挂式 DAQ 板卡连接使用方便，但速度相对较慢。NI 公司最初以研制开发各种先进的 DAQ 产品成名，因此丰富的 DAQ 产品支持和强大的 DAQ 编程功能一直是 LabVIEW 系统的显著特色之一，并且许多厂商也将 LabVIEW 驱动程序作为其 DAQ 产品的标准配置。另外，NI 公司还为没有 LabVIEW 驱动程序的 DAQ 产品提供了专门的驱动程序开发工具——LabWindows/CVI。

10.1 数据采集基础

在学习 LabVIEW 所提供的功能强大的数据采集和分析软件以前，首先对数据采集系统的原理、构成进行了解是非常必要的。因此，本节首先对 DAQ 系统进行了介绍，然后对 NI-DAQ 的安装及 NI-DAQ 节点中常用的参数进行了介绍。

📖10.1.1 DAQ 功能概述

典型的基于 PC 的 DAQ 系统框图如图 10-1 所示。它包括传感器、信号调理模块、数据采集硬件设备以及装有 DAQ 软件的 PC。

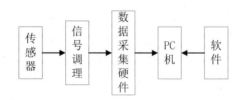

图 10-1 典型的基于 PC 的 DAQ 系统框图

下面对数据采集系统的各个组成部分及使用各组成部分的最重要的原则进行介绍。

数据采集系统所使用的计算机的配置会极大地影响连续采集数据的最大速度，而当今的技术已可以使用 Pentium 和 PowerPC 级的处理器，它们能结合更高性能的 PCI、PXI/CompactPCI 和 IEEE1394（火线）总线以及传统的 ISA 总线和 USB 总线。PCI 总线和 USB 接口是目前绝大多数台式计算机的标准设备，而 ISA 总线已不再经常使用。随着 PCMCIA、USB 和 IEEE 1394 的出现，为基于桌面 PC 的数据采集系统提供了一种更为灵活的总线替代选择。对于使用 RS-232 或 RS-485 串口通信的远程数据采集应用，串口通信的速率常常会使数据吞吐量受到限制。在选择数据采集设备和总线方式时，请记住所选择的设备和总线所能支持的数据传输方式。

计算机的数据传送能力会极大地影响数据采集系统的性能。所有 PC 都具有可编程 I/O 和中断传送方式。目前，绝大多数个人计算机都可以使用直接内存访问（Direct Memory Access，DMA）传送方式，它使用专门的硬件把数据直接传送到计算机内存，从而提高了系统的数据吞吐量。采用这种方式后，处理器不需要控制数据的传送，因此它可以用来处理更复杂的工作。为了利用 DMA 或中断传送方式，选择的数据采集设备必须能支持这些传送类型。例如，PCI、ISA 和 IEEE1394 设备可以支持 DMA 和中断传送方式，而 PCMCIA 和 USB 设备只能使用中断传送方式。所选用的数据传送方式会影响数据采集设备的数据吞吐量。

限制采集大量数据的因素常常是硬盘，磁盘的访问时间和硬盘的分区会极大地降低数据采集和存储到硬盘的最大速率。对于要求采集高频信号的系统，就需要为您的 PC 选择高速硬盘，从而保证有连续（非分区）的硬盘空间来保存数据。此外，要用专门的硬盘进行采集并且在把数据存储到磁盘时使用另一个独立的磁盘运行操作系统。

对于要实时处理高频信号的应用，需要用到 32 位的高速处理器以及相应的协处理器或专用的插入式处理器，如数字信号处理（DSP）板卡。然而，对于在 1s 内只需采集或换算一两次数据的应用系统而言，使用低端的 PC 就可以满足要求。

在满足短期目标的同时，要根据投资所能产生的长期回报的最人值来确定选用何种操作系统和计算机平台。影响选择的因素可能包括开发人员和最终用户的经验和要求、PC 的其他用途（现在和将来）、成本的限制以及在实现系统期间内可使用的各种计算机平台。传统平台包括具有简单的图形化用户界面的 Mac OS 以及 Windows 9x。此外，Windows NT 4.0 和 Windows 2000 能提供更为稳定的 32 位 OS，并且使用起来和 Windows 9x 类似。Windows 2000/xp 结合了 Windows NT 和 Windows 9x 的优势，这些优势包括固有的即插即用和电源管理功能。

1. 传感器和信号调理

传感器感应物理现象并生成数据采集系统可测量的电信号。例如，热电偶、电阻式测温计（RTD）、热敏电阻器和 IC 传感器可以把温度转变为模拟数字转化器（Analog-to-Digital Converter，ADC）可测量的模拟信号，应力计、流速传感器、压力传感器可以测量应力、流速和压力。在所有这些情况下，传感器可以生成和它们所检测的物理量呈比例的电信号。

为了适合数据采集设备的输入范围，由传感器生成的电信号必须经过处理。为了更精确地测量信号，信号调理配件能放大低电压信号，并对信号进行隔离和滤波。此外，某些传感器需要有电压或电流激励源来生成电压输出。

2. 数据采集硬件

➢ 模拟输入：模拟输入的基本考虑在模拟输入的技术说明中将给出关于数据采集产品的精度和功能的信息。基本技术说明适用于大部分数据采集产品，包括通道数目、采样速率、分辨率和输入范围等方面的信息。

➢ 模拟输出：经常需要模拟输出电路来为数据采集系统提供激励源。数模转换器（DAC）的一些技术指标决定了所产生输出信号的质量—稳定时间、转换速率和输出分辨率。

➢ 触发器：许多数据采集的应用过程需要基于一个外部事件来启动或停止一个数据采集的工作。数字触发使用外部数字脉冲来同步采集与电压生成。模拟触发主要用于模拟输入操作，当一个输入信号达到一个指定模拟电压值时，根据相应的变化方向来启动或停止数据采集的操作。

> RTSI 总线：NI 公司为数据采集产品开发了 RTSI 总线。RTSI 总线使用一种定制的门阵列和一条带形电缆，能在一块数据采集卡上的多个功能之间或者两块甚至多块数据采集卡之间发送定时和触发信号。通过 RTSI 总线，可以同步模数转换、数模转换、数字输入、数字输出和计数器/计时器的操作。例如，通过 RTSI 总线，两个输入板卡可以同时采集数据，同时第三个设备可以与该采样率同步地产生波形输出。

> 数字 I/O（DIO）：DIO 接口经常在 PC 数据采集系统中使用，它被用来控制过程、产生测试波形、与外围设备进行通信。在每一种情况下，最重要的参数有可应用的数字线的数目、在这些通路上能接收和提供数字数据的速率以及通路的驱动能力。如果数字线被用来控制事件，如打开或关掉加热器、电动机或灯，由于上述设备并不能很快地响应，因此通常不采用高速输入输出。

数字线的数量当然应该与需要被控制的过程数目相匹配。在上述的每一个例子中，需要打开或关掉设备的总电流必须小于设备的有效驱动电流。

> 定时 I/O：计数器/定时器在许多应用中具有很重要的作用，包括对数字事件产生次数的计数、数字脉冲计时，以及产生方波和脉冲。通过三个计数器/计时器信号就可以实现所有上述应用——门、输入源和输出。门是指用来使计数器开始或停止工作的一个数字输入信号。输入源是一个数字输入，它的每次翻转都导致计数器的递增，因而提供计数器工作的时间基准。在输出线上输出数字方波和脉冲。

3. 软件

软件使 PC 和数据采集硬件形成了一个完整的数据采集、分析和显示系统。没有软件，数据采集硬件是毫无用处的，即使使用比较差的软件，数据采集硬件也几乎无法工作。大部分数据采集应用实例都使用了驱动软件。软件层中的驱动软件可以直接对数据采集硬件的寄存器编程，管理数据采集硬件的操作并把它和处理器中断，使 DMA 和内存这样的计算机资源结合在一起。驱动软件隐藏了复杂的硬件底层编程细节，为用户提供了容易理解的接口。

随着数据采集硬件、计算机和软件复杂程度的增加，好的驱动软件就显得尤为重要。合适的驱动软件可以最佳地结合灵活性和高性能，同时还能极大地降低开发数据采集程序所需的时间。

为了开发出用于测量和控制的高质量数据采集系统，用户必须了解组成系统的各个部分。在所有数据采集系统的组成部分中，软件是最重要的。这是由于插入式数据采集设备没有显示功能，软件是和系统的唯一接口。软件提供了系统的所有信息，也需要通过它来控制系统。软件把传感器、信号调理、数据采集硬件和分析硬件集成为一个完整的多功能数据采集系统。

10.1.2 NI-DAQ 安装及节点介绍

NI 公司官方提供了支持 LabVIEW 2020 的 DAQ 驱动程序，下载地址为：http://www.ni.com /download/ni-daqmx-18.0/7574/en/。把 DAQ 卡与计算机连接后，便可以开始安装驱

动程序。把压缩包解压以后,双击"Install",就会出现如图 10-2 所示的对话框。

图 10-2 NI-DAQmx 安装界面之一

单击"选择全部"按钮,将所有选项进行勾选,单击"下一步"按钮,进入 NI-DAQmx 安装界面之二,如图 10-3 所示。

图 10-3 NI-DAQmx 安装界面之二

选中"我接受上述许可协议"单选按钮,单击"下一步"按钮,进行安装,如图 10-4 所示。

单击"下一步"按钮,出现安装进度条,如图 10-5 所示。

单击"立即重启"按钮,安装完成,如图 10-6 所示。

选择"开始"→ NI MAX 命令,将出现"我的系统 -Measurement& Automation Explorer"窗口。从该窗口中可以看到现在的计算机所拥有的 NI 公司的硬件和软件的情况,如图 10-7 所示。

图 10-4　NI-DAQmx 安装界面之三

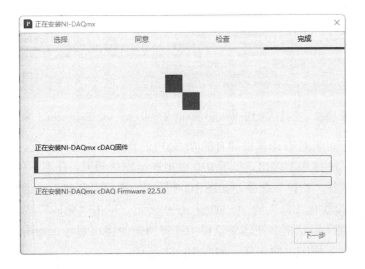

图 10-5　NI-DAQmx 安装界面之四

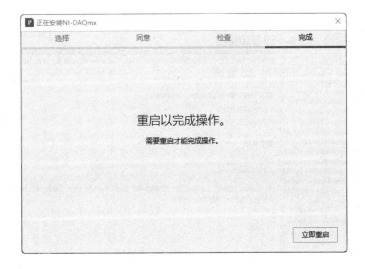

图 10-6　完成安装

图 10-7 "我的系统-Measurement & Automation Explorer"窗口

在该窗口中,可以对本计算机拥有的 NI 公司的软、硬件进行管理。

安装完成后,选择 PCI 接口,显示 DAQ 虚拟通道物理通道,在图 10-7 中的"设备和接口"上右击,选择"新建"命令,如图 10-8 所示。弹出"新建"对话框,选择"仿真 NI-DAQmx 设备或模块化仪器"选项,如图 10-9 所示。单击"完成"按钮,弹出"创建 NI-DAQmx 仿真设备"对话框。在该对话框中选择所需的接口型号,如图 10-10 所示,单击"确定"按钮,完成接口的选择,如图 10-11 所示。

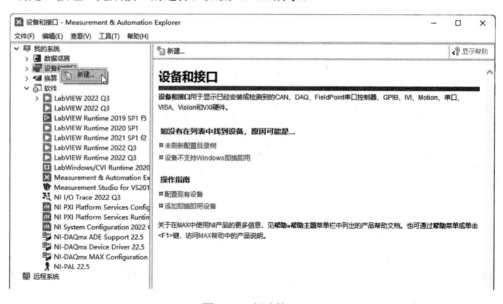

图 10-8 新建接口

安装完成 NI-DAQmx 后，函数选板中将出现 DAQ 子选板。

LabVIEW 是通过 DAQ 节点来控制 DAQ 设备完成数据采集的，所有的 DAQ 节点都包含在"函数"选板中的"测量 I/O"→"DAQmx-数据采集"子选板中，如图 10-12 所示。

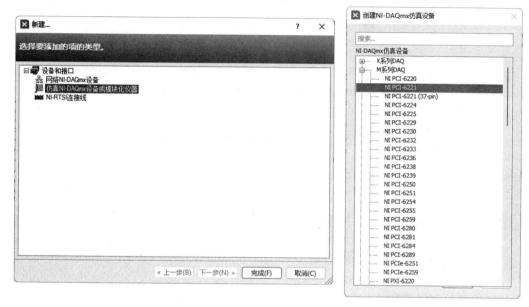

图 10-9　"新建"对话框　　　图 10-10　选择接口型号

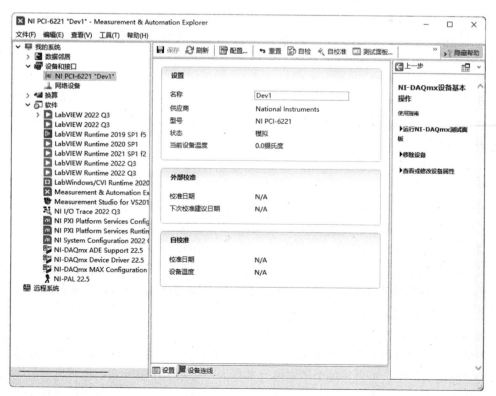

图 10-11　完成接口的选择

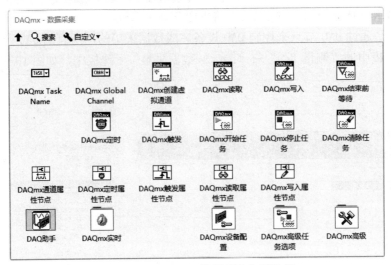

图 10-12 "DAQmx-数据采集"子选板

10.1.3 DAQ 节点常用的参数简介

在详细介绍 DAQ 节点的功能之前，为使用户更加方便地学习和使用 DAQ 节点，先介绍一些 LabVIEW 通用的 DAQ 参数的定义。

1. 设备号和任务号（Device ID 和 Task ID）

输入端口 Device 是指在 DAQ 配置软件中分配给所用 DAQ 设备的编号，每一个 DAQ 设备都有一个唯一的编号与之对应。在使用工具 DAQ 节点配置 DAQ 设备时，这个编号可以由用户指定。输出参数 Task ID 是系统给特定的 I/O 操作分配的一个唯一的标识号，贯穿于以后的 DAQ 操作的始终。

2. 通道（Channels）

在信号输入输出时，每一个端口叫作一个 Channel。Channels 中所有指定的通道会形成一个通道组（Group）。VIs 会按照 Channels 中所列出的通道顺序进行采集或输出数据的 DAQ 操作。

3. 通道命名（Channel Name Addressing）

要在 LabVIEW 中应用 DAQ 设备，必须实现对 DAQ 硬件进行配置，为了让 DAQ 设备的 I/O 通道的功能和意义更加直观地为用户所理解，用每个通道所对应的实际物理参数意义或名称来命名通道是一个理想的方法。在 LabVIEW 中配置 DAQ 设备的 I/O 通道时，可以在 Channels 中输入一定物理意义的名称来确定通道的地址。

用户在使用通道名称控制 DAQ 设备时，就不需要再连接 device、input limits 以及 input config 这些输入参数了，LabVIEW 会按照在 DAQ Channel Wizard 中的通道配置自动来配置这些参数。

4. 通道编号命名（Channel Number Addressing）

如果用户不使用通道名称来确定通道的地址,那么还可以在 channels 中使用通道编号来确定通道的地址。可以将每个通道编号都作为一个数组中的元素；也可以将数个通道编号填入一个数组元素中，编号之间用逗号隔开；可以在一个数组元素只能够指定通道的范围，如 0:2 表示通道 0，1，2。

5．I/O 范围设置（Limit Setting）

Limit Setting 是指 DAQ 卡所采集或输出的模拟信号的最大/最小值。注意，在使用模拟输入功能时，用户设定的最大/最小值必须在 DAQ 设备允许的范围内。一对最/小值组成一个簇，多个这样的簇形成一个簇数组，每一个通道对应一个簇，这样用户就可以为每一个模拟输入或模拟输出通道单独指定最大/最小值了，如图 10-13 所示。

按照图 10-13 中的通道设置，第一个设备的 AIO 通道的范围是-10～10。

在模拟信号的数据采集应用中，用户不但需要设定信号的范围，还要设定 DAQ 设备的极性和范围。一个单极性的范围只包含正值或只包含负值，而双极性范围可以同时包含正值和负值。用户需要根据自己的需要来设定 DAQ 设备的极性。

6．组织 2D 数组中的数据

当在多个通道进行多次采集时，采集到的数据以 2D 数组的形式返回。在 LabVIEW 中，可以用两种方式来组织 2D 数组中的数据。

第一种方式是用数组中的行（row）来组织数据。如果数组中包含了来自模拟输入通道中的数据，那么数组中的一行就代表一个通道中的数据。这种方式通常称为行顺方式（row major order）。当用一组嵌套 for 循环来产生一组数据时，内层的 for 循环每循环一次就产生 2D 数组中的一行数据。用这种方式构成的 2D 数组如图 10-14 所示。

第二种方式是通过 2D 数组中的列（column）来组织数据。节点把采集来的数据放到 2D 数组的一列中，这种组织数据的方式通常称之为列顺方式（column major order），此时 2D 数组的构成如图 10-15 所示。

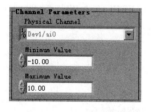

图 10-13　I/O 范围设置　　　　　　　图 10-14　行顺方式组织数据

图 10-15　列顺方式组织数据

注意：

在图 10-14 和图 10-15 中出现了一个术语 Scan，称为扫描。一次扫描是指用户指定的一组通道按顺序进行一次数据采集。

如果需要从这个 2D 数组中取出其中某一个通道的数据，将数组中相对应的一列数据取出即可，如图 10-16 所示。

7. 扫描次数（Number of Scans to Acquire）

扫描次数是指在用户指定的一组通道进行数据采集的次数。

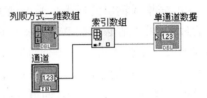

图 10-16　从二维数组中取出其中摸一个通道的数据

8. 采样点数（Number of Samples）

采样点数是指一个通道采样点的个数。

9. 扫描速率（Scan Rate）

扫描速率是指每秒完成一组指定通道数据采集的次数，它决定了在所有的通道中在一定时间内所进行数据采集次数的总和。

10.2　DAQmx 节点及其编程

1. DAQmx 创建虚拟通道

NI-DAQmx 创建虚拟通道函数创建了一个虚拟通道并且将它添加成一个任务。它也可以用来创建多个虚拟通道并将它们都添加至一个任务。如果没有指定一个任务，那么这个函数将创建一个任务。NI-DAQmx 创建虚拟通道函数有许多的实例。这些实例对应于特定的虚拟通道所实现的测量或生成类型。DAQmx 创建虚拟通道节点图标和端口如图 10-17 所示。图 10-18 所示为 6 个 NI-DAQmx 创建的虚拟通道。

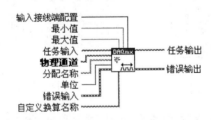

图 10-17　DAQmx 创建虚拟通道的节点图标和端口

图 10-18　6 个 DAQmx 创建的虚拟通道

NI-DAQmx 创建虚拟通道函数的输入随每个函数实例的不同而不同，但是某些输入对大部分函数的实例是相同的。例如，一个输入需要用来指定虚拟通道将使用的物理通道（模拟输入和模拟输出）、线数（数字）或计数器。此外，模拟输入、模拟输出和计数器操作使用最小值和最大值输入来配置和优化基于信号最小和最大预估值的测量和生成。

而且一个自定义的刻度可以许多虚拟通道类型。在图10-19所示为利用NI-DAQmx创建虚拟通道VI创建的热电偶虚拟通道。

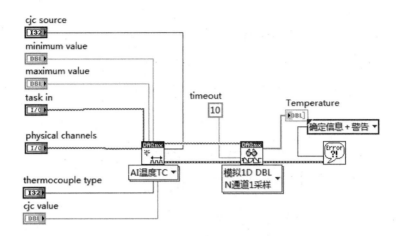

图10-19 利用NI-DAQmx创建虚拟通道VI 创建的热电偶虚拟通道

2．DAQmx 清除任务

NI-DAQmx 清除任务函数可以清除特定的任务。如果任务正在运行，那么这个函数首先中止任务，然后释放掉它所有的资源。一旦一个任务被清除，那么它就不能被使用，除非重新创建它。因此，如果一个任务还会使用，那么 NI-DAQmx 结束任务函数就必须用来中止任务，而不是清除它。DAQmx 清除任务的节点图标和端口如图 10-20 所示。

图10-20 DAQmx 清除任务的节点图标和端口

对于连续的操作,NI-DAQmx 清除任务函数必须用来结束真实的采集或生成。图10-21所示为 DAQmx 清除任务应用实例，即一个二进制数组不断输出直至等待循环退出和NI-DAQmx 清除任务 VI 执行。

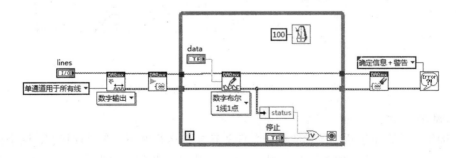

图10-21 DAQmx 清除任务应用实例

3．DAQmx 读取

NI-DAQmx 读取函数需要从特定的采集任务中读取采样。这个函数的不同实例允许选择采集的类型（模拟、数字或计数器）、虚拟通道数、采样数和数据类型。其节点图标和端口如图 10-22 所示。图 10-23 所示为四个不同的 NI-DAQmx 读取 VI 的实例。

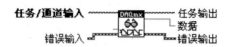

图 10-22　DAQmx 读取的节点图标和端口

图 10-23　不同 NI-DAQmx 读取 VI 的实例

可以读取多个采样的 NI-DAQmx 读取函数的实例包括一个输入来指定在函数执行时读取数据的每通道采样数。对于有限采集，将每通道采样数指定为－1，将使得这个函数等待采集完所有请求的采样数，然后读取这些采样。对于连续采集，将每通道采样数指定为－1，将使得这个函数在执行的时候读取所有现在保存在缓冲中可得的采样。图 10-24 所示为从模拟通道读取多个采样值实例，NI-DAQmx 读取 VI 已经被配置成从多个模拟输入虚拟通道中读取多个采样并以波形的形式返回数据。另外，既然每通道采样数输入已经配置成常数 10，那么每次 VI 执行的时候它就会从每一个虚拟通道中读取 10 个采样。

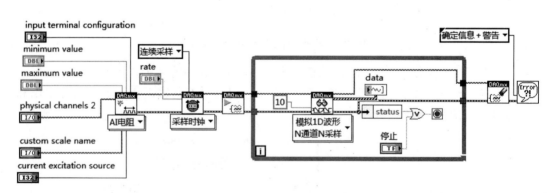

图 10-24　从模拟通道读取多个采样值实例

4．DAQmx 开始任务

NI-DAQmx 开始任务函数显式地将一个任务转换到运行状态。在运行状态，这个任务完成特定的采集或生成。如果没有使用 NI-DAQmx 启动任务函数，那么在 NI-DAQmx 读取函数执行时，一个任务可以隐式地转换到运行状态，或者自动开始。这个隐式的转换也发生在如果 NI-DAQmx 开始任务函数未被使用而且 NI-DAQmx 写入函数与它相应指定的自启动输入一起执行。DAQmx 开始任务的节点的图标和端口如图 10-25 所示。

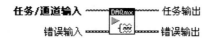

图 10-25　DAQmx 开始任务的节点图标和端口

虽然不是经常需要,但是使用 NI-DAQmx 启动任务函数来显式地启动一个与硬件定时相关的采集或生成任务是更值得选择的,而且 NI-DAQmx 读取函数或 NI-DAQmx 写入函数将会执行多次,例如在循环中, NI-DAQmx 启动任务函数就应当使用,否则,任务的性能将会降低,因为它将会重复地启动和停止。图 10-26 所示为模拟输出仅包含一个单一的软件定时的采样的程序框图,此时不需要使用 NI-DAQmx 启动函数。

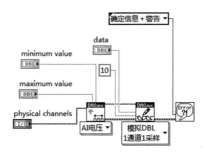

图 10-26　模拟输出仅包含一个单一的软件定时的采样的程序框图

图 10-27 所示为利用 NI-DAQmx 读取函数多次从计数器读取数据的程序框图,此时应当使用 NI-DAQmx 启动函数。

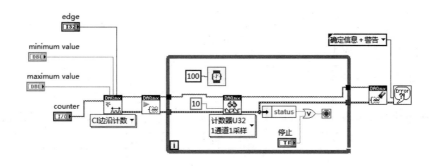

图 10-27　多次从计数器读取数据的程序框图

5．DAQmx 停止任务

任务经过 DAQmx 停止任务的节点后将进入 DAQmx 开始任务 VI 节点之前的状态。

如果不使用 DAQmx 开始任务和 DAQmx 停止任务,而只是多次使用 DAQmx 读取或 DAQmx 写入,如在一个循环里,这将会严重降低应用程序的性能。DAQmx 停止任务的节点图标和端口如图 10-28 所示。

图 10-28　DAQmx 停止任务的节点图标和端口

6. DAQmx 定时

NI-DAQmx 定时函数配置定时以用于硬件定时的数据采集操作。这包括指定操作是否连续或有限、为有限的操作选择用于采集或生成的采样数量，以及在需要时创建一个缓冲区。DAQmx 定时的节点图标和端口如图 10-29 所示。

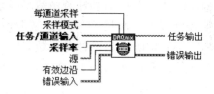

图 10-29　DAQmx 定时的节点图标和端口

对于需要采样定时的操作（模拟输入、模拟输出和计数器），NI-DAQmx 定时函数中的采样时钟实例设置了采样时钟的源（可以是一个内部或外部的源）和它的速率。采样时钟控制了采集或生成采样的速率。每一个时钟脉冲为每一个包含在任务中的虚拟通道初始化一个采样的采集或生成。图 10-30 所示的 LabVIEW 程序框图演示了使用 NI-DAQmx 定时 VI 中的采样时钟实例来配置一个连续的模拟输出生成（利用一个内部的采样时钟）。

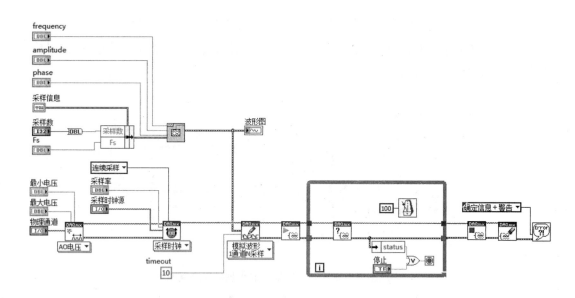

图 10-30　DAQmx 定时 VI 应用实例一

为了在数据采集应用程序中实现同步，如同触发信号必须在一个单一设备的不同功能区域或多个设备之间传递一样，定时信号也必须以同样的方式传递。NI-DAQmx 也是自动地实现这个传递。所有有效的定时信号都可以作为 NI-DAQmx 定时函数的源输入。例如，在如图 10-31 所示的 DAQmx 定时 VI 中，设备的模拟输出采样时钟信号作为同一个设备模拟输入通道的采样时钟源，而无需完成任何显式的传递。

大部分计数器操作不需要采样定时，因为被测量的信号提供了定时。NI-DAQmx 定时函数的隐式实例应当用于这些应用程序。例如，在如图 10-32 所示的 DAQmx 定时 VI 中，设备的模拟输出采样时钟信号作为同一个设备模拟输入通道的采样时钟源，而无需完成任何显式的传递。

某些数据采集设备支持将握手作为它们数字 I/O 操作的定时信号的方式。握手使用与外部设备之间请求和确认定时信号的交换来传输每一个采样。NI-DAQmx 定时函数的握手实例为数字 I/O 操作配置握手定时。

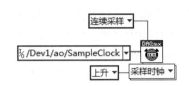

图 10-31　模拟输出采样时钟作为模拟输入时钟源

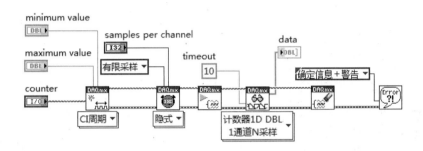

图 10-32　DAQmx 定时 VI 应用实例二

7. DAQmx 触发

NI-DAQmx 触发函数配置一个触发器来完成一个特定的动作。最为常用的是一个启动触发器(Start Trigger)和一个参考触发器(Reference Trigger)。启动触发器初始化一个采集或生成。参考触发器确定所采集的采样集中的位置，在那里前触发器数据（pre trigger）结束，而后触发器（post trigger）数据开始。这些触发器都可以配置成使触发发生在数字边沿、模拟边沿或者当模拟信号进入或离开窗口时。DAQmx 触发的节点图标和端口如图 10-33 所示。在图 10-34 所示的 LabVIEW 程序框图中，利用 NI-DAQmx 触发 VI，启动触发器和参考触发器都配置成使触发发生在一个模拟输入操作的数字边沿。

图 10-33　DAQmx 触发的节点图标和端口

许多数据采集应用程序需要一个单一设备不同功能区域的同步（如模拟输出和计数器），其他的则需要多个设备进行同步。为了达到这种同步性，触发信号必须在一个单一设备的不同功能区域和多个设备之间传递。NI-DAQmx 自动地完成了这种传递。当使用 NI-DAQmx 触发函数时，所有有效的触发信号都可以作为函数的源输入。例如，在图 10-35 所示的 NI-DAQmx 触发 VI 中，设备 2 的启动触发器信号可以用作设备 1 的启动触发器的源，而无需进行任何显式的传递。

8. DAQmx 结束前等待

NI-DAQmx 结束前等待函数用于等待数据采集完成后结束任务。这个函数可用于保证在任务结束之前完成了特定的采集或生成。最为普遍的情况是，NI-DAQmx 结束前等待函数用于有限操作。一旦这个函数执行完毕，有限采集或生成就完成了，而且无需中断操作就可以结束任务。此外，超时输入允许指定一个最长的等待时间。如果采集或生成不能在这段时间内完成，那么这个函数将退出并且会生成一个错误信号。其节点的图标和端口如图 10-36 所示。图 10-37 所示的 NI-DAQmx 结束前等待 VI 用来验证有限模拟输出操作在任务清除之前就已经完成。

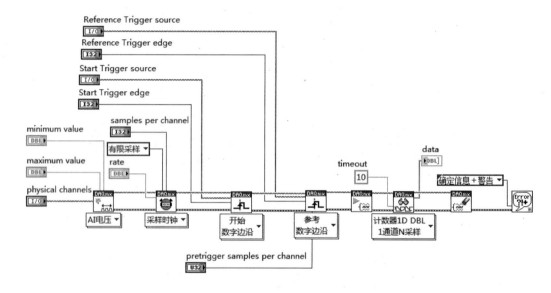

图 10-34   DAQmx 触发器应用实例

图 10-35   设备 2 的启动触发器信号可以用作设备 1 的启动触发器的源

图 10-36   DAQmx 结束前等待函数的节点图标和端口

9. DAQmx 写入

NI-DAQmx 写入函数将采样写入指定的生成任务中。这个函数的不同实例允许选择生成类型（模拟或数字）、虚拟通道数、采样数和数据类型。其节点的图标和端口如图 10-38 所示。图 10-39 所示为 4 个不同的 NI-DAQmx 写入 VI 的实例。

每一个 NI-DAQmx 写入函数实例都有一个自启动输入来确定，如果还没有显式地启动，那么这个函数是否将隐式地启动任务。正如在本文 NI-DAQmx 启动任务部分所讨论的那样，NI-DAQmx 启动任务函数应当用来显式地启动一个使用硬件定时的生成任务。它也应当用来实现最大化性能。如果 NI-DAQmx 写入函数，将会多次执行。对于一个有限的模拟输出生成，图 10-40 所示的 LabVIEW 程序框图包括了一个 NI-DAQmx 写入 VI 的自启动输入值为"假"的布尔值。因为生成任务是硬件定时的，NI-DAQmx 写入 VI 已经被配置成将一个通道模拟输出数据的多个采样以一个模拟波形的形式写入任务中。

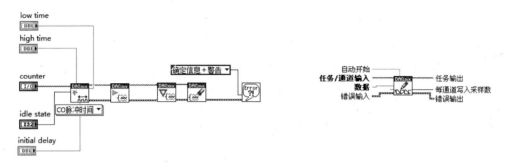

图 10-37　DAQmx 结束前等待 VI 应用实例　　图 10-38　DAQmx 写入函数的节点图标和端口

图 10-39　不同的 NI-DAQmx 写入 VI 的实例

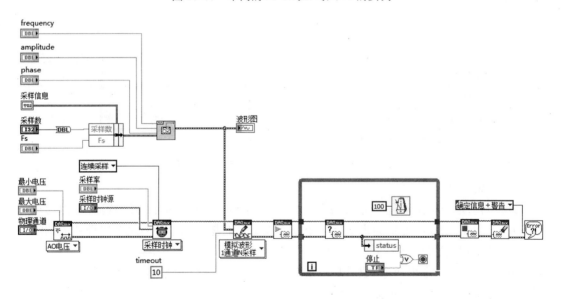

图 10-40　DAQmx 写入 VI 应用实例

10．DAQmx 属性节点

NI-DAQmx 属性节点提供了对所有与数据采集操作相关属性的访问，如图 10-41 所示。这些属性可以通过写入 NI-DAQmx 属性节点来设置，而且当前的属性值可以从 NI-DAQmx 属性节点中读取。此外，在 LabVIEW 中，一个 NI-DAQmx 属性节点可以用来写入多个属性或读取多个属性。例如，图 10-42 所示的 NI-DAQmx 定时属性节点先设置了采样时钟的源，然后读取采样时钟的源，最后设置采样时钟的有效边沿。

图 10-41　DAQmx 的属性节点

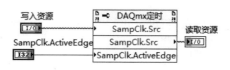

图 10-42　DAQmx 定时属性节点的使用

许多属性可以使用前面讨论的 NI-DAQmx 函数来设置。例如，采样时钟源和采样时钟有效边沿属性可以使用 NI-DAQmx 定时函数来设置。然而，一些相对不常用的属性只可以通过 NI-DAQmx 属性节点来访问。在图 10-43 所示的 LabVIEW 程序框图中，NI-DAQmx 通道属性节点用来启用硬件低通滤波器，然后设置滤波器的截止频率来用于应变测量。

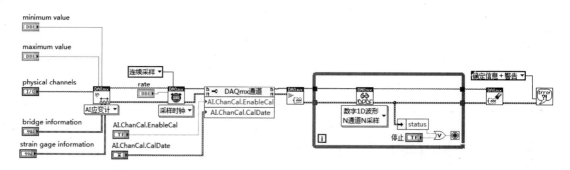

图 10-43　DAQmx 通道属性节点的应用实例

11. DAQ 助手

DAQ 助手是一个图形化的界面，用于交互式地创建、编辑和运行 NI-DAQmx 虚拟通道和任务。一个 NI-DAQmx 虚拟通道包括一个 DAQ 设备上的物理通道和对这个物理通道的配置信息，如输入范围和自定义缩放比例。一个 NI-DAQmx 任务是虚拟通道、定时和触发信息以及其他与采集或生成相关属性的组合。DAQ 助手配置完成一个应变测量。未配置前的 DAQ 助的节点图标如图 10-44 所示。

图 10-44　未配置前的 DAQ 助手的节点图标

10.3　综合演练——DAQ 助手的使用

在所有的 DAQ 函数中，使用最多的是 DAQ Assistant（DAQ 助手）。下面对该函数的使用方法进行介绍。

"DAQ 助手"在"测量 I/O"→"DAQmx-数据采集"子选板中。放置一个"DAQ 助手"

到程序框图上，系统会自动弹出如图 10-45 所示的"新建"对话框。

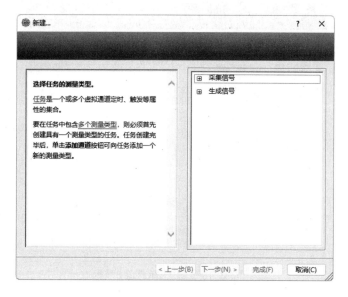

图 10-45　"新建"对话框

下面以 DAQ 输出正弦波为例来介绍 DAQ 助手的配置方法。

选择"模拟输出"，再选择"电压"（指用电压的变化来表示波形），如图 10-46 所示，系统弹出对话框如图 10-47 所示。选择通道 0，单击"完成"按钮，将弹出图 10-48 所示的对话框。

图 10-46　选择"电压"

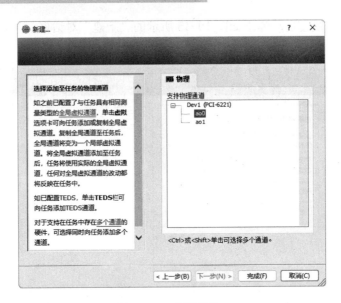

图 10-47 选择通道 0

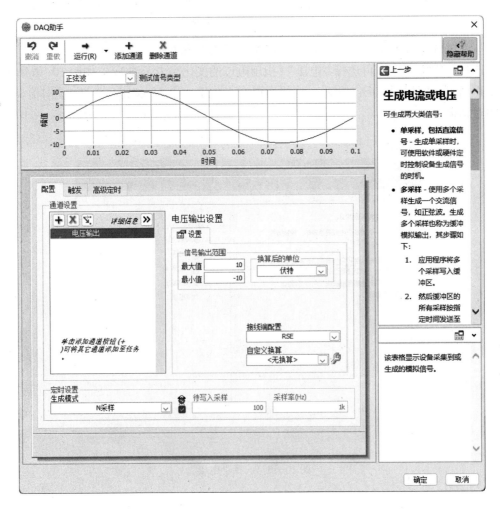

图 10-48 设置对话框

按照图 10-48 所示设置完成后，单击"确定"按钮，系统便开始对 DAQ 进行初始化，如图 10-49 所示。

初始化完成后，DAQ 助手的图标如图 10-50 所示。

此时，当向它输入信号时，DAQ 便可以向外输出所输入的信号了。

利用仿真信号 Express VI 产生正弦信号，并通过 DAQ 助手输出。其程序框图和前面板分别如图 10-51 和图 10-52 所示。

图 10-49　DAQ 初始化

图 10-50　初始化完成后的 DAQ 助手图标

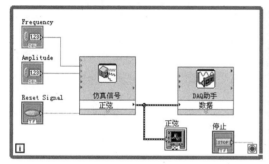

图 10-51　程序框图

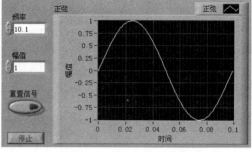

图 10-52　前面板

第 **11** 章

网络与通信

　　串行通信是工业现场仪器或设备常用的通信方式，网络通信则是构建智能化分布式自动测试系统的基础。

　　本章首先对串行通信和网络协议进行了简单介绍，然后结合 LabVIEW 的串行通信节点和实例，介绍了使用 LabVIEW 进行串行通信与网络通信的特点与步骤。DataSocket 是一项先进的网络数据传输技术，可用于数据的高速实时发布，本章对 DataSocket 技术及其在 LabVIEW 中的使用方法和步骤进行了介绍。本章还对 LabVIEW 所支持的其他通信技术，包括共享变量、远程面板及 UDP 通信进行了介绍。

◎　串行通信技术

◎　DataSocket 技术

◎　TCP 通信

11.1 串行通信技术

串行通信是一种古老但目前仍较为常用的通信方式。早期的仪器、单片机等均使用串口与计算机进行通信，目前也有不少仪器或芯片仍然使用串口与计算机进行通信，如PLC、Modem 和 OEM 电路板等。本节将详细介绍如何在 LabVIEW 中进行串行通信。

11.1.1 串行通信介绍

串行通信是指将构成字符的每个二进制数据位依照一定的顺序逐位进行传输的通信方式。计算机或智能仪器中处理的数据是并行数据，因此在串行通信的发送端，需要把并行数据转换成串行数据后再传输，而在接收端又需要把串行数据转换成并行数据再处理。数据的串并转换可以用软件和硬件两种方法来实现。硬件方法主要是使用了移位寄存器。在时钟控制下，移位寄存器中的二进制数据可以顺序地逐位发送出去；同样在时钟控制下，接收进来的二进制数据也可以在移位寄存器中装配成并行的数据字节。

根据时钟控制数据发送和接收的方式，串行通信可分成同步通信和异步通信两种，这两种通信的示意图如图 11-1 所示。

图 11-1　串行通信方式

在同步通信中，为了使发送和接收保持一致，串行数据在发送和接收两端使用的时钟应同步。通常，发送和接收移位寄存器的初始同步使用一个同步字符来完成，当一次串行数据的同步传输开始时，发送寄存器发送出的第一个字符应该是一个双方约定的同步字符，接收器在时钟周期内识别该同步字符后，即与发送器同步，开始接收后续的有效数据信息。

在异步通信中，只要求发送和接收两端的时钟频率在短期内保持同步。通信时发送端先送出一个初始定时位（称起始位），后面跟着具有一定格式的串行数据和停止位。接收端首先识别起始位，同步它的时钟，然后使用同步的时钟接收紧跟而来的数据位和停止位，停止位表示数据串的结束。一旦一个字符传输完毕，线路空闲。无论下一个字符在何时出现，它们都将再重新进行同步。

同步通信与异步通信相比较，优点是传输速度快；不足之处是，同步通信的实用性将取决于发送器和接收器保持同步的能力，如在一次串行数据的传输过程中，接收器接收数据时，若由于某种原因（如噪声等）漏掉一位，则余下接收的数据都是不正确的。

异步通信相对同步通信而言，传输数据的速度较慢，但若在一次串行数据传输的过程中出现错误，仅影响一个字节的数据。

目前，在微型计算机测量和控制系统中，串行数据的传输大多使用异步通信方式。

　　为了有效地进行通信，通信双方必须遵从统一的通信协议，即采用统一的数据传输格式、相同的传输速率和相同的纠错方式等。

　　异步通信协议规定每个数据以相同的位串形式传输，每个串行数据由起始位、数据位、奇偶校验位和停止位组成，串行数据的位串格式如图 11-2 所示。具体定义如下：

图 11-2　串行数据的位串格式

　　当通信线上没有数据传输时应处于逻辑"1"状态，表示线路空闲。

　　当发送设备要发送一个字符数据时，先发出一个逻辑"0"信号，占一位，这个逻辑低电平就是起始位。起始位的作用是协调同步，接收设备检测到这个逻辑低电平后，就开始准备接收后续数据位信号。

　　数据位信号的位数可以是 5、6、7 或 8 位。一般为 7 位（ASCII 码）或 8 位。数据位从最低有效位开始逐位发送，依次顺序地发送到接收端的一位寄存器中，并转换为并行的数据字符。

　　奇偶校验位用于进行有限差错检测，占一位。通信双方需约定一致的奇偶校验方式，如果约定奇校验，那么组成数据和奇偶校验位的逻辑"1"的个数必须是奇数；如果约定偶校验，那么逻辑"1"的个数必须是偶数。通常奇偶校验功能的电路已集成在通信控制芯片中。

　　停止位用于标志一个数据的传输完毕，一般用高电平，可以是 1 位、1.5 位或 2 位。当接收设备收到停止位后，通信线路就回复到逻辑"1"状态，直至下一个字符数据起始位到来。

　　在异步通信中，接收和发送双方必须保持相同的传输速率，这样才能保证线路上传输的所有位信号都保持一致的信号持续时间。传输速率即波特率，它是以每秒传输的二进制位数来度量的，单位是比特/秒（bit/s）。规定的波特率有 50、75、110、150、300、600、1200、2400、4800、9600 和 19200 等几种。

　　总之，在异步串行通信中，通信双方必须持相同的传输波特率，并以每个字符数据的起始位来进行同步。同时，数据格式，即起始位、数据位、奇偶位和停止位的约定，在同一次传输过程中也要保持一致，这样才能保证成功地进行数据传输。

📖11.1.2　串行通信节点

　　LabVIEW 中用于串行通信的节点实际上是 VISA 节点，为了方便用户使用，LabVIEW 将这些 VISA 节点单独组成一个子选板，包括 8 个节点，分别实现配置串口、串口写入、出口读取、关闭串口、检测串口缓冲区和设置串口缓冲区等。这些节点位于"函数"选板的"数据通信"→"协议"→"串口"子选板中，如图 11-3 所示。

　　串行通信节点的使用方法比较简单，且易于理解，下面对各节点的参数定义、用法及功能进行介绍。

1. VISA 配置串口

VISA 配置串口是初始化、配置串口。用该节点可以设置串口的波特率、数据位、停止位、奇偶校验位、缓存大小以及流量控制等参数。其图标和端口定义如图 11-4 所示。

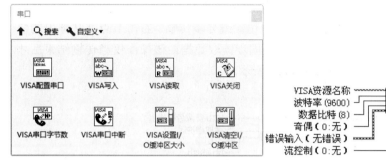

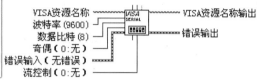

图 11-3 "串口"子选板　　　　　图 11-4 VISA 配置串口图标和端口定义

➢ 启用终止符：串行设备做好识别终止符的准备。

➢ 终止符：通过调用终止读取操作。从串行设备读取终止符后读取操作将终止。0xA 是换行符(\n)的十六进制表示。将消息字符串的终止符由回车(\r)改为 0xD。

➢ 超时：设置读取和写入操作的超时值。

➢ VISA 资源名称：指定了要打开的资源。该控件也指定了会话句柄和类。

➢ 波特率：传输速率。默认值为 9600。

➢ 数据比特：输入数据的位数。数据比特的值介于 5 和 8 之间。默认值为 8。

➢ 奇偶：指定要传输或接收的每一帧所使用的奇偶校验。默认为无校验。

➢ 错误输入：表示 VI 或函数运行前发生的错误情况。默认值为无错误。

➢ 停止位：指定用于表示帧结束的停止位的数量。10 表示停止位为 1 位，15 表示停止位为 1.5 位，20 表示停止位为 2 位。

➢ 流控制：设置传输机制使用的控制类型。

➢ VISA 资源名称输出：VISA 函数返回的 VISA 资源名称的一个副本。

➢ 错误输出：包含错误信息。如果错误输入表明在 VI 或函数运行前已出现错误，错误输出将包含相同的错误信息。否则，它表示 VI 或函数中产生的错误状态。

2. VISA 串口字节数

该属性用于返回指定串口的输入缓冲区的字节数。其图标如图 11-5 所示。

串口字节数属性用于指定该会话句柄使用的串口的当前可用字节数。

3. VISA 关闭

VISA 关闭用于关闭 VISA 资源名称指定的设备会话句柄或事件对象。该函数采用特殊的错误 I/O 操作。无论前次操作是否产生错误，该函数都将关闭设备会话句柄。打开 VISA 会话句柄并完成操作后，应关闭该会话句柄。该函数可接受各个会话句柄类。VISA 关闭节点的图标和端口如图 11-6 所示。

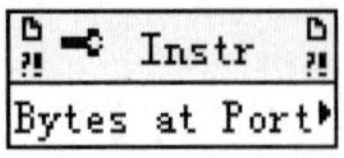

图 11-5 VISA 串口字节数图标 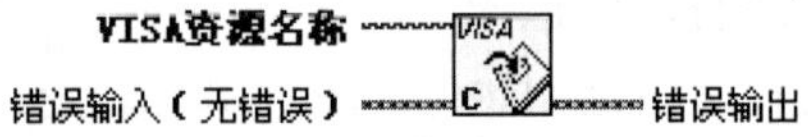   图 11-6 VISA 关闭节点的图标和端口

4. VISA 读取

从 VISA 资源名称所指定的设备或接口中读取指定数量的字节,并将数据返回至读取缓冲区。 根据不同的平台,数据传输可为同步传输或异步传输。右击节点并从弹出的快捷菜单中选择"同步 I/O 模式"→"同步"可同步读取数据。该操作仅当传输结束后才返回。VISA 读取的节点图标和端口如图 11-7 所示。

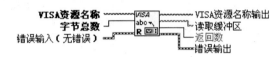

图 11-7 VISA 读取节点的图标和端口

➤ 字节总数:包含要读取的字节数量。

➤ 读取缓冲区:包含从设备读取的数据。

➤ 返回数:包含实际读取的字节数量。

5. VISA 写入

VISA 写入可将写入缓冲区的数据写入 VISA 资源名称指定的设备或接口。 根据不同的平台,数据传输可为同步传输或异步传输。右击节点并从弹出的快捷菜单中选择"同步 I/O 模式"→"同步"可同步写入数据。该操作仅当传输结束后才返回。VISA 写入的节点图标和端口如图 11-8 所示。

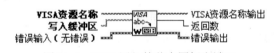

图 11-8 VISA 写入的节点图标和端口

➤ 写入缓冲区:包含要写入设备的数据。

➤ 返回数:包含实际写入的字节数量。

6. VISA 串口中断

VISA 串口中断用于发送指定端口上的中断。将制定的输出端口中断一段时间(至少 250ms),该时间由"持续时间"指定,单位为 ms。VISA 串口中断的节点图标和端口如图 11-9 所示。

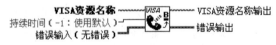

图 11-9 VISA 串口中断的节点图标和端口

➤ 持续时间:中断的长度(ms)。VI 运行时,该值暂时覆盖"VISA Serial Settings: Break Length"属性的当前设置。此后,VI 将把其当前设置返回到初始值。该属性的默认值为 250ms。

7. VISA 设置 I/O 缓冲区大小

VISA 设置 I/O 缓冲区大小用于设置 I/O 缓冲区大小。如果需设置串口缓冲区大小,

须先运行 VISA 配置串口 VI。VISA 设置 I/O 缓冲区大小的节点图标和端口如图 11-10 所
示。

> 屏蔽：指明要设置大小的缓冲区。屏蔽的有效值是 I/O 接收缓冲区(16)和 I/O
> 传输缓冲区(32)。添加屏蔽值可同时设置两个缓冲区的大小。

> 大小：指明 I/O 缓冲区的大小。大小应略大于要传输或接收的数据数量。如果
> 激活函数而没有指定缓冲区大小，VI 将设置默认值为 4096。如果未激活函数，
> 默认值将取决于 VISA 和操作系统。

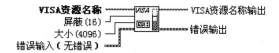

图 11-10   VISA 设置 I/O 缓冲区大小的节点图标和端口

8. VISA 清空 I/O 缓冲区

VISA 清空 I/O 缓冲区用于清空由屏蔽指定的 I/O 缓冲区。VISA 清空 I/O 缓冲区的节
点图标和端口如图 11-11 所示。

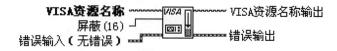

图 11-11   VISA 清空 I/O 缓冲区的节点图标和端口

> 屏蔽：屏蔽：指明要清空的缓冲区。按位合并缓冲区屏蔽可同时清空多个缓冲
> 区。逻辑 OR，也称为 OR 或加，用于合并值。接收缓冲区和传输缓冲区分别只
> 用一个屏蔽值（见表 11-1）。

表 11-1   屏蔽值表

屏蔽值	十六进制代码	说明
16	0x10	清空接收缓冲区并放弃内容（与 64 相同）
32	0x20	通过将所有缓冲数据写入设备，清空传输缓冲区并放弃内容
64	0x40	清空接收缓冲区并放弃内容（设备不执行任何 I/O）
128	0x80	清空传输缓冲区并放弃内容（设备不执行任何 I/O）

11.1.3   串行通信实例

例 11-1   双机串行通信

本实例使用两台计算机进行通信，一台计算机作为服务器，通过串口向外发送数据；
另一台计算机作为客户机，接收由服务器发送来的数据。两台计算机之间利用一条串口
数据线连接起来，串口数据线两端的串口引脚的接线顺序如图 11-12 所示。

两台计算机之间的串行通信流程图如图 11-13 所示。

串行通信服务器的前面板及程序框图如图 11-14 和图 11-15 所示。

串行通信客户机的前面板及程序框图如图 11-16 和图 11-17 所示。

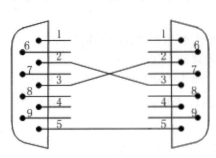

图 11-12　串口引脚的接线顺序

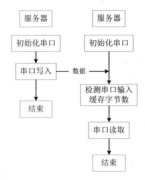

图 11-13　串行通信流程图

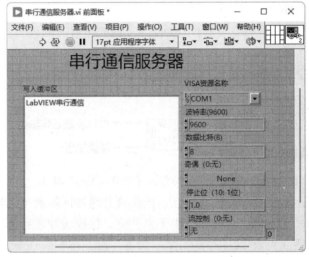

图 11-14　串行通信服务器的前面板

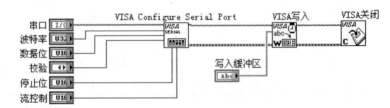

图 11-15　串行通信服务器的程序框图

图 11-16　串行通信客户机的前面板

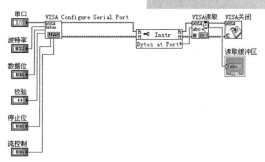

图 11-17　串行通信客户机的程序框图

例 11-2　与 PLC 进行串行通信

PLC（Programmable Logic Controller，可编程控制器）是一种成熟的工业控制技术，在工业控制领域得到了广泛的应用。PLC 利用串口与计算机进行通信。本实例以松下 FP0-C32 小型 PLC 进行串行通信为例，介绍在 LabVIEW 中如何使用串行通信功能实现与 PLC 的通信。PLC 与计算机之间通过一条串口数据线相连接。

本实例中，向 PLC 发送一条命令，并接收 PLC 返回的信息。发送的命令是"%01#WCSR0000123\r"，PLC 收到该命令后，返回响应字符串"%01$WC14\r"。其通信过程如下：

1）初始化串口，设置串口的通信参数与 PLC 的串行通信参数一致。

2）向 PLC 中发送命令字符串"%01#WCSR0000123\r"。

3）延时 50ms，等待 PLC 执行命令，并返回相应字符串。

4）从串口输入缓存中读出 PLC 的响应字符串。

5）关闭串口。

本实例中与 PLC 进行串行通信的前面板和程序框图如图 11-18 和图 11-19 所示。

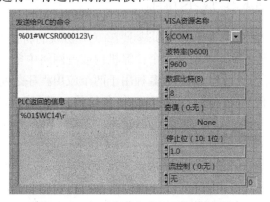

图 11-18　与 PLC 进行串行通信的前面板

值得一提的是，PLC 在工业控制中具有举足轻重的地位，具有其他控制技术无法比拟的优势，而 LabVIEW 在测控软件方面也有其独到的优势，因此，将 PLC 作为控制系统的硬件核心，与 LabVIEW 开发控制系统软件有机结合起来，可以发挥各自的优势，开发出一套功能强大的控制系统。建议该领域的用户在开发工业控制系统时，采用 PLC+LabVIEW 的方案。

另外有一点值得注意的是，串口只要初始化一次即可，要尽量避免重复初始化串口（除非改变其参数），否则有可能降低系统的运行效率。

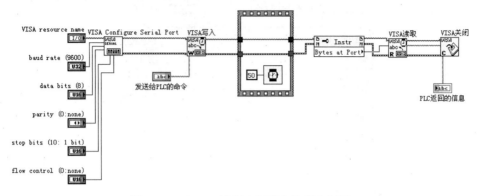

图 11-19　与 PLC 进行串行通信的程序框图

注意：

当在 LabVIEW 中利用 "VISA Configure Serial Port.vi" 节点初始化了一个串口后，若在串行通信结束后没有利用 "VISA Close" 节点将该串口关闭，那么只要没有退出 LabVIEW，LabVIEW 会一直占用该串口资源，其他外部的程序在此时是不能访问该串口的。

11.2　DataSocket 技术

DataSocket 技术是虚拟仪器的网络应用中一项非常重要的技术。本节将对 DataSocket 的概念和在 LabVIEW 中的使用方法进行介绍。

11.2.1　DataSocket 技术介绍

DataSocket 技术是 NI 公司推出的一项基于 TCP/IP 协议的新技术，DataSocket 面向测量和网上实时高速数据交换，可用于一个计算机内或者网络中多个应用程序之间的数据交换。虽然目前已经有 TCP/IP、DDE 等多种用于两个应用程序之间共享数据的技术，但是这些技术都不是用于实时数据（Live Data）传输的。只有 DataSocket 是一项在测量和自动化应用中用于共享和发布实时数据的技术，如图 11-20 所示。

DataSocket 基于 Microsoft 的 COM 和 ActiveX 技术，源于 TCP/IP 协议并对其进行高度封装，面向测量和自动化应用，用于共享和发布实时数据，是一种易用的高性能数据交换编程接口。它能有效地支持本地计算机上不同应用程序对特定数据的同时应用，以及网络上不同计算机的多个应用程序之间的数据交互，实现跨机器、跨语言、跨进程的实时数据共享。用户只需要知道数据源和数据库收集需要交换的数据就可以直接进行高层应用程序的开发，实现高速数据传输，而不必关心底层的实现细节，从而简化通信程序的编写过程，提高编程效率。

DataSocket 实际上是一个基于 URL 的单一的、一元化的末端用户 API，是一个独立于协议、独立于语言以及独立于操作系统的 API。DataSocket API 被制作成 ActiveX 控件、LabWindows 库和一些 LabVIEW VIs，用户可以在任何编辑环境中使用。

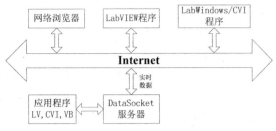

图 11-20　DataSocket 技术示意图

DataSocket 包括 DataSocket Server Manager、DataSocketServer 和 DataSocket 函数库等三大部分，以及 dstp（DataSocket Transfer Protocol）协议、通用资源定位符 URL（Uniform ResourDataSocket Server Managerce Locator）和文件格式等规程。DataSocket 遵循 TCP/IP 协议，并对底层进行高度封装，所提供的参数简单友好，只需要设置 URL 就可用来在 Internet 进行即时分送所需传输的数据。用户可以像使用 LabVIEW 中的其他数据类型一样使用 DataSocket 读写字符串、整型数、布尔量及数组数据。DataSocket 提供了三种数据目标，即 file、DataSocket Server、OPC Server，因而可以支持多进程并发。这样，DataSocket 摒除了较为复杂的 TCP/IP 底层编程，克服了传输速率较慢的缺点，大大简化了 Internet 网上测控数据交换的编程。

1. DataSocket Server Manager

DataSocket Server Manager 是一个独立运行的程序，它的主要功能是设置 DataSocket Server 可连接的客户程序的最大数目和可创建的数据项的最大数目，创建用户组和用户，设置用户创建数据项（Data Item）和读写数据项的权限。数据项实际上是 DataSocket Server 中的数据文件，未经授权的用户不能在 DataSocket Server 上创建或读写数据项。

在安装了 LabVIEW 之后，可以选择 Windows"开始菜单"→"所有程序"→"National Instruments"→"DataSocket Server Manager"，弹出"DataSocket Server Manager"对话框。运行"DataSocket Server Manager"，如图 11-21 所示。

"DataSocket Server Manager"对话框左栏中的"Server Settings"（服务器配置）用于设置与服务器性能有关的参数：参数"MaxConnections" 是指 DataSocket Server 最多允许多少客户端连接到服务器，其默认值是 50；参数 MaxItems 用于设置服务器最大允许的数据项目的数量。

"DataSocket Server Manager"对话框左栏中的"Permission Groups"（许可组）是与安全有关的部分设置。Groups（组）是指用一个组名来代表一组 IP 地址的合集，这对于以组为单位进行设置比较方便。DataSocket Server 共有 3 个内建组，即"DefaultReaders""DefaultWriters"和"Creators"，这 3 个组分别代表了能读、写以及创建数据项目的默认主机设置。可以利用"New Group"按钮来添加新的组。

"DataSocket Server Manager"对话框左栏中的"Predefined Data Items"（预定义的数据项目）中预先定义了一些用户可以直接使用的数据项目，并且可以设置每个数据项目的数据类型、默认值以及访问权限等属性。默认的数据项目共有 3 个，即"SampleNum""SampleString"和"SampleBool"，用户可以利用"New Item"按钮添加新的数据项目。

2．DataSocket Server

"DataSocket Server"也是一个独立运行的程序，它能为用户解决大部分网络通信方面的问题。它负责监管"DataSocket Server Manager"中所设定的各种权限和客户程序之间的数据交换。"DataSocket Server"与测控应用程序可安装在同一台计算机上，也可以分装在不同计算机上。后一种方法可增加整个系统的安全性，因为两台计算机之间可用防火墙加以隔离，而且"DataSocket Server"程序不会占用测控计算机 CPU 的工作时间，测控应用程序可以运行得更快。"DataSocket Server"运行后的窗口如图 11-22 所示。

在安装了 LabVIEW 之后，可以选择 Windows"开始菜单"→"所有程序"→"National Instruments"→"DataSocket Server"，运行"DataSocket Server"。

在 LabVIEW 中进行 DataSocket 通信之前，必须首先运行"DataSocket Server"。

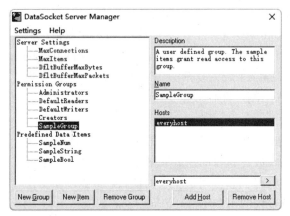

图 11-21　"DataSocket Server Manager"对话框　图 11-22　"DataSocket Server"窗口

3．DataSocket 函数库

DataSocket 函数库用于实现 DataSocket 通信。利用 DataSocket 发布数据需要三个要素："Publisher"（发布器）、"DataSocket Server"和"Subscriber"（订阅器）。"Publisher"利用 DataSocket API 将数据写到"DataSocket Server"中，而"Subscriber"利用 DataSocket API 从"DataSocket Server"中读出数据，如图 11-23 所示。"Publisher"和"Subscriber"

图 11-23　DataSocket 通信过程

都是"DataSocket Server"的客户程序。这三个要素可以驻留在同一台计算机中。

11.2.2　DataSocket 节点介绍

在 LabVIEW 中，利用 DataSocket 节点就可以完成 DataSocket 通信。DataSocket 节点位于"函数"选板的"数据通信"→"DataSocket"子选板中，如图 11-24 所示。

LabVIEW 将 DataSocket 函数库的功能高度集成到了 DataSocket 节点中，与 TCP/IP 节点相比，DataSocket 节点的使用方法更为简单和易于理解。

下面对 DataSocket 节点的参数定义及功能进行介绍。

1. 读取 DataSocket

读取 DataSocket 用于从由连接输入端口指定的 URL 连接中读出数据。读取 DataSocket 的节点图标和端口如图 11-25 所示。

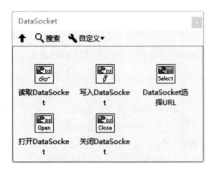

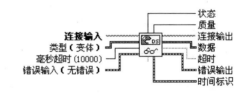

图 11-24　"DataSocket"子选板　　　图 11-25　读取 DataSocket 的节点图标和端口

- ➢ 连接输入：标明了读取数据的来源可以是一个 DataSocket URL 字符串，也可以是 DataSocket connection refnum（即打开 DataSocket 节点返回的连接 ID）。
- ➢ 类型：标明所要读取的数据的类型，并确定了该节点输出数据的类型。默认为变体类型，该类型可以是任何一种数据类型。把所需数据类型的数据连接到该端口来定义输出数据的类型，LabVIEW 会忽略输入数据的值。
- ➢ 毫秒超时：确定在连接输入缓冲区出现有效数据之前所等待的时间。如果"wait for updated value"端口输入为"FALSE"或连接输入为有效值，那么该端口输入的值会被忽略。默认输入为 10000ms。
- ➢ 状态：报告来自 PSP 服务器或 Field Point 控制器的警告或错误。如果第 31 个 bit 位为 1，则状态标明是一个错误。其他情况下该端口输入是一个状态码。
- ➢ 质量：从共享变量或"NI Publish-Subscribe-Protocol"数据项中读取的数据的数据质量。该端口的输出数据是用来进行 VI 的调试。
- ➢ 连接输出：连接数据所指定数据源的一个副本。
- ➢ 数据：读取的结果。如果该函数多次输出，那么该端口将返回该函数最后一次读取的结果。如果在读取任何数据之前函数多次输出或者类型端口确定的类型与该数据类型不匹配，数据端口将返回 0、空值或无效值。
- ➢ 超时：如果等待有效值的时间超过"毫秒超时"端口规定的时间，该端口将返回"TRUE"。
- ➢ 时间标识：返回共享变量和"NI-PSP"数据项的时间标识数据。

2. 写入 DataSocket

写入 DataSocket 用于将数据写到由"连接输入"端口指定的 URL 连接中。数据可以是单个或数组形式的字符串、逻辑（布尔）量和数值量等多种类型。写入 DataSocket 的节点图标和端口如图 11-26 所示。

- ➢ 连接输入：标识了要写入的数据项。"连接输入"端口可以是一个描述 URL 或共享变量的字符串。
- ➢ 数据：被写入的数据。该数据可以是 LabVIEW 支持的任何数据类型。

➤ 毫秒超时：规定了函数等待操作结束的时间。默认为 0ms，说明函数将不等待操作结束。如果"连接输入"端口输入为-1，函数将一直等待直到操作完成。

➤ 超时：如果在函数在"毫秒超时"端口所规定的时间间隔内无错误地操作完成，该端口将返回 FALSE。如果"毫秒超时"端口输入为 0，"超时"端口将输出"FALSE"。

3．打开 DataSocket

打开 DataSocket 用于打开一个用户指定 URL 的 DataSocket 连接。打开 DataSocket 的节点图标和端口如图 11-27 所示。

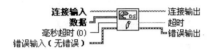

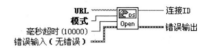

图 11-26　写入 DataSocket 的节点图标和端口　　　图 11-27　打开 DataSocket 的节点图标和端口

➤ 模式：规定了数据连接的模式。根据要做的操作选择一个值："只读""只写""读/写""读缓冲区""读/写缓冲区"。默认值为 0，说明为只读。当使用"读取 DataSocket"函数读取服务器写的数据时使用缓冲区。

➤ 毫秒超时：使用 ms 规定了等待 LabVIEW 建立连接的时间。默认为 10000ms。如果该端口输入为-1，函数将无限等待；如果输入为 0，LabVIEW 将不建立连接并返回一个错误。

4．关闭 DataSocket

关闭 DataSocket 用于关闭一个 DataSocket 连接。关闭 DataSocket 的节点图标和端口如图 11-28 所示。

➤ 毫秒超时：规定了函数等待操作完成的毫秒数。默认为 0，标明函数不等待操作的完成。该端口输入为-1 时，函数将一直等待直到操作完成。

➤ 超时：如果函数在"毫秒超时"端口规定的时间间隔内无错误地完成操作，该端口将返回"FALSE"。如果"毫秒超时"端口输入为 0，"超时"端口输出为"FALSE"。

5．DataSocket 选择 URL

DataSocket 选择 URL 用于节点最后返回一个 URL 地址。DataSocket 选择 URL 的节点图标和端口如图 11-29 所示。

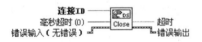

图 11-28　关闭 DataSocket 节点图标和端口　　　图 11-29　DataSocket 选择 URL 节点图标和端口

➤ 起始 URL：指明打开对话框的 URL。"起始 URL"可以是空白字符串、文件标识或完整的 URL。

➤ 标题：对话框的标题。

➤ 已选定 URL：如果选择了有效的数据源，该端口返回"TRUE"。

➤ URL：输出所选择数据源的 URL。只有当已选定 URL 输出为"TRUE"时，该值才是有效的。

与 TCP/IP 通信一样，利用 DataSocket 进行通信时也需要首先指定 URL。DataSocket

可用的 URL 共有下列 6 种：

（1）psp。Windows 或 RT（实时）模块 NI 发布-订阅协议(psp)是 NI 为实现本地计算机与网络间的数据传输而开发的技术。使用这个协议时，VI 与共享变量引擎通信。使用 psp 协议可将共享变量与服务器或设备上的数据项相连接。用户需为数据项命名并把名称追加到 URL。数据连接将通过这个名称从共享变量引擎找到某个特定的数据项。该协议也可用于使用前面板数据绑定的情况。而 fieldpoint 协议可作为 NI-PSP 协议的一个别名。

（2）dstp。DataSocket 传输协议(dstp)。使用该协议时，VI 将与 DataSocket 服务器通信。必须为数据提供一个命名标签并附加于 URL。数据连接按照这个命名标签寻找 DataSocket 服务器上某个特定的数据项。要使用该协议，必须运行 DataSocket 服务器。

（3）opc。Windows 过程控制 OLE(opc)。专门用于共享实时生产数据，如工业自动化操作中产生的数据。该协议须在运行 opc 服务器时使用。

（4）ftp。Windows 文件传输协议(ftp)。用于指定从 ftp 服务器上读取数据的文件。使用 DataSocket 函数从 ftp 站点读取文本文件时，需要将[text]添加到 URL 的末尾。

（5）file。用于提供指向含有数据的本地文件或网络文件的链接。

（6）http。用于提供指向含有数据的网页的链接。

表 11-2 列举了上述 6 种协议下的 URL 的应用实例。

表 11-2　URL 的应用实例

URL	范例
psp	对于共享变量：psp://computer/library/shared_variable
	对于 NI-PSP 数据项，如服务器和设备数据项：psp://computer/process/data_item fieldpoint://host/FP/module/channel
	对于动态标签：psp://machine/system/mypoint，其中 mypoint 是数据的命名标签
dstp	dstp://servername.com/numeric，其中 numeric 是数据的命名标签
Opc	opc:\National Instruments.OPCTest\item1 opc:\\computer\National Instruments.OPCModbus\Modbus Demo Box.4:0 opc:\\computer\NationalInstruments.OPCModbus\ModbusDemoBox.4:0?updaterate=100&deadband=0.7
ftp	ftp://ftp.ni.com/datasocket/ping.wav ftp://ftp.ni.com/support/OOREADME.txt[text]
file	file:ping.wav file:c:\mydata\ping.wav file:\\computer\mydata\ping.wav
http	http://ni.com

psp、dstp 和 opc 协议的 URL 用于共享实时数据，因为这些协议能够更新远程和本地的输入控件及显示控件。ftp 和 file 协议的 URL 用于从文件中读取数据，因为这些协议无法更新远程和本地的输入控件及显示控件。

DataSocket VI 和函数可传递任何类型的 LabVIEW 数据。此外，DataSocket VI 和函数还可读写以下数据：

➢ 原始文本：用于向字符串显示控件发送字符串。

➢ 制表符化文本：用于将数据写入数组，方式同电子表格。LabVIEW 把制表符化的文本当作数组数据处理。

➢ .wav 数据：使用.wav 数据，将声音写入 VI 或函数。

➢ 变体数据：用于从另外一个应用程序读取数据，如 NI Measurement Studio 的 ActiveX 控件。

利用 DataSocket 节点进行通信的过程与利用 TCP 节点进行通信的过程相同，操作步骤如下：

1）利用"打开 DataSocket"节点打开一个 DataSocket 连接。

2）利用"写入 DataSocket 节点"和"读取 DataSocket"节点完成通信。

3）利用"关闭 DataSocket"节点关闭这个 DataSocket 连接。

由于 DataSocket 功能的高度集成性，用户在进行 DataSocket 通信时，可以省略步骤 1）和 3），只利用"写入 DataSocket"节点和"读取 DataSocket"节点就可以完成通信了。

11.2.3　DataSocket 通信实例

例 11-3　DataSocket 应用实例一

本实例将通过一个 DataSocket 服务器 VI 和一个 DataSocket 客户机 VI，说明 DataSocket 节点的使用方法。

DataSocket 服务器 VI 产生一个波形数组，并利用"写入 DataSocket"节点将数据发布到 URL "dstp://localhost/wave" 指定的位置中。DataSocket 服务器 VI 的前面板和程序框图如图 11-30 和图 11-31 所示。

 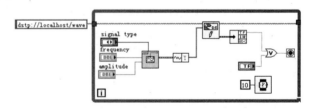

图 11-30　DataSocket 服务器 VI 的前面板　　图 11-31　DataSocket 服务器 VI 的程序框图

DataSocket 客户机 VI 利用"读取 DataSocket"节点将数据从 URL "dstp://localhost/wave" 指定的位置读出，并还原为原来的数据类型送到前面板窗口中的波形图中显示。DataSocket 客户机 VI 的前面板和程序框图如图 11-32 和图 11-33 所示。

注意：

在利用上述两个 VI 进行 DataSocket 通信之前，必须首先运行 DataSocket Server。

例 11-3 利用 LabVIEW 提供的 DataSocket 节点完成 DataSocket 通信，需要进行一些简单的编程。现在的 LabVIEW 2022 版本中提供了另外一种更加简单的方法来完成 DataSocket 通信。

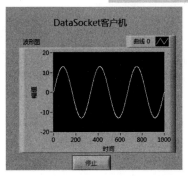

图 11-32　DataSocket 客户机 VI 的前面板

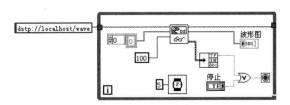

图 11-33　DataSocket 客户机 VI 的程序框图

注意：

> 例 11-3 中 IP 地址写的是 "localhost"，说明使用的是本机。当然也可以使用本机的 IP 地址。本例中，服务器和客户机都是使用的本机。

在 LabVIEW 2022 版本中，所有的前面板对象都增加了一个叫作数据绑定的属性，如图 11-34 所示。

图 11-34　"数据绑定"选项卡

该属性选项卡用于将前面板对象绑定至网络发布项目项以及网络上的 PSP 数据项。"数据绑定选择"下拉列表用于指定绑定对象的服务器。它包括三个选项："未绑定"

"共享变量引擎（NI-PSP）"和"DataSocket"。"未绑定"选项说明指定对象未绑定至网络发布的项目项或 NI 发布-订阅协议(PSP)数据项。"共享变量引擎(NI-PSP)"选项用于 Windows 通过共享变量引擎，将对象绑定至网络发布的项目项或网络上的 PSP 数据项。"DataSocket"选项用于通过 DataSocket 服务器、OPC 服务器、ftp 服务器或 Web 服务器，将对象绑定至一个网络上的数据项。如果需为对象创建或保存一个 URL，应创建一个共享变量而无需使用前面板的 DataSocket 数据绑定。

"访问类型"下拉列表用于指定 LabVIEW 为正在配置的对象设置的访问类型。包括三个选择项："只读""只写"和"读取/写入"。"只读"是指定对象从网络发布的项目读取数据，或从网络上的 PSP 数据项读取数据。"只写"是指定对象将数据写入网络发布的项目或网络上的 PSP 数据项。"读取/写入"是指定对象从网络发布的项目读取数据，向网络上的 PSP 数据项写入数据。

"路径"文本框用于指定与当前配置的共享变量绑定的共享变量或数据项的路径。活动项目中的共享变量的路径由计算机名、共享变量所在的库名，以及共享变量名组成：computer\library\shared_variable。\\computer\library\shared_variable。单个项目或计算机的共享变量的路径由"\\"开头的 DNS 名或 IP 地址、共享变量所在的库名以及共享变量名组成:\\computer\library\shared_variable。其他项目的共享变量的路径由计算机名、共享变量所在的项目库名以及共享变量名组成：\\computer\library\shared_variable。NI-PSP 数据项的路径由计算机名、数据项所在的进程名以及数据项名组成：\\computer\process\ data_item。

"浏览"按钮用于显示文件对话框，浏览并选择用于绑定对象的共享变量或数据项。在数据绑定选择域中所选的值决定了本按钮启动的对话框。

利用数据绑定属性对话框，可以完成对前面板对象的 DataSocket 连接配置。这样不需要编程，前面板对象可以直接进行 DataSocket 通信。注意，如果为一个 LabVIEW 前面板对象设置了"数据绑定"属性，这个前面板对象的右上角就会出现一个小方框，用于只是该对象的 DataSocket 连接状态。当小方框为灰色时，表示该对象没有连接到 DataSocket Server 上；当小方框为绿色时，表示该对象已经连接到 DataSocket Server 上。

例 11-4 DataSocket 应用实例二

按照上述方法改进 DataSocket 通信的 DataSocket 服务器 VI 的前面板和程序框图如图 11-35 和图 11-36 所示。可将波形数组在波形输出控件中显示，设置该输出控件的数据绑定属性。其属性配置如图 11-37 所示。

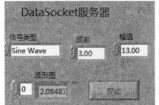

图 11-35 DataSocket 服务器 VI 的前面板　　图 11-36 DataSocket 服务器 VI 的程序框图

DataSocket 通信的例子中 DataSocket 客户机 VI 的前面板及程序框图如图 11-38 和图 11-39 所示。将波形图控件的数据绑定为 DataSocket 通信节点后，可以看出程序框图非常简单。DataSocket 客户机 VI 波形图控件的数据绑定属性配置如图 11-40 所示。

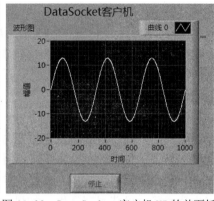

图 11-37　DataSocket 服务器 VI 中波形数组控件的　　图 11-38　DataSocket 客户机 VI 的前面板
　　　　　数据绑定属性配置

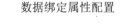

图 11-39　DataSocket 客户机 VI 的程序框图　　图 11-40　DataSocket 客户机 VI 中波形图控件的
　　　　　　　　　　　　　　　　　　　　　　　　　　　　数据绑定属性配置

11.3　TCP 通信

　　LabVIEW 提供了强大的网络通信功能，包括 TCP、UDP 和 DataSocket 等，其中基于 TCP 协议的通信方式是最为基本的网络通信方式，本节将详细介绍怎样在 LabVIEW 中实现基于 TCP 协议的网络通信。

📖11.3.1 TCP 协议简介

TCP 是 TCP/IP 中的一个子协议。TCP/IP 是 Transmission Control Protocol/ Internet Protocol 的简写，中文译名为传输控制协议/互联网络协议，TCP/IP 是 Internet 最基本的协议。TCP/IP 是 20 世纪 70 年代中期美国国防部为其 ARPANET 广域网 开发的网络体系结构和协议标准，以它为基础组件的 Internet 是目前国际上规模最大的 计算机网络，Internet 的广泛使用，使得 TCP/IP 成了事实上的标准。TCP/IP 实际上是 一个由不同层次上的多个协议组合而成的协议族，共分为链路层、网络层、传输层和应 用层四层，如图 11-41 所示。从图中可以看出，TCP 是 TCP/IP 传输层中的协议，使用 IP 作为网络层协议。

TCP（Transmission Control Protocol，传输控制协议）使用不可靠的 IP 服务，提 供一种面向连接的、可靠的传输层服务。面向连接是指在数据传输前就建立好了点到点 的连接。大部分基于网络的软件都采用了 TCP。TCP 采用比特流（即数据被作为无结构的 字节流）通信分段传送数据，主机交换数据必须建立一个会话。通过每个 TCP 传输的字 段指定顺序号，以获得可靠性。如果一个分段被分解成几个小段，接收主机会知道是否 所有小段都已收到。通过发送应答，用以确认别的主机收到了数据。对于发送的每一个 小段，接收主机必须在一个指定的时间返回一个确认。如果发送者未收到确认，发送者 会重新发送数据；如果收到的数据包损坏，接收主机会将其舍弃，因为确认未被发送， 发送者会重新发送分段。

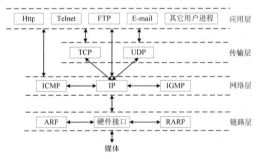

图 11-41 TCP/IP 协议族层次图

TCP 对话通过三次握手来初始化，目的是使数据段的发送和接收同步，告诉其他主 机其一次可接受的数量，并建立虚连接。三次握手的过程如下：

第一步，初始化主机通过一个具有同步标志的置位数据端发出会话请求。

第二步，接收主机通过发回具有以下项目的数据段表示回复：同步标志置位、即将 发送的数据段的起始字节的顺序号、应答并带有将收到的下一个数据段的字节顺序号。

第三步，请求主机再回送一个数据段，并带有确认顺序号和确认号。

在 LabVIEW 中可以利用 TCP 进行网络通信，并且 LabVIEW 对 TCP 的编程进行了高度 集成，用户通过简单的编程就可以在 LabVIEW 中实现网络通信。

📖11.3.2　TCP 节点介绍

在 LabVIEW 中，可以采用 TCP 节点来实现局域网通信。TCP 节点在"函数"选板的"数据通信"→"协议"→"TCP"子选板中，如图 11-42 所示。

下面对 TCP 节点及其用法进行介绍。

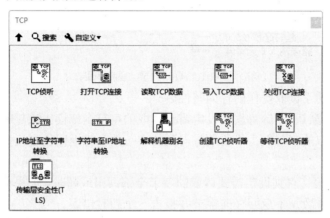

图 11-42　"TCP"子选板

1. TCP 侦听

TCP 侦听用于创建一个听者，并在指定的端口上等待 TCP 连接请求。该节点只能在作为服务器的计算机上使用。TCP 侦听 VI 的节点图标和端口如图 11-43 所示。

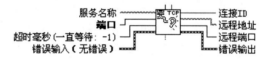

图 11-43　TCP 侦听 VI 的节点图标和端口

- ➤ 端口：所要听的连接的端口号。
- ➤ 超时毫秒：连接所要等待的毫秒数。如果在规定的时间内连接没有建立，该 VI 将结束并返回一个错误。默认值为-1，表明该 VI 将无限等待。
- ➤ 连接 ID：是一个唯一标识 TCP 连接的网络连接 refnum。客户机 VI 使用该标识来找到连接。
- ➤ 远程地址：与 TCP 连接协同工作的远程计算机的地址。
- ➤ 远程端口：使用该连接的远程系统的端口号。

2. 打开 TCP 连接

用指定的计算机名称和远程端口来打开一个 TCP 连接。该节点只能在作为客户机的计算机上使用。打开 TCP 连接的节点图标和端口如图 11-44 所示。

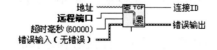

图 11-44　打开 TCP 连接的节点图标和端口

超时毫秒：在函数完成并返回一个错误之前所等待的毫秒数。默认值是 60000ms。

如果是-1 则表明函数将无限等待。

3．读取 TCP 数据

从指定的 TCP 连接中读取数据。读取 TCP 数据节点的节点图标和端口如图 11-45 所示。

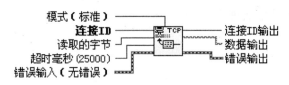

图 11-45　读取 TCP 数据的节点图标和端口

➢　模式：标明了读取操作的行为特性。

0：标准模式（默认），等待直到设定需要读取的字节全部读出或超时。返回读取的全部字节。如果读取的字节数少于所期望得到的字节数，将返回已经读取到的字节数并报告一个超时错误。

1：缓冲模式，等待直到设定需要读取的字节全部读出或超时。如果读取的字节数少于所期望得到的字节数，不返回任何字节并报告一个超时错误。

2：CRLF 模式，等待直到函数接收到 CR（carriage return）和 LF（linefeed）或发生超时。返回所接收到的所有字节及 CR 和 LF。如果函数没有接收到 CR 和 LF，不返回任何字节并报告超时错误。

3：立即模式，只要接收到字节便返回。只有当函数接收不到任何字节时才会发生超时。返回已经读取的字节。如果函数没有接收到任何字节，将返回一个超时错误。

➢　读取的字节：所要读取的字节数。可以使用以下方式来处理信息：

a.在数据之前放置长度固定的描述数据的信息。例如，可以是一个标识数据类型的数字，或说明数据长度的整型量。客户机和服务器都先接收 8 个字节（每一个是一个 4 字节整数），把它们转换成两个整数，使用长度信息决定再次读取的数据包含多少个字节。数据读取完成后，再次重复以上过程。该方法灵活性非常高，但是需要两次读取数据。实际上，如果所有数据是用一个写入函数写入的，第二次读取操作会立即完成。

b.使每个数据具有相同的长度。如果所要发送的数据比确定的数据长度短，则按照事先确定的长度发送。这种方式效率非常高，因为它以偶尔发送无用数据为代价，使接收数据只读取一次就完成。

c.以严格的 ASCII 码为内容发送数据，每一段数据都以 carriage return 和 linefeed 作为结尾。如果读取函数的模式输入端连接了 CRLF，那么直到读取到 CRLF 时，函数才结束。对于该方法，如果数据中恰好包含了 CRLF，那么将变得很麻烦，不过在很多 Internet 协议里，如 POP3、FTP 和 HTTP，这种方式应用得很普遍。

➢　超时毫秒：以 ms 为单位来确定一段时间，在所选择的读取模式下返回超时错误之前所要等待的最长时间。默认值为 25000ms。输入-1 时表明将无限等待。

➢　连接 ID 输出：与连接 ID 的内容相同。

➢　数据输出：包含从 TCP 连接中读取的数据。

4. 写入 TCP 数据

通过数据输入端口将数据写入到指定的 TCP 连接中。写入 TCP 数据的节点图标和端口如图 11-46 所示。

> 数据输入：包含要写入指定连接的数据。数据操作的方式请参见"读取 TCP 数据"部分的解释。

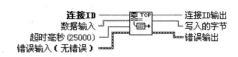

图 11-46　写入 TCP 数据的节点图标和端口

> 超时毫秒：函数在完成或返回超时错误之前将所有字节写入到指定设备的一段时间，以 ms 为单位。默认为 25000ms，如果为-1，表示将无限等待。

> 写入的字节：VI 写入 TCP 连接的字节数。

5. 关闭 TCP 连接

关闭指定的 TCP 连接。关闭 TCP 连接的节点图标和端口如图 11-47 所示。

图 11-47　关闭 TCP 连接的节点图标和端口

6. 解释机器别名

返回使用网络和 VI 服务器函数的计算机的物理地址。解释机器别名 VI 的节点图标和端口如图 11-48 所示。

图 11-48　解释机器别名 VI 的节点图标和端口

> 机器别名：计算机的别名。

> 网络识别：计算机的物理地址，例如 IP 地址。

7. 创建 TCP 侦听器

创建 TCP 侦听器用于创建一个 TCP 网络连接侦听器。如果将 0 接入输入端口，将动态选择一个操作系统使用的可用的 TCP 端口。创建 TCP 侦听器的节点图标和端口如图 11-49 所示。

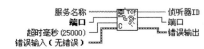

图 11-49　创建 TCP 侦听器的节点图标和端口

> 端口（输入）：所侦听连接的端口号。

> 侦听器 ID：能够唯一表示侦听器的网络连接标识。

> 端口（输出）：返回函数所使用的端口号。如果输入端口号不是 0，则输出端口号与输入端口号相同；如果输入端口号为 0，将动态选择一个可用的端口号。根据 IANA（Internet Assigned Numbers Authority）的规定，可用的端口号范围是 49152～65535。最常用的端口号是 0～1023，已注册的端口号是 1024～49151。并非所有的操作系统都遵从 IANA 标准。例如，Windows 返回 1024～5000 之间的动态端口号。

8. 等待 TCP 侦听器

在指定的端口上等待 TCP 连接请求。TCP 侦听 VI 节点就是创建 TCP 侦听器节点与该节点的综合使用。等待 TCP 侦听器的节点图标和端口如图 11-50 所示。

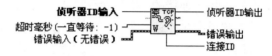

图 11-50　等待 TCP 侦听器的节点图标和端口

➤ 侦听器 ID 输入：一个能够唯一表明侦听器身份的网络连接标识。

➤ 毫秒超时：等待连接的毫秒数。如果在规定的时间内连接没有建立，函数将返回一个错误。默认值为-1，说明将无限等待。

➤ 侦听器 ID 输出：侦听器 ID 输入的一个副本。

➤ 连接 ID：TCP 连接的唯一的网络连接标识号。

9. IP 地址至字符串转换

IP 地址至字符串转换用于将 IP 地址转换为计算机名称。IP 地址至字符串转换的节点图标和端口如图 11-51 所示。

➤ 网络地址：想要转换的 IP 网络地址。

➤ Dot notation?(F)：说明输出的名称是否是点符号格式的。默认为 FALSE，说明返回的 IP 地址是 machinename.domain.com 格式的。如果选择 Dot notation 格式则返回的 IP 地址是 128.0.0.25 格式。

➤ 名称：与网络地址相等价的网络地址。

10. 字符串至 IP 地址转换

字符串至 IP 地址转换用于将计算机名称转换为 IP 地址。如果不指定计算机名称，则节点输出当前计算机的 IP 地址。字符串至 IP 地址转换的节点图标和端口如图 11-52 所示。

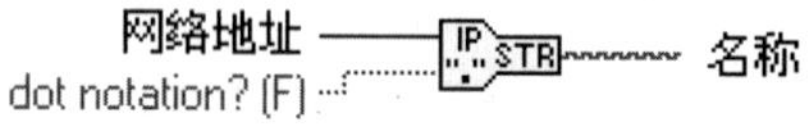

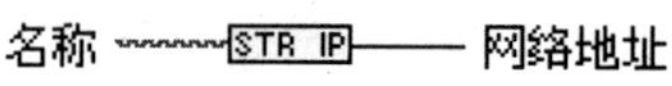

图 11-51　IP 地址至字符串转换的节点图标和端口　图 11-52　字符串至 IP 地址转换的节点图标和端口

11.3.3　TCP/IP 通信实例

例 11-5　利用 TCP 进行双机通信

采用服务器/客户机模式进行双机通信，是在 LabVIEW 中进行网络通信的最基本的结构模式。本实例由服务器产生一组随机波形，通过局域网送至客户机进行显示。双机通信的流程图如图 11-53 所示。

TCP 通信服务器的前面板及程序框图如图 11-54 和图 11-55 所示。

在服务器的程序框图中，首先指定网络端口，并用侦听 TCP 节点建立 TCP 侦听器，等待客户机的连接请求，这是初始化的过程。

程序框图采用了两个写入 TCP 数据节点来发送数据：第一个写入 TCP 数据节点发送的是波形数组的长度；第二个写入 TCP 数据节点发送的是波形数组的数据。

这种发送方式有利于客户机接收数据。TCP 通信客户机的前面板及程序框图如图 11-56 和 11-57 所示。

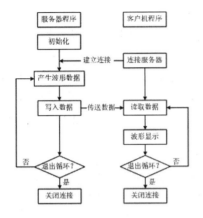

图 11-53　双机通信流程图

图 11-54　TCP 通信服务器的前面板

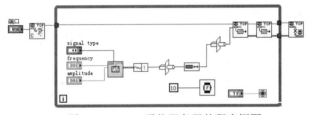

图 11-55　TCP 通信服务器的程序框图

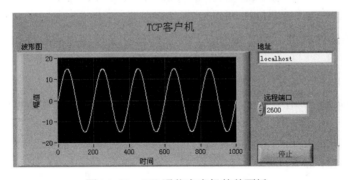

图 11-56　TCP 通信客户机的前面板

与服务器程序框图相对应，客户机程序框图也采用了两个读取 TCP 数据节点读取服务器送来的波形数组数据。第一个节点读取波形数组数据的长度，然后第二个节点根据这个长度将波形数组的数据全部读出。这种方法是 TCP/IP 通信中

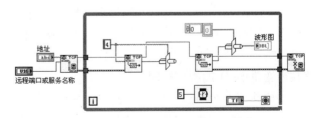

图 11-57　TCP 通信客户机的程序框图

常用的方法，可以有效地发送、接收数据，并保证数据不丢失。建议用户在使用 TCP 节点进行双机通信时采用这种方法。

注意：

> 再用 TCP 节点进行通信时，需要在服务器程序框图中指定网络通信端口号，客户机也要指定相同的端口，才能与服务器之间进行正确的通信，如例 11-5 中的端口值为 2600。端口值由用户任意指定，只要服务器与客户机的端口保持一致即可。在一次通信连接建立后，就不能更改端口的值了。如果的确需要改变端口的值，则必须首先断开连接，才能重新设置端口值。

还有一点值得注意的是，在客户机程序框图中首先要指定服务器的名称才能与服务器之间建立连接。服务器的名称是指计算机名。若服务器和客户机程序在同一台计算机上同时运行，客户机程序框图中输入的服务器的名称可以是 localhost，也可以是这台计算机的计算机名，甚至可以是一个空字符串。

11.4 其他通信方法介绍

LabVIEW 的通信功能为满足应用程序的各种特定需求而设计。除了以上介绍的几种通信方法外，还有以下方法供选择：

1）共享变量。可用于与本地或远程计算机上的 VI 及部署于终端的 VI 共享实时数据。无需编程，写入方和读取方是多对多的关系。

2）LabVIEW 的 Web 服务器。用于在网络上发布前面板图像。无须编程，写入方和读取方是一对多的关系。

3）SMTP Email VI。可用于发送一个带有附件的 Email。需要编程，写入方和读取方是一对多的关系。

4）UDP VI 和函数。可用于与使用 UDP 协议的软件包通信。需要编程，写入方和读取方是一对多的关系。

5）IrDA 函数。用于与远程计算机建立无线连接。写入方和读取方是一对一的关系。

6）蓝牙 VI 和函数。用于与蓝牙设备建立无线连接。写入方和读取方是一对一的关系。

11.4.1 共享变量

共享变量是一种已配置的软件项，能在 VI 之间传递数据。当不同的 VI 或同一个应用程序的不同位置之间无法用连线连接时，可以利用共享变量来共享数据。共享变量既可以代表一个值，也可以代表一个 I/O 点。改变一个共享变量的属性时，不必修改使用该共享变量的 VI 的程序框图。

创建共享变量之前，首先创建一个项目。在 VI 中选择项目菜单中的"创建项目"，将建立一个新的项目，并出现"项目浏览器"对话框，在对话框中的菜单栏中选择"文件"→"新建…"，弹出的"新建"对话框。在该对话框中选择"新建"栏，如图 11-58 所示。选中"其他文件"中的"共享变量"，单击"确定"按钮，弹出"共享变量属性"对话框。在该对话框中可以对新建立的共性变量的属性进行配置，对共享变量配置完成后，单击"确定"按钮完成共享变量的创建。

使用共享变量进行数据共享时，仅需在程序框图中编写少量程序，甚至不需要编写程序。缓冲和单一写入限制等共享变量的配置选项可在"共享变量属性"对话框中调整。在"变量类型"下拉列表中可选择当前共享变量是在本地计算机上还是通过网络共享数据。选择"变量类型"列表中的"网络发布"选项可创建从远程计算机或同一网络上的终端读写数据的共享变量。选择"变量类型"列表中的"单进程"选项可创建从单个计算机上读写数据的共享变量。配置选项因所选的变量类型而异。

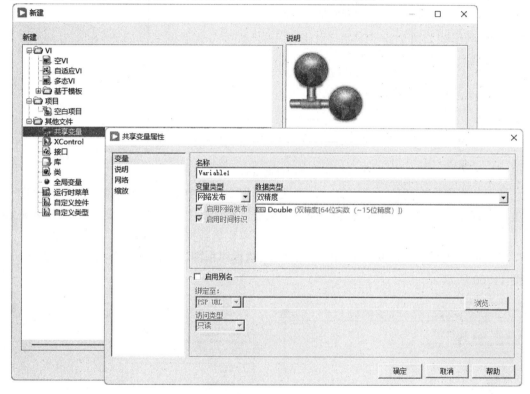

图 11-58　创建共享变量

共享变量创建完成后的"项目浏览器"对话框如图 11-59 所示。可以看到，在名称为"未命名库 1"的项目库中包含了一个名称为"Variable1"的共享变量。

共享变量总是存在于某个项目库中。LabVIEW 将共享变量的配置数据存放在它所在项目库的.lvlib 文件中。如果从项目库以外的终端或文件夹创建共享变量，LabVIEW 会创建相应的新项目库并在项目库中包括该共享变量。

在项目中打开含有共享变量节点的 VI，如果该共享变量节点没有在项目浏览器中找到相关的共享变量，则该共享变量节点就会断开，所有与该共享变量相关的前面板控件的连线也会断开。

终端上的每个共享变量都有一个位置，NI-PSP 根据位置信息唯一确定共享变量。右击共享变量所在的项目库，从弹出的快捷菜单中选择"部署"，可部署项目库。所在项目库连接的共享变量必须来源于前面板对象、程序框图的共享变量节点，或其他共享变量。右击项目库，从弹出的快捷菜单中选择"部署全部"，将共享变量的所有项目库部署到该终端。

图 11-59　"项目浏览器"对话框

使用共享变量有两种方法。第一种方法是在程序框图中使用共享变量。共享变量节点是一个程序框图对象，用于指定"项目浏览器"对话框中相应的共享变量。共享变量节点可用于读写共享变量的值，并读取用于该共享变量数据的时间标记。将"项目浏览器"对话框中的共享变量拖放至相同项目中 VI 的程序框图，可创建一个共享变量节点，如图 11-60 所示。

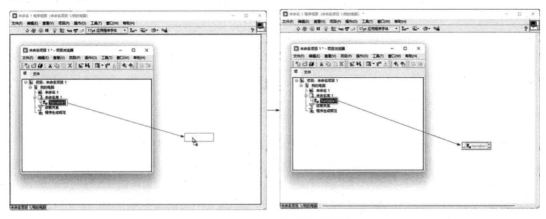

图 11-60　VI 中引入共享变量

在程序框图的数据通信选板上也可找到共享变量节点。该节点位于"函数"选板的"数据通信"子选板中。要将程序框图中的共享变量节点和处于活动状态的项目中的共享变量进行绑定，可双击该共享变量节点启动"选择变量"对话框。也可右击该共享变量节点并从弹出的快捷菜单中选择"选择变量"，弹出"选择变量"对话框，在"共享变量"列表中选中一个共享变量，然后单击"确定"按钮。

默认情况下，共享变量节点被设置为读取。要将程序框图中的共享变量节点的设置转换为写入，只要右击这个共享变量节点，从弹出的快捷菜单中选择"访问模式"→"写入"即可。图 11-61 所示为共享变量被设置为写入。

利用时间标识显示控件可确定一个共享变量是否已失效,或最近一次读取之后是否被更新。要记录一个单个写入共享变量的时间标识,必须先在"共享变量属性"对话框的变量页勾选"启用时间标识"复选框。如果需要给一个共享变量节点添加一个时间标识显示控件,只要右击程序框图上的共享变量节点,从弹出的快捷菜单上选中"显示时间标识"选项即可。如果应用程序需要读写不止一个最近更改的值,可对缓冲进行配置。

如果需要改变一个共享变量的配置,只需在"项目浏览器"中右击这个共享变量,从弹出的快捷菜单上选择"属性"选项,即可显示"变量属性"对话框中的变量页。

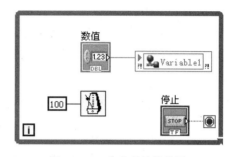

图 11-61 共享变量的使用

第二种使用共享变量的方法是在前面板上使用共享变量的值,即通过前面板数据绑定来读取或写入前面板对象中的实时数据。

将"项目浏览器"对话框中的共享变量拖放至 VI 的前面板,可创建该共享变量的控件绑定。如果需将控件绑定到共享变量,或绑定到 NI 发布-订阅协议(NI-PSP)的数据项,可通过该控件属性菜单中数据绑定页面上的选项进行设置。将控件绑定到共享变量的属性设置方法如图 11-62 所示。

启用控件的数据绑定时,通过修改控件的值可改变与该控件绑定的共享变量的值。将数值输入控件绑定到共享变量后变为如图 11-63 所示的图标。

图 11-62 将控件绑定到共享变量的属性设置   图 11-63 数值输入控件绑定共享变量

默认情况下,多个应用程序可对同一个共享变量进行写操作。但也可以将一个网络发布的共享变量设定为每次仅接受来自一个应用程序的更改,只需在"共享变量属性"

对话框的变量页上勾选"单个写入"复选框即可。这样就确保了共享变量每次仅允许一个写操作。在同一台计算机上，共享变量引擎仅允许对单个源进行写操作。连接到共享变量的第一个写入方可进行写操作，之后连接的写入方则无法进行写操作。当第一个写入方断开连接时，队列中的下一个写入方将获得共享变量的写权限。LabVIEW 会向那些无法对共享变量进行写操作的写入方发出相应提示。

当一个共享变量的配置被改变后，可右击它所在的项目库，从弹出的快捷菜单选择"部署"选项来更新当前终端上这个共享变量的属性。也可使用变量引用和变量属性，通过编程配置共享变量。

11.4.2 远程查看和控制前面板

连接到 LabVIEW 内置的 Web 服务器之后，就可以在 LabVIEW 或 Web 浏览器中远程查看和控制 VI 前面板。当客户端远程打开一个前面板时，Web 服务器将前面板发送到客户端，但是程序框图和所有的子 VI 仍保留在服务器计算机上。VI 的前面板可进行人机交互，就像 VI 运行在客户端一样，但 VI 的程序框图运行在服务器上。使用该特性可以安全、轻松、快速地发布整个前面板或控制远程应用程序。

在客户端使用 LabVIEW 或 Web 服务器远程查看和控制前面板之前，服务器的用户必须首先配置该服务器。如果需要配置 Web 服务器，可以选中"工具"→"选项"，并从"类别"下拉菜单中选择"Web 服务器"，如图 11-64 所示。

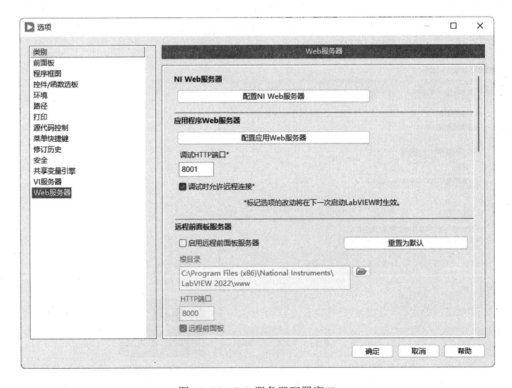

图 11-64　Web 服务器配置窗口

通过这些页面可控制浏览器对服务器的访问，指定哪些前面板为远程可见。通过这些页面也可设定时间限制，当有多个客户等待控制 VI 时，限制任意一个远程客户控制 VI 的时间。

Web 服务器允许多个客户端同时连接到同一个前面板，但每次只能有一个客户端控制该前面板。服务器的用户则可在任何时候收回任何 VI 的控制权。如果控制者（取得控制权的一方）更改了前面板上的某一个值，所有的客户端前面板都会反映出该变化。但是没有取得控制权的客户端的前面板不会反映出所有的更改。通常，没有取得控制权的客户端的前面板不反映前面板对象显示的变化，而是反映前面板对象实际值的变化。例如，当控制者改变了一个图表标尺的刻度间距或映射模式，或者当控制者显示和隐藏了一个图表的滚动条时，只有控制者的前面板会反映这些变化。

客户端可以从 LabVIEW 或 Web 浏览器远程查看和控制前面板。此时客户端和服务器计算机上运行的 LabVIEW 的版本必须相同。当通过浏览器查看和控制远程前面板时，必须保证客户端和服务器计算机上 LabVIEW 运行引擎的版本之间兼容。同时还需要和服务器管理员联系，确保HTML文档中指定了LabVIEW运行引擎的正确版本。

要将 LabVIEW 作为客户端查看远程前面板，可以新建一个 VI 并选择"操作"→"连接远程前面板"以打开"连接远程前面板"对话框。使用该对话框可以指定服务器的 Internet 地址和需要查看的 VI，如图 11-65 所示。

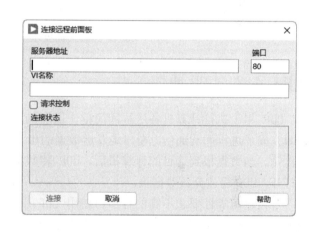

图 11-65　"连接远程前面板"对话框

当计算机上显示出需要的 VI 时，也可以右击前面板上的任何地方并从弹出的快捷菜单中选择"请求控制"。这个菜单也可以通过单击前面板窗口底部的状态条来访问。如果当前没有其他客户端控制 VI，当前用户即取得前面板的控制权。如果另一个客户端正在控制该 VI，服务器将把当前客户端的请求放入队列，直到其他客户端放弃控制或控制超时。只有服务器的用户可通过选择"工具"→"远程前面板连接管理器"来监视客户端队列列表。"远程前面板连接管理器"对话框如图 11-66 所示。

所有能在客户端查看和控制的 VI 必须存在服务器计算机的内存中。如果所请求的 VI 在内存中，那么服务器将把该 VI 的前面板数据发送到请求它的客户端。如果该 VI 不在内存中，那么连接至远程前面板对话框的连接状态部分将显示一个错误信息。

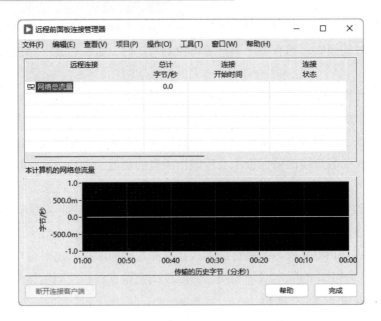

图 11-66　"远程前面板连接管理器"对话框

11.4.3　UDP 通信

UDP 用于执行计算机各进程间简单、低层的通信。将数据报发送到目的计算机或端口即完成了进程间的通信。端口是发送数据的出入口。IP 用于处理计算机到计算机的数据传输。当数据报到达目的计算机后，UDP 将数据报移动到其目的端口。如果目的端口未打开，UDP 将放弃该数据报。

对传输可靠性要求不高的程序可使用 UDP。例如，程序可能十分频繁地传输有信息价值数据，以至于遗失少量数据段也不成问题。

UDP 不是基于连接的协议，如 TCP，因此无须在发送或接收数据前先建立与目的地址的连接。但是，需要在发送每个数据报前指定数据的目的地址。操作系统不报告传输错误。

UDP 函数在"函数"选板的"数据通信"→"协议"→"UDP"子选板中，如图 11-67 所示。

图 11-67　"UDP"子选板

使用"打开 UDP 数据"函数，在端口上打开一个 UDP 套接字。可同时打开的 UDP 端口数量取决于操作系统。"打开 UDP"函数用于返回唯一指定 UDP 套接字的网络连接句柄。该连接句柄可在以后的 VI 调用中引用这个套接字。

写入 UDP 函数用于将数据发送到一个目的地址,"读取 UDP 数据"函数用于读取该数据。每个写操作需要一个目的地址和端口。每个读操作包含一个源地址和端口。UDP 会保留为发送命令而指定的数据报的字节数。

理论上,数据报可以任意大小。然而,鉴于 UDP 可靠性不如 TCP,通常不会通过 UDP 发送大型数据报。

当端口上所有的通信完毕时,可使用"关闭 UDP"函数以释放系统资源。

例 11-6 UDP 通信实例

该实例使用 UDP 实现双机通信。图 11-68 和图 11-69 所示为实现 UDP 通信发送端的前面板和程序框图。图 11-70 和图 11-71 所示为实现 UDP 通信接收端的前面板和程序框图。

UDP 函数通过广播与单个客户端(单点传送)或子网上的所有计算机进行通信。如果需与多个特定的计算机通信,则必须配置 UDP 函数,使其在一组客户端之间循环。LabVIEW 向每个客户端发送一份数据,同时需维护一组对接收数据感兴趣的客户端,这样便造成了双倍的网络报文量。

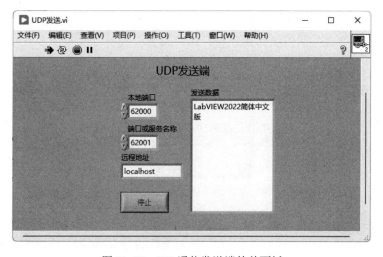

图 11-68 UDP 通信发送端的前面板

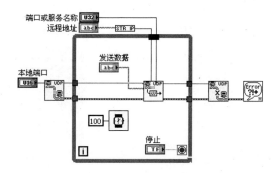

图 11-69 UDP 通信发送端的程序框图

图 11-70　UDP 通信接收端的前面板

　　多点传送用于网上单个发送方与多个客户端之间的通信，无须发送方维护一组客户端或向每个客户端发送多份数据。如果要从一个多点传送的发送方接收数据广播，则所有的客户端需要加入一个多点传送组，但发送方无须为发送数据而加入这个组。发送方指定一个已定义多点传送组的多点传送 IP 地址。多点传送 IP 地址的范围是 224.0.0.0 到 239.255.255.255。若客户机想要加入一个多点传送组，它便接受了该组的多点传送 IP 地址。一旦接受多点传送组的传送地址，客户端便会收到发送至该多点传送 IP 地址的数据。

图 11-71　UDP 通信接收端的程序框图

11.5　综合演练——多路解调器

　　本实例演了示使用通知器函数实现多路解调器的作用。循环数据使用发送通知函数发送数据，并利用等待通知函数接受数据，最终显示在数据接收端图表中。

　　绘制完成的前面板如图 11-72 所示，程序框图如图 11-73 所示。

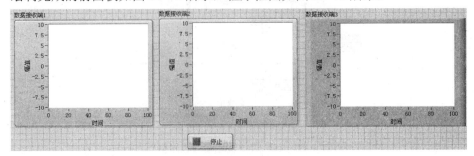

图 11-72　前面板

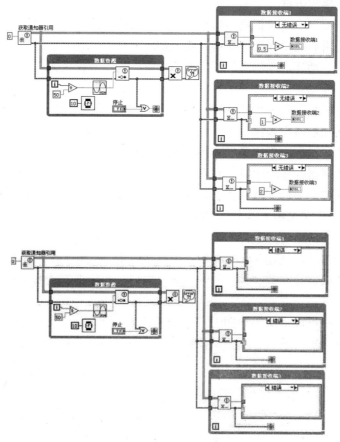

图 11-73　程序框图

1）新建一个 VI，在前面板中打开"控件"选板，在"银色"→"图形"子选板中选取"波形图表"，连续放置 3 个控件，同时修改控件名称"数据接收端 1""数据接收端 2"和"数据接收端 3"。

2）打开程序框图，新建一个 While 循环。

3）在"函数"选板的"数学"→"初等与特殊函数"→"三角函数"子选板中选取"正弦"函数，在 While 循环中用正弦函数产生正弦数据。

4）在"数据通信"→"同步"→"通知器操作"子选板中选取"获取通知器引用"函数，创建为 0 的 DBL 常量并将其连接到"元素数据类型"输入端。

5）在"编程"→"数值"子选板中选取"除"函数，计算每个循环计数与 DBL 常量50 相除。

6）在"数据通信"→"同步"→"通知器操作"子选板中选取"发送通知"函数，接收正弦函数输出的数据，发送等待的通知。

7）在"编程"→"布尔"子选板中选取"或"函数，放置在 While 循环的"循环条件"⊚输入端，同时将"停止按钮"连接到函数输入端。

8）在"编程"→"定时"子选板中选取"等待"函数，放置在 While 循环内并创建输入常量 10。

9）在"数据通信"→"同步"→"通知器操作"子选板中选取"释放通知器引用"

函数，在循环外接收数据。

10）在"编程"→"对话框与用户界面"子选板中选取"简单错误处理器"VI，并将释放通知器引用后的错误数据连接到输入端。

11）在 While 循环上添加"子程序框图标签"为"数据资源"。

12）在程序框图新建一个"子程序框图标签"为"数据接收端 1"的 While 循环。

13）在"数据通信"→"同步"→"通知器操作"子选板中选取"等待通知"函数，在循环内接收通知器输出数据。

14）在 While 循环内创建条件结构循环。

15）在"选择器标签"中将"真""假"修改标签为"错误""无错误"。

16）在条件结构循环中选择"无错误"条件，在循环结构中放置"乘"函数（位于"编程"→"数值"子选板），同时创建常量 0.5。

17）在条件结构循环中选择"错误"条件，默认为空。

18）同样的方法，创建 While 循环"数据接收端 2"和"数据接收端 3"。

19）将光标放置在函数及控件的输入输出端口，光标变为连线状态，按照图 11-73 所示连接程序框图。

20）整理程序框图，结果如图 11-73 所示。

21）打开前面板，单击"运行"按钮⇨，运行程序，在输出波形控件中显示的运行结果如图 11-74 所示。

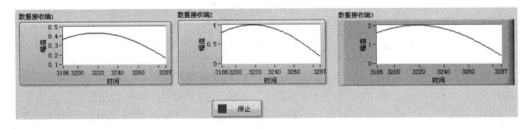

图 11-74　运行结果

第 **12** 章

VI 性能的提高

本章将阐述影响 VI 性能的因素和取得 VI 最佳性能的方法。首先讨论了"性能和内存信息"对话框，该对话框显示了 VI 的运行时间及内存使用的数据。然后讨论了 LabVIEW 在其数据流模式中的内存管理，以及创建高效使用内存的 VI 的技巧。

- ◎ 性能和内存信息
- ◎ 提高 VI 的执行速度
- ◎ 减少 VI 内存的使用

12.1　性能和内存信息

"性能和内存信息"对话框是获取应用程序用时及内存使用情况的有力工具。该对话框采用交互式表格的形式，可显示每个 VI 在系统中的运行时间及其内存使用的情况。表格中的每一行代表某个特定 VI 的信息，每个 VI 的运行时间被分类总结。"性能和内存信息"对话框可计算 VI 的最长、最短和平均运行时间。

通过该表格，可以交互的方式全部或部分显示和查看信息，将信息按类排序，或在调用某个特定 VI 的子 VI 时查看子 VI 运行性能的数据。

选择"工具"→"性能分析"→"性能和内存"命令，可显示"性能和内存信息"对话框。如图 12-1 所示为一个使用中的"性能和内存信息"对话框。

图 12-1　"性能和内存信息"对话框

收集内存使用信息将明显增加 VI 运行时间的系统开销，因此收集内存使用信息为可选操作。须在启动"性能和内存信息"对话框前正确勾选"记录内存使用"复选框，以确认是否收集这部分数据。一旦记录会话开始，该复选框便无法更改。

可选择仅部分显示表格的信息。有些基本数据始终可见，但也可通过勾选或取消勾选"性能和内存信息"对话框中的相关复选框来显示各种统计数据、详情和内存使用信息（被启用时）。

全局 VI 的性能信息也可显示，但这部分信息有时需要略有不同地解释，如下所述。

双击表格中的子 VI 名，可查看子 VI 的性能数据。此时，在各 VI 的名称下将立即出现新的行，显示出每个子 VI 的性能数据。双击全局 VI 的名称后，表格中将出现新的行，显示子面板上每个控件的性能数据。

单击某列列首，可按想要的顺序排列表格中的各行数据。按当前列排序的列首标题将以粗体显示。

VI 的计时并不一定与 VI 完成运行所需时间相对应。原因在于多线程执行系统可将两个或更多个 VI 的执行交错。另外，由于有一定数量的系统开销无法归于任何一个 VI，如用户响应对话框的时间，或程序框图中等待函数所占用的时间，以及检查鼠标单击的时间等。

勾选"时间统计"复选框可查看关于 VI 计时的其他详细信息。

勾选"时间详细信息"复选框可查看将 VI 运行总时进行细分后的计时类别。对于具有大量用户界面的 VI，这些类别可帮助用户确定其中用时最多的操作。

勾选"内存使用"复选框可查看 VI 对内存的使用情况。但该复选框仅在记录形成前勾选记录内存使用复选框后方可使用。所显示的数值表示了 VI 的数据空间对内存占用的程度，这部分数据空间不包括供支持所有 VI 使用的数据结构。VI 的数据空间不仅包含前面板控件所占用的显性数据空间，还包括编译器隐性创建的临时缓冲区所占用的数据空间。

VI 运行完毕后即可测得它所使用内存的大小，但可能无法反映出其确切的使用总量。例如，如果 VI 在运行过程中创建了庞大的数组，但在运行结束前数组有所减小，则最后显示出的内存使用量便无法反映出 VI 运行期间较大的内存使用量。

记录数据部分显示两组数据：已使用的字节数及已使用的块数。块是一段用于保存单个数据的连续内存。例如，一个整数数组可以为多字节，但仅占用一个块。执行系统为数组、字符串、路径和图片使用独立的内存块。如果应用程序内存中含有大量的块，将导致性能（不仅是执行性能）的整体下降。

12.2　提高 VI 的执行速度

尽管 LabVIEW 可编译 VI 并生成快速执行的代码，但对于一部分时间要求苛刻的 VI 来说，其性能仍有待提高。下面将讨论影响 VI 执行速度的因素并提供一些获得 VI 最佳性能的编程技巧。

通过检查以下项目可以找出性能下降的原因：

➢　输入/输出（文件、GPIB、数据采集、网络）。

➢　屏幕显示（庞大的控件、重叠的控件、打开对话框过多）。

➢　内存管理（数组和字符串的低效使用，数据结构低效）。

➢　其他因素，如执行系统开销和子 VI 调用系统开销，但通常对执行速度影响极小。

1. 输入/输出

输入/输出（I/O）的调用通常会导致大量的系统开销。输入/输出调用所占用的时间比运算更多。例如，一个简单的串口读取操作可能需要数微秒的系统开销。由于 I/O 调用需在操作系统的数个层次间传输信息，因此任何用到串口的应用程序都将发生该系统开销。

解决过多系统开销的最佳途径是尽可能减少 I/O 调用。将 VI 结构化可提高 VI 的运行性能，从而在一次调用中传输大量数据而不是通过多次调用传输少量数据。

例如，在创建一个数据采集(NI-DAQ)VI 时，有两种数据读取方式可供选择。一种方式为使用单点数据传递函数，如 AI Sample Channel VI；另一种方式为使用多点数据传递函数，如 AI Acquire Waveform VI。如果必须采集到 100 个点，可用 AI Sample Channel VI 和"等待"函数构建一个计时循环，也可用 AI Acquire Waveform VI，使之与一个输入连接，表示需要采集 100 个点。

AI Acquire Waveform VI 通过硬件计时器来管理数据采集，从而使数据采样更为高速精确。此外，AI Acquire Waveform VI 的系统开销与调用一次 AI Sample Channel VI 的系统开销大体相等，但前者所传递的数据却多得多。

2．屏幕显示

在前面板上频繁更新控件是最为占用系统时间的操作之一，这一点在使用图形和图表等更为复杂的显示时尤为突出。尽管多数显示控件在收到与原有数据相同的新数据时并不重绘，但图表显示控件在收到数据后不论其新旧总会重绘。如果重绘率过低，最好的解决方法是减少前面板对象的数量并尽可能简化前面板的显示。对于图形和图表，可关闭其自动调整标尺、调整刻度、平滑线绘图及网格等功能以加速屏幕显示。

对于其他类型的 I/O，显示控件均占用一部分固定的系统开销。图表等输入控件可将多个点一次传递到输入控件。每次传递到图表的数据越多，图表更新的次数便越少。如果将图表数据以数组的形式显示，可一次显示多点而不再一次只显示一个点，从而大幅提高数据显示速率。

如果设计执行时其前面板为关闭状态的子 VI，则无须考虑其显示的系统开销。如果前面板关闭则控件不占用绘制系统开销，因此图表与数组的系统开销几乎相同。

在多线程系统中，可通过"高级"→"同步显示"的快捷菜单项来设置是否延迟输入控件和显示控件的更新。在单线程系统中，本菜单项无效，然而在单线程系统中打开或关闭 VI 的这个菜单项后，如果把 VI 载入多线程系统，设置将同样生效。

在默认状态下，输入控件和显示控件均为异步显示，即执行系统将数据传递到前面板输入控件和显示控件后，数据可立即执行。显示若干点后，用户界面系统会注意到输入控件和显示控件均需要更新，于是重新绘制以显示新数据。如果执行系统试图快速地多次更新控件，则用户可能无法看到介于中间的更新状态。

在多数应用程序中，异步显示可在不影响显示结果的前提下显著提高执行速度。例如，一个布尔值可在 1s 内更新数百显次，每次更新并非人眼所能察觉。异步显示令执行系统有更多时间执行 VI，同时更新速率也通过用户界面线程而自动降低。

要实现同步显示，可右击该输入控件或显示控件，从弹出的快捷菜单中选择"高级"→"同步显示"，勾选该菜单项的复选框。

注意：

同步显示仅在有必要显示每个数据值时启用。在多线程系统中使用同步显示将严重影响其性能。

延迟前面板更新属性可延迟所有前面板更新的新请求。

调整显示器设置和前面板控件也可提高 VI 的性能，如可将显示器的色深度和分辨率调低，并启用硬件加速。关于硬件加速的详细信息，参见所使用操作系统的相关资料。使用来自经典选板而不是新式的控件也可提高 VI 性能。

3．在应用程序内部传递数据

在 LabVIEW 的应用程序中传递数据的方法有许多种。常见的数据传递方法按其效率排序。

（1）连线。可传递数据并使LabVIEW最大限度地控制性能，令性能最优化。数据流语言只有一个写入器及一个或多个读取器，因而传输速度最快。

（2）移位寄存器。适于需在循环中保存或反馈时使用。移位寄存器通过一个外部写入器及读取器和一个内部写入器及读取器进行数据传递。有限的数据访问令LabVIEW的效率最大化。

（3）全局变量和函数全局变量。全局变量适于简单的数据和访问。大型及复杂的数据可用全局变量读取和传递。函数全局变量可控制LabVIEW返回数据的多寡。

控件、控件引用和属性节点可作为变量使用。尽管控件、控件引用和属性节点皆可用于VI间的数据传递，但由于其必须经由用户界面，因此并不适于作为变量使用。一般仅在进行用户界面操作或停止并行循环时才使用本地变量和"值"属性。

用户界面操作通常速度较慢。LabVIEW将两个值通过连线在数纳秒内完成传递，同时用数百微秒到数百毫秒不等的时间绘制一个文本。例如，LabVIEW可把一个100k的数组通过连线在0ns到数微秒内将其传递。绘制该100k数组的图形需要数十毫秒。由于控件有其用户界面，故使用控件传递数据将产生重绘控件的副作用，令内存占用增加，VI性能降低。如果控件被隐藏，LabVIEW的数据传递速度将提高，但由于控件可随时被显示，LabVIEW仍需更新控件。

多线程对用户界面操作的影响。完成用户界面操作一般占用内存更多，其原因在于LabVIEW需将执行线程切换到用户界面线程。例如，设置"值"属性时，LabVIEW将模拟一个改变控件值的用户，即停止执行线程并切换到用户界面线程后对值进行更改；接着，LabVIEW将更新用户界面的数据（如果前面板打开，还将重绘控件）。LabVIEW随后把数据发送到执行线程（执行线程位于称作传输缓冲区的受保护内存区域内）；最后LabVIEW将切换回执行线程，当执行线程再次从控件读取数据时，LabVIEW将从传输缓冲区寻找数据并接收新的值。

将数据写入本地或全局变量时，LabVIEW并不立即切换到用户界面线程，而是把数值写入传输缓冲区，用户界面将在下一个指定的更新时间进行更新。变量更新可能在线程切换或用户界面更新前多次进行，原因在于变量仅可在执行线程中运算。

函数全局变量不使用传输缓冲区，因此可能比一般的全局变量更高效。函数全局变量仅存在于执行线程中，除非需在打开的前面板上显示其数值，一般无需使用传输缓冲区。

4. 并行程序框图

有多个程序框图并行运行时，执行系统将在各程序框图间定期切换。对于某些较为次要的循环，等待(ms)函数可使这些次要循环尽可能少地占用时间。

例如，图12-2所示的程序框图有两个并行的循环。第一个循环用于采集数据且需要尽可能频繁地执行，第二个循环用于监测用户的输入。由于程序编写的原因，这两个循环使用同等长度的时间。可令检测用户操作的循环在1s内运行数次。

事实上，令该循环以低于每半秒执行一次的频率执行同样可行。在用户界面循环中调用等待(ms)函数可将更多执行时间分配给另一个循环，如图12-3所示。

5. 子VI系统开销

调用子VI需占用一定数量的系统开销。与历时数毫秒至数十毫秒的I/O系统开销和显示系统开销相比，该系统开销极为短暂（数十微秒）。但是，该系统开销在某些情况下会有所增加。例如，在一个循环中调用子 VI 达 10000 次后，其系统开销将对执行速度带来显著影响。此时，可考虑将循环嵌入子 VI。

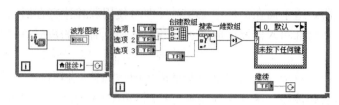

图 12-2　并行执行的程序框图实例

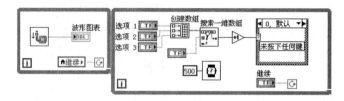

图 12-3　改进后的并行执行程序

减少子 VI 系统开销的另一个方法是，将子 VI 转换为子程序，即在"文件"→"VI 属性"对话框的顶部下拉菜单中选择执行，再从优先级下拉菜单中选择子程序。但这样做也有其代价，子程序无法显示前面板的数据、调用计时或对话框函数，也无法与其他 VI 多任务执行。子程序通常最适于不要求用户交互且任务简短、执行频率高的 VI。

6. 循环中不必要的计算

如果计算在每次循环后的结果相同，应避免将其置于循环内。正确的做法是将计算移出循环，将计算结果输入循环。

例如，图 12-4 所示的程序框图，循环中每次除法计算的结果相同，故可将其从循环中移出以提高执行性能，如图 12-5 所示。

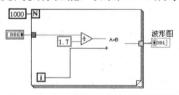

图 12-4　包含不必要计算的程序框图

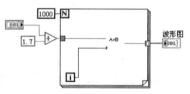

图 12-5　改进后的程序框图

在图 12-6 所示的程序框图中，如果全局变量的值不会被这个循环中另一个同时发生的程序框图或 VI 更改，那么每次在循环中运行时，该程序框图将会由于全局变量的读写而浪费时间。如果不要求全局变量在这个循环中被另一个程序框图读写，可使用图 12-7 所示的程序框图。

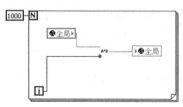

图 12-6　不必要的全局变量的读取

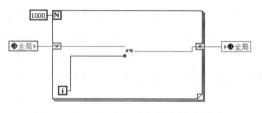

图 12-7　改进后的对全局变量的读取

注意：

　　移位寄存器必须将新的值从子 VI 传递到下一轮循环。图 12-8 所示的程序框图显示了一个常见于初学者的错误。由于未使用移位寄存器，该子 VI 的结果将永远无法作为新的输入值返还给子 VI。

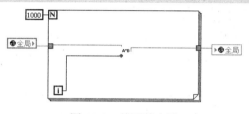

图 12-8　错误的方法

12.3　减少 VI 内存的使用

　　LabVIEW 可处理大量在文本编程语言中必须由用户处理的细节。文本编程语言的一大挑战是内存的使用。在文本编程语言中，编程者必须在内存使用的前后分配及释放内存。同时，编程者必须注意所写入数据不得超过已分配的内存容量。因此，对于使用文本编程语言的编程者来说，最大问题之一是无法分配内存或分配足够的内存。内存分配不当也是很难调试的问题。

　　LabVEIW 的数据流模式解决了内存管理中的诸多难题。在 LabVIEW 中无需分配变量或为变量赋值，用户只需创建带有连线的程序框图来表示数据的传输。

　　生成数据的函数将分配用于保存数据的空间。当数据不再使用时，其占用的内存将被释放。向数组或字符串添加新数据时，LabVIEW 将自动分配足够的内存来管理这些新数据。

　　这种自动的内存处理功能是 LabVIEW 的一大特色，然而自动处理的特性也使用户丧失了部分控制能力。在程序处理大宗数据时，用户也应了解内存分配的发生时机。了解相关的原则有利于用户编写出占用内存更少的程序，同时，由于内存分配和数据复制会占用大量执行时间，了解如何尽可能降低内存占用也有利于提高 VI 的执行速度。

　　1. 虚拟内存

　　如果计算机的内存有限，可考虑使用虚拟内存以增加可用的内存。虚拟内存是操作系统将可用的硬盘控件用于 RAM 存储的功能。如果分配了大量的虚拟内存，应用程序会将其视为通常意义上可用于数据存储的内存。

　　对于应用程序来说，是否为真正的 RAM 内存或虚拟内存并不重要，操作系统会隐藏该内存为虚拟内存的事实。二者最大的区别在于速度。使用虚拟内存，当操作系统将虚拟内存与硬盘进行交换时，偶尔会出现速度迟缓的现象。虚拟内存可用于运行较为大型的应用程序，但不适于时间条件苛刻的应用程序。

　　2. VI 组件内存管理

　　每个 VI 均包含以下四大组件：

➢　前面板。

➤ 程序框图。

➤ 代码（编译为机器码的框图）。

➤ 数据（输入控件和显示控件值、默认数据、框图常量数据等）。

当一个 VI 加载时，前面板、代码（如果代码与操作平台相匹配）及 VI 的数据都将被加载到内存。如果 VI 由于操作平台或子 VI 的界面发生改变而需要被编译，则程序框图也将被加载到内存。

如果其子 VI 被加载到内存，则 VI 也将加载其代码和数据空间。在某些条件下，有些子 VI 的前面板可能也会被加载到内存，如当子 VI 使用了操纵着前面板控件状态信息的属性节点时。

组织 VI 组件的重要一点是，由 VI 的一部分转换而来的子 VI 通常不应占用大量内存。如果创建一个大型但没有子 VI 的 VI，内存中将保留其前面板、代码及顶层 VI 的数据。然而，如果将该 VI 分为若干子 VI，则顶层 VI 的代码将变小，而代码和子 VI 的数据将保留在内存中。有些情况下，可能会出现更少的运行时内存使用。

另外，大型 VI 可能需花费更多的时间进行编辑。该问题可通过将 VI 分为子 VI 来解决，通常编辑器处理小型 VI 更有效率。同时，层次化的 VI 组织也更易于维护和阅读。并且，如果 VI 前面板或程序框图的规模超过了屏幕可显示的范围，将其分为子 VI 更便于其使用。

3. 数据流编程和数据缓冲区

在数据流编程中一般不使用变量。数据流模式通常将节点描述为消耗数据输入并产出数据输出，机械地照搬该模式将导致应用程序的内存占用巨大而执行性能迟缓。每个函数都要为输出的目的地产生数据副本。LabVIEW 编译器对这种实施方法加以改进，即确认内存何时可被重复使用并检查输出的目的地，以决定是否有必要为每个输出复制数据。显示缓冲区分配对话框可显示 LabVIEW 创建数据副本的位置。

例如，图 12-9 所示的程序框图采用了较为传统的编译器方式，即使用两块数据内存，一个用于输入，另一个用于输出。

图 12-9 数据流编程示例 1

输入数组和输出数组含有相同数量的元素，且两种数组的数据类型相同。将输入数组视为数据的缓冲区。编译器并没有为输出创建一个新的缓冲区，而是重复使用了输入缓冲区。这样做无需在运行时分配内存，故节省了内存，执行速度也得以提高。

然而，编译器无法做到在任何情况下重复使用内存，如图 12-10 所示，一个信号将一个数据源传递到多个目的地。替换数组子集函数修改了输入数组，并产生输出数组。在此情况下，编译器将为这两个函数创建新的数据缓冲区并将数组数据复制到缓冲区中。这样，其中一个函数将重复使用输入数组，而其他函数将不会使用。本程序框图使用约 12KB 内存（原始数组使用 4KB，其他两个数据缓冲区各使用 4KB）。

图 12-11 所示的程序框图与前例相同，输入数组至三个函数。但是，图 12-11 所示程序框图中的索引数组函数并不对输入数组进行修改。如果将数据传递到多个只读取数据而不做任何修改的地址，LabVIEW 便不再复制数据。本程序框图使用约 4KB 内存。

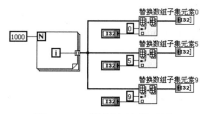
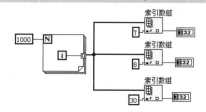

图 12-10　数据流编程示例 2　　　　　　图 12-11　数据流编程示例 3

在图 12-12 所示的程序框图中，输入数组至两个函数，其中一个用于修改数据。这两个函数间没有依赖性，因此可以预见的是至少需要复制一份数据以使"替换数组子集"函数正常对数据进行修改。然而，本例中的编译器将函数的执行顺序安排为读取数据的函数最先执行，修改数据的函数最后执行，于是，"替换数组子集"函数便可重复使用输入数组的缓冲区而不生成一个相同的数组。如果节点排序至为重要，可通过一个序列或一个节点的输出作为另一个节点的输入，令节点排序更为明了。

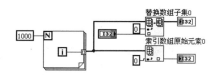

图 12-12　数据流编程示例 4

事实上，编译器对程序框图做出的分析并不尽善尽美，有些情况下，编译器可能无法确定重复使用程序框图内存的最佳方式。

特定的程序框图可阻止 LabVIEW 重复使用数据缓冲区。在子 VI 中，通过一个条件显示控件能阻止 LabVIEW 对数据缓冲区的使用进行优化。条件显示控件是一个置于条件结构或 For 循环中的显示控件。如果将显示控件放置于一个按条件执行的代码路径中，将中断数据在系统中的流动，同时 LabVIEW 也不再重新使用输入的数据缓冲区而将数据强制复制到显示控件中。如果将显示控件置于条件结构或 For 循环外，LabVIEW 将直接修改循环或结构中的数据，将数据传递到显示控件而不再复制一份数据。可为交替发生的条件分支创建常量，避免将显示控件置于条件结构内。

4．监控内存使用

如果需查看当前 VI 的内存使用，可选择"文件"→"VI 属性"并从顶部下拉菜单中选择内存使用。注意，该结果并不包括子 VI 所占用的内存。通过性能和内存信息对话框可监控所有已保存 VI 所占用的内存。VI 性能和内存信息对话框可就一个 VI 每次运行后所占用的字节数及块数的最小值、最大值和平均值进行数据统计。

注意：

在监控 VI 内存使用时，务必在查看内存使用前先将 VI 保存。"撤销"功能保存了对象和数据的临时副本，增加了 VI 的内存使用。保存 VI 则可清除"撤销"功能所生成的数据副本，使最终显示的内存信息更为准确。

利用性能和内存信息对话框可找出运行性能欠佳的子 VI，接着可通过"显示缓冲区分配"对话框显示出程序框图中 LabVIEW 用于分配内存的特定区域。选择"工具"→"性能分析"→"显示缓冲区分配"可打开"显示缓冲区分配"对话框。勾选需要查看其缓

冲区的数据类型，单击"刷新"按钮。此时程序框图上将出现一些黑色小方块，表示
LabVIEW 在程序框图上创建的数据缓冲区的位置。"显示缓冲区分配"对话框及程序框图
上显示的数据缓冲区的位置如图 12-13 所示。

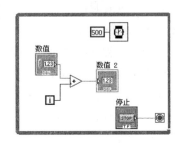

图 12-13 "显示缓冲区分配"对话框及程序框图上缓冲区的位置

注意：

只有 LabVIEW 完整版和专业版开发系统才有"显示缓冲区分配"对话框。

一旦确认了 LabVIEW 缓冲区的位置，便可编辑 VI 以减少运行 VI 所需内存。LabVIEW
必须为运行 VI 分配内存，因此不可将所有缓冲区都删除。

如果一个必须用 LabVIEW 对其进行重新编译的 VI 被更改，则黑色方块将由于缓冲区
信息错误而消失。单击"显示缓冲区分配"对话框中的"刷新"按钮可重新编译 VI 并使
黑色方块显现。关闭"显示缓冲区分配"对话框后，黑色方块也随之消失。

选择"帮助"→"关于 LabVIEW"可查看应用程序的内存使用总量。该总量包括了
VI 及应用程序本身所占用的内存。在执行一组 VI 前后查看该总量的变化可大致了解各
VI 总体上对内存的占用。

5．高效使用内存的规则

以上所介绍的内容的要点在于编译器可智能地做出重复使用内存的决策。编译器何
时能重复使用内存的规则十分复杂。以下规则有助于在实际操作中创建能高效使用内存
的 VI：

1）将 VI 分为若干子 VI 一般不影响内存的使用。在多数情况下，内存使用效率将提
高，这是由于子 VI 不运行时执行系统可取回该子 VI 所占用的数据内存。

2）只有当标量过多时才会对内存使用产生负面影响，故无须太介意标量值数据副本
的存在。

3）使用数组或字符串时，勿滥用全局变量和局部变量。读取全局或局部变量时，
LabVIEW 都会生成数据副本。

如无必要，不要在前面板上显示大型的数组或字符串。前面板上的输入控件和显示
控件会为其显示的数据保存一份数据副本。

4）延迟前面板更新属性。将该属性设置为"TRUE"时，即使控件的值被改变，前面
板显示控制器的值也不会改变。操作系统无需使用任何内存为输入控件填充新的值。

5）如果并不打算显示子 VI 的前面板，那么不要将未使用的属性节点留在子 VI 上。
属性节点将导致子 VI 的前面板被保留在内存中，造成不必要的内存占用。

6）设计程序框图时，应注意输入与输出大小不同的情况。例如，如果使用创建数组或连接字符串函数而使数组或字符串的尺寸被频繁扩大，那么这些数组或字符串将产生其数据副本。

7）在数组中使用一致的数据类型并在数组将数据传递到子 VI 和函数时监视强制转换点。当数据类型被改变时，执行系统将为其复制一份数据。

8）不要使用复杂和层次化的数据结构，如含有大型数组或字符串的簇或簇数组。这将占用更多的内存。应尽可能使用更高效的数据类型。

9）如无必要，不要使用透明或重叠的前面板对象。这样的对象可能会占用更多内存。

6. 前面板的内存问题

前面板打开时，输入控件和显示控件会为其显示的数据保存一份数据副本。

图 12-14 所示为"加 1"函数及前面板输入控件和显示控件。

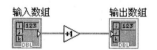

图 12-14　前面板输入控件和显示控件

运行该 VI 时，前面板输入控件的数据被传递到程序框图，"加 1"函数将重新使用输入缓冲区，显示控件则复制一份数据用于在前面板上显示，于是，缓冲区便有了三份数据。

前面板输入控件的这种数据保护可防止用户将数据输入输入控件后运行相关 VI 并在数据传递到后续节点时查看输入控件的数据变化。同样，显示控件的数据也受到保护，以保证显示控件在收到新数据前能准确地显示当前的内容。

子 VI 的存在使得输入控件和显示控件能作为输入和输出使用。在以下条件下，执行系统将为子 VI 的输入控件和显示控件复制数据：

1）前面板保存于内存中。

2）前面板已打开。

3）VI 已更改但未保存（VI 的所有组件将保留在内存中直至 VI 被保存）。

4）前面板使用数据打印。

5）程序框图使用属性节点。

6）VI 使用本地变量。

7）前面板使用数据记录。

8）用于暂停数据范围检查的控件。

如果要使一个属性节点能够在前面板关闭状态下读取子 VI 中图表的历史数据，则输入控件或显示控件需显示传递到该属性节点的数据。由于大量与其相似的属性的存在，如子 VI 使用属性节点，执行系统将会把该子 VI 面板存入内存。

如果前面板使用前面板数据记录或数据打印，输入控件和显示控件将维护其数据副本。此外，为便于数据打印，前面板被存入内存，即前面板可以被打印。

如果设置子 VI 在被"VI 属性"对话框或"子 VI 节点设置"对话框调用时打开其前面板，那么当子 VI 被调用时，前面板将被加载到内存。 如果设置了"如之前未打开则关闭"，一旦子 VI 结束运行，前面板将从内存中移除。

7．可重复使用数据内存的子 VI

通常，子 VI 可轻松地从其调用者使用数据缓冲区，就像其程序框图已被复制到顶层一样。多数情况下，将程序框图的一部分转换为子 VI 并不占用额外的内存。正如上节所述，对于在显示上有特殊要求的 VI，其前面板和输入控件可能需要使用额外的内存。

8．了解何时内存被释放

释放内存的程序框图如图 12-15 所示。

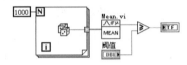

图 12-15　释放内存的程序框图

平均值 VI 运行完毕，便不再需要数据数组。在规模较大的程序框图中，确定何时不再需要这些数据是一个十分复杂的过程，因此在 VI 的运行期间执行系统不释放 VI 的数据缓冲区。

在 Mac 平台上，如果内存不足，执行系统将释放任何当前未被运行的 VI 的数据缓冲区。执行系统不会释放前面板输入控件、显示控件、全局变量或未初始化的移位寄存器所使用的内存。

现在将图 12-15 所示的 VI 视为一个较大型 VI 的子 VI。数据数组已被创建并仅用于该子 VI。在 Mac 平台上，如果该子 VI 未运行且内存不足，执行系统将释放子 VI 中的数据。本示例说明了如何利用子 VI 节省内存使用。

在 Windows 和 Linux 平台上，除非 VI 已关闭且从内存中移除，一般不释放数据缓冲区。内存将按需从操作系统中分配，而虚拟内存在上述平台上也运行良好。由于碎片的存在，应用程序看起来可能比事实上使用了更多的内存。内存被分配和释放时，应用程序会合并内存以把未使用的块返回给操作系统。

通过"请求释放"函数可在含有该函数的 VI 运行完毕后释放未用的内存。当顶层 VI 调用一个子 VI 时，LabVIEW 将为该子 VI 的运行分配一个内存数据空间。子 VI 运行完毕后，LabVIEW 将在直到顶层 VI 完成运行或整个应用程序停止后才释放数据空间，这将造成内存用尽或性能降低。将"请求释放"函数置于需要释放内存的子 VI 中。将标志布尔输入设置为"TRUE"，则 LabVIEW 将释放该子 VI 的数据空间，令内存使用降低。

9．确定何时输出可重复使用输入缓冲区

如果输出与输入的大小和数据类型相同且输入暂无它用，则输出可重复使用输入缓冲区。如前所述，在有些情况下，即使一个输入已用于别处，编译器和执行系统仍可对代码的执行顺序进行排序，以便在输出缓冲区中重复使用输入，但其做法比较复杂，故不推荐经常使用该法。

"显示缓冲区分配"对话框可查看输出缓冲区是否重复使用了输入缓冲区。在如图 12-16 所示的程序框图中，如果在条件结构的每个分支中都放入一个显示控件，LabVIEW 会为每个显示控制器复制一份数据，这将导致数据流被打断。LabVIEW 不会使用为输入数组所创建的缓冲区，而是为输出数组复制一份数据。

如果将显示控件移出条件结构，由于 LabVIEW 不必为显示控件显示的数据创建数据副本，故输出缓冲区将重复使用输入缓冲区。在此后的 VI 运行中，LabVIEW 不再需要输入数组的值，因此"递增"函数可直接修改输入数组并将其传递到输出数组。在此条件下，LabVIEW无需复制数据，故输出数组上将不出现缓冲区。如图12-17所示。

 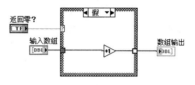

图12-16　输出不使用输入缓冲区的示例　　　图12-17　输出使用输入缓冲区示例

10．一致的数据类型

如果输入与输出数据类型不同，则输出无法重复使用该输入。例如，将一个32位二进制整数与一个16位二进制整数相加，将出现一个强制转换点，表示16位二进制整数正被转换为32位二进制整数。假设32位二进制整数满足了其他所有要求（如32位二进制整数未在其他地方被重复使用），则32位二进制整数的输入可被输出缓冲区重复使用。

此外，子VI的强制转换点和大量函数均隐含了数据类型的转换。通常编译器会为已转换的数据创建一个新的缓冲区。

尽可能使用一致的数据类型可避免占用内存。这样可令数据大小升级以减少数据副本的产生。一致的数据类型也可使编译器在确定何时可重复使用数据缓冲区时更为灵活。

考虑在有些应用程序中使用更小的数据类型。例如，用4字节单精度数取代8字节双精度数。为避免不必要的数据转换，应仔细考虑数据类型是否与将调用子VI所期望的数据类型相符。

11．如何生成正确类型的数据

如图12-18所示，一个具有1000个任意值的数组已被添加到一个标量中。任意值为双精度而标量为单精度，故在"加"函数处产生了一个强制转换点。标量在加法运算开始前被升级为双精度。最后的结果被传递到显示控制器。本程序框图使用16KB内存。

图12-19所示为一个错误的数据类型转换的程序框图，即将双精度随机数数组转换为单精度随机数数组。本例使用的内存与前例相同。

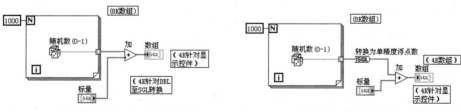

图12-18　数据类型不一致的程序框图　　　图12-19　错误的数据类型转换的程序框图

如图12-20所示，最好的解决办法是在数组被创建前将随机数转换为单精度数。这样可避免一个大型数据缓冲区的数据类型转换。

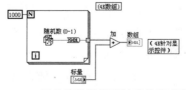

图12-20　正确的数据类型转换的程序框图

12. 避免频繁地调整数据大小

如果输出与输入的大小不同，则输出无法重复使用输入的数据缓冲区。这种情况常见于创建数组、连接字符串及数组子集等改变数组或字符串大小的函数。使用上述函数时，程序将由于频繁复制数据而占用更多数据内存，导致执行速度降低。因此，在使用数组及字符串时应避免经常使用上述函数。

 例 12-1　创建数组

本实例演示的是用于创建数据数组的程序框图。该程序框图中创建了一个置于循环中的数组，通过调用"创建数组"函数来连接新的数组元素。输入数组被"创建数组"函数重复使用。VI 不断地在每轮循环中根据新数组重新调整缓冲区的大小，以便加入新的数组元素，如图 12-21 所示。于是，运行速度将减缓，当循环多次运行时尤为突出。

如果需使每轮循环都有值添加到数组，在循环边框上使用自动索引功能，便可达到最佳运行性能。对于 For 循环，VI 可预先确定数组的大小（基于连接到 N 接线端的值），仅需一次操作便可重新调整缓冲区的大小，如图 12-22 所示。

 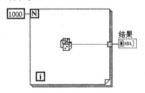

图 12-21　不断调整缓冲区大小的程序框图　　图 12-22　for 循环中自动索引的使用

对于 While 循环，由于数组的大小未知，故自动索引并不十分有效。但是，在 While 循环中使用自动索引能以较大的递增量增加输出数组的大小，从而避免每循环一次便需调整输出数组的大小。当循环执行完毕后，输入数组便被调整为合适的大小，如图 12-23 所示。自动索引在 While 循环和 For 循环中的运行原理大体相同。

自动索引假定在每轮循环有一个值添加到数组。如果必须有条件地将值添加到数组，而数组大小却有其上限，可考虑预先分配数组并使用替换数组子集来填充数组。

数组值填充完毕后，可将数组调整至合适的大小。数组仅创建一次，"替换数组子集"函数可将输入缓冲区重复用于输出缓冲区。这与在循环中使用自动索引的运行原理极为相似。由于"替换数组子集"函数无法重新调整数组大小，故在执行该操作时，应注意进行值替换的数组的大小是否足以装入所有数据。

本实例的过程如图 12-24 所示。

 例 12-2　字符串搜索

"匹配正则表达式"函数用于搜索字符串以获取一个模式。如果使用不当，该函数可能会由于创建不必要的字符串数据缓冲区而使运行性能降低。

现假设要匹配一个字符串中的整数，可使用[0 - 9]+作为该函数的正则表达式输入。要在一个字符串中创建一个完全为整数的数组，可使用一个循环并重复调用"匹配正则表达式"函数，直至返回的偏移值为-1。

图 12-25 所示的程序框图显示了如何在字符串中搜索其中所有的整数。首先创建一个空数组，令每次循环在上次循环后余下的字符串中搜索合适的数值模式。如果模式找

到（即偏移值不是-1 时），该程序框图将使用"创建数组"函数，把数字添加到一个显示最后结果的数字数组中。当字符串中没有尚未检索过的值时，"匹配正则表达式"函数将返回-1，程序框图运行完毕。

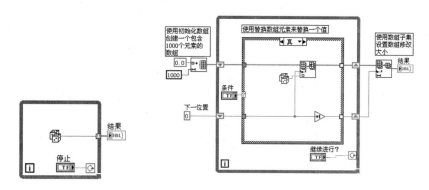

图 12-23　While 循环中自动索引的使用　　　　图 12-24　数组的操作示例

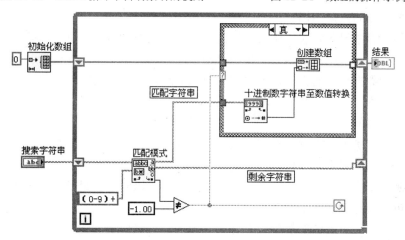

图 12-25　在字符串中搜索整数

　　该程序框图的问题在于，循环中使用了"创建数组"函数将新值与上一个值连接。一个替代做法是在循环边框上添加自动索引，将数值累加起来。最后数组中将出现一个多余无用的值，该值产生于"匹配正则表达式"函数无法找到匹配值的最后一次循环。使用"数组子集"函数可清除该值。该方法如图 12-26 所示。

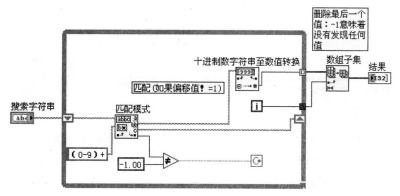

图 12-26　在字符串中搜索整数程序的第一次改进

该程序框图的另一问题是：循环每运行一次都会为余下的字符串复制一份不必要的数据。在"匹配正则表达式"函数上有一个输入可用于表示搜索的起点。如果仍记得前一次循环的偏移值，可用该值表示下一次循环搜索的起点。该方法如图 12-27 所示。

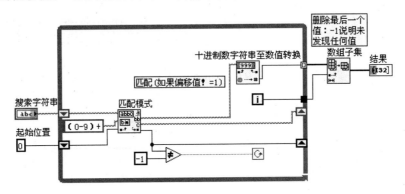

图 12-27　在字符串中搜索整数程序的第二次改进

13．开发高效的数据结构

在前面的内容中已提到层次化数据结构，如包含大型数组或字符串的簇或簇数组等无法被高效地使用。下面将就其原因和如何选择高效的数据类型展开讨论。

对于复杂的数据结构而言，在访问和更改数据结构中元素的同时，很容易生成被访问元素的数据副本。如果这些元素本身很大，如数组或字符串，那么生成其数据副本将占用更多内存和时间。

使用标量数据类型通常效率颇高。同样地，使用其元素为标量的小型字符串或数组也很高效。图 12-28 所示为如何在一个元素为标量的数组中将其中的一个值递增。

这样做避免了生成整个数组的副本，因此很高效。以索引数组函数所生成的元素为一个标量，可高效地创建和使用。

对于簇数组，假定其中的簇仅含有标量，那么也可高效地创建和使用。在以下程序框图中，由于解除捆绑和捆绑函数的使用，元素操作稍嫌复杂。但是，簇可能非常小（标量使用极少内存），因此访问簇元素并将元素替换回原先的簇并不占用大量的系统开销。

图 12-29 所示的簇数据运算示例显示了解除捆绑、运算和重新捆绑的高效模式。数据源的连线应仅有两个目的地："解除捆绑"函数的输入端和"捆绑"函数的中间接线端。LabVIEW 将识别出这个模式并生成性能更佳的代码。

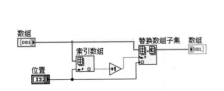
图 12-28　标量数组中的元素值的递增

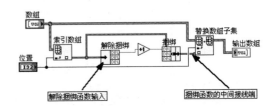
图 12-29　簇数据的运算示例

在一个簇数组中，每个簇含有大型的子数组或字符串，那么对簇中各元素的值进行索引和更改将占用更多的内存和时间。

对整个数组中的某个元素进行索引将会生成一份该元素的数据副本。这样，簇及其庞大的子数组或字符串都将产生各自的副本。由于字符串和数组的大小各异，复制过程不仅包括实际复制字符串和子数组的系统开销，还包括创建适当大小的字符串和子数组的内存调用。若干次这样的操作不会造成太大影响，然而，如果应用程序频繁地执行这样的操作，内存和执行的系统开销将迅速上升。

现有一个应用程序用于记录若干测试的结果。在结果中，需有一个描述测试的字符串和一个存放测试结果的数组。可考虑使用如图 12-30 所示的数据类型。

要改变数组中的某个元素，首先须对整个数组中的该元素进行索引。对于簇，则必须对其中的元素解除捆绑以便使用该数组；然后须替换数组中的一个元素，接着将数组保存到簇中；最后将簇保存到原来的数组中。其过程如图 12-31 所示。

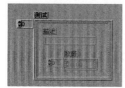
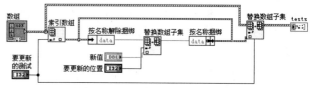

图 12-30　记录测试结果的数组　　　　图 12-31　改变测试结果数组中的数据

每一级解除捆绑或索引的操作所产生的数据都可能生成一份副本，但副本未必一定会生成。复制数据十分占用内存和时间，解决的办法是令数据结构尽可能地扁平。例如，可将本实例中的数据结构分为两个数组，第一个数组是字符串数组；第二个数组是一个二维数组，数组中的每一行代表了某个测试的结果。结果如图 12-32 所示。

在此数据结构中，可通过"替换数组子集"函数直接替换一个数组元素。结果如图 12-33 所示。

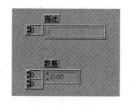
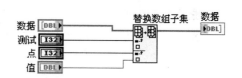

图 12-32　改进后测试结果的记录方式　　　图 12-33　改进后测试结果的修改方式

现有一个进行表格信息维护的应用程序。在这个应用程序中，所有数据需可全局访问。表格包含了仪器的设置信息，包括其增益、低压极限、高压极限以及通道的名称。

要使这些数据成为可供全局访问的数据，可考虑创建一组用于访问表格中数据的子VI，如图 12-34 所示的 Change Channel Info VI 和 Remove Channel Info VI。

图 12-34　例 12-4 中使用的两个子 VI

以下为实现上述 VI 的三种不同方案。

（1）常规方案。要实现这个表格，需考虑几种数据结构。首先，使用一个含有一个簇数组的全局变量，数组中的每个簇代表了增益、低压极限、高压极限和通道名称。

如前所述，在这样的数据结构中，通常须经过若干级索引和解除捆绑的操作方可访问数据，因此难以高效地实施。同时，由于这种数据结构聚集了若干不同的信息，因此无法使用搜索 1 维数组函数来搜索通道。"搜索 1 维数组"函数可在一个簇数组内搜索一个特定的簇，但无法搜索数个与某个簇元素相匹配的元素。

（2）改进方案一。对于本实例，可将数据保存在两个分开的数组中，一个数组包含了通道名称，另一个数组包含了通道数据。对通道名称数组中的某个通道名称进行索引，使用该索引可在另一个数组中找到该通道名相应的通道数据。

注意：

> 字符串数组与数据是分开的，故可通过"搜索 1 维数组"函数来搜索通道。

在实践中，如果以 Change Channel Info VI 创建一个含有 1000 路通道的数组，其执行速度将是上一个方法的两倍。但由于没有其他影响性能的系统开销，因此二者的区别并不明显。

从某个全局变量读取数据时，将会为其生成一份数据副本。这样，每访问一个数组的元素便会生成一份完整的数组数据副本。下一个方法可更有效地避免占用系统开销。

（3）改进方案二。还有一种保存全局数据的方法，即使用一个未初始化的移位寄存器。本质上，如果不为移位寄存器连接一个初始值，它将在每次调用时记住每个值。

LabVIEW 编译器可高效地处理对移位寄存器的访问。读取移位寄存器的值并不一定会生成数据副本。事实上，可对一个保存在移位寄存器中的数组进行索引，甚至改变和更新数组中的值，同时不会生成多余的整个数组的数据副本。移位寄存器的问题是，只有包含了移位寄存器的 VI 可访问移位寄存器的数据。但从另一方面来说，移位寄存器的优势在于其模块化。可指定一个具有模式输入的子 VI 来读取、改变或清除一个通道，或指定其是否将所有通道的数据清零。

子 VI 包含了一个 While 循环，该循环中有两个移位寄存器：一个用于通道数据，另一个用于通道名称。上述移位寄存器都未初始化。接着，在 While 循环中，可放入一个与模式输入相连的条件结构。根据模式的不同，可对移位寄存器中的数据进行读取甚至更改，改进方案二中子 VI 的端口如图 12-35 所示。

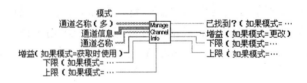

图 12-35　改进方案二中子 VI 的端口

图 12-36 所示为一个子 VI，其界面能够处理上述三种不同模式。图中仅显示了 Change Channel Info 的代码。

如果元素多达 1000 个，这个方案的执行速度将是上一个方案的两倍，比常规方案快 4 倍。

上述实例的应用程序为一个含有混合数据类型且更改频繁的表格，而许多的应用程序中的表格信息往往是静态的。表格能够以电子表格文件的格式读取，一旦载入内存后，该表格可用于查找信息。

在此情况下,实施方案由两个子 VI 组成:Initialize Table From File 和 Get Record From Table,如图 12-37 所示。

实施该表格的方法之一是使用一个二维的字符串数组。注意,编译器将每个字符串保存在位于另一独立内存块中的字符串数组中。如果字符串数量庞大(如超过 5000 个字符串),那么可将其载入内存管理器。这样的加载可能会由于对象的增多而导致性能的明显下降。

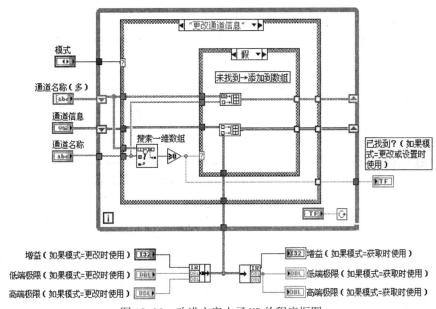

图 12-36   改进方案中子 VI 的程序框图

图 12-37   使用的两个子 VI

保存大型表格的另一方法是按照单个字符串读取表格。创建一个独立的数组,其中含有字符串中每个记录的偏移值。这种做法改变了数据的组织,避免占用上千个相对较小的内存块,而以一个较大的内存块(即字符串)和一个独立的较小内存块(即偏移值数组)来取代。这种方法在实施时可能较为复杂,但对于大型的表格来说其执行速度将快得多。

12.4   综合演练——2D 图片旋转显示

本实例演示了使用"绘制还原像素图"VI 得到 2D 图片的过程,并利用旋钮控件控制图片内模型旋转的方向。

绘制完成的前面板如图 12-38 所示,程序框图如图 12-39 所示。

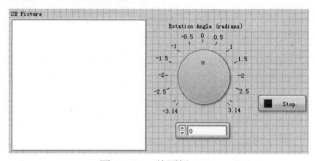

图 12-38　前面板

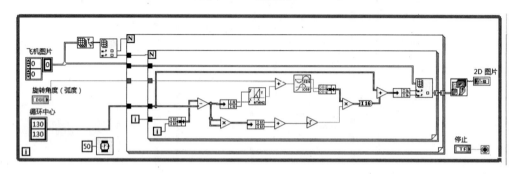

图 12-39　程序框图

1）新建一个 VI，在前面板中打开"控件"选板，在"银色"选板的"数值"子选板中选取"旋钮（银色）"，同时在控件上右击，选择"显示项"→"数字显示"快捷命令（能更精确地显示旋转数值），修改控件名称为"旋转角度（弧度）"，如图 12-40 所示。

图 12-40　修改控件名称

2）打开程序框图，新建一个 While 循环。

3）在"编程"→"数组"子选板下选取"数组大小"和"索引数组"函数，组合连接。在"数组大小"函数输入端创建数组常量。

4）在新建的数组常量上右击选择快捷命令"添加维度"，"表示法"设置为"V32"，修改名称为"飞机图片"。

5）在程序框图新建两个嵌套的 For 循环。

6）在"编程"→"簇、类与变体"子选板中选取"捆绑"函数，将两 For 循环中的"循环计数"组合成簇。

7）在"编程"→"数值"子选板中选取"减"函数，计算组合成的簇数据与新建的"循环中心"簇常量（表示法为 I16）的差值。

8）在"编程"→"簇、类与变体"子选板中选取"解除捆绑"函数，将簇差值常量